黑龙江省头雁团队——"能源装备先进焊接技术创新团队"资金支持

焊接概论

主　编	徐　锴	郝　亮	武昭妤
副主编	吴　犇	崔晓东	黄瑞生
参　编	方乃文	李　涛	李　伟
	张天理	王庆江	戴　红
	郭　枭	王　猛	曹　浩
主　审	李连胜		
副主审	李长威	尹立孟	

U0223475

哈尔滨工业大学出版社

内容简介

本书内容包括:绪论、焊条电弧焊、气焊与气割、焊接应力与变形、焊接检验、常见熔焊焊接方法、常见压焊方法、钎焊、热喷涂、先进焊接技术概述。本书力求理论联系实际,突出焊接基础理论知识及技能,注重学生基础理论知识和基本技能的培养,并简要介绍了焊接方法的新技术,使学生初步掌握焊接技术的基本知识和基本技能。

本书可用作焊接技术与工程专业以及材料类相关专业的本科生教材,也可供从事焊接工作的工程技术人员参考。

图书在版编目(CIP)数据

焊接概论/徐锴,郝亮,武昭妤主编. —哈尔滨:哈尔滨
工业大学出版社,2020.7(2024.8 重印)
ISBN 978 - 7 - 5603 - 8919 - 6

Ⅰ.①焊…   Ⅱ.①徐… ②郝… ③武…   Ⅲ.①焊接工
艺   Ⅳ.①TG44

中国版本图书馆 CIP 数据核字(2020)第 124346 号

策划编辑   常 雨
责任编辑   李长波   王 娇
出版发行   哈尔滨工业大学出版社
社　　址   哈尔滨市南岗区复华四道街 10 号　邮编 150006
传　　真   0451 - 86414749
网　　址   http://hitpress.hit.edu.cn
印　　刷   哈尔滨圣铂印刷有限公司
开　　本   787mm×1092mm　1/16　印张 14.75　字数 340 千字
版　　次   2020 年 7 月第 1 版　2024 年 8 月第 4 次印刷
书　　号   ISBN 978 - 7 - 5603 - 8919 - 6
定　　价   42.00 元

前　　言

在制造工业中,焊接与切割(热切割)是一种十分重要的加工工艺,随着科学技术的飞速发展,焊接技术不断地更新与发展。本书是为满足焊接专业高等职业技术教育培养应用型高级焊接技术人才的需求而编写的,主要介绍各种常见焊接方法的工作原理、特点与应用范围,以及常见的焊接缺陷及其防治措施。

焊接专业涉及的内容很广,包括各种焊接方法、焊接冶金、焊接材料、材料焊接、焊接设备及其控制、焊接结构生产、焊接质量检验等,这些知识将在专业课中讲授。

本书在编写过程中,参照了薛迪甘主编的《焊接概论》、陈祝年编著的《焊接工程师手册》、中国机械工程学会焊接学会编的《焊接手册》、方洪渊主编的《简明钎焊工手册》以及有关的焊接教材等。

本书只针对焊接专业学生初学专业知识时使用,使学生对专业有全面的了解,并为后续课程打下基础。其他机械类专业(非焊接专业)的学生也可通过本门课的学习,结合与本专业有关的实际例子,了解焊接方面的相关知识。此外,本书也可作为从事焊接工作的工人和技术人员的自学读物。

本书由哈尔滨焊接研究院有限公司徐锴、哈尔滨华德学院郝亮和成都工业职业技术学院武昭妤担任主编;哈尔滨华德学院吴犇、中冶建筑研究总院有限公司崔晓东和哈尔滨焊接研究院有限公司黄瑞生担任副主编。绪论由哈尔滨华德学院郝亮与上海工程技术大学张天理编写;第 1 章由哈尔滨焊接研究院有限公司徐锴、王庆江编写;第 2 章由哈尔滨华德学院吴犇与哈尔滨焊接研究院有限公司方乃文编写;第 3 章由哈尔滨华德学院郝亮、吴犇编写;第 4 章由成都工业职业技术学院武昭妤与哈尔滨焊接研究院有限公司郭枭编写;第 5 章由哈尔滨焊接研究院有限公司黄瑞生、王猛、曹浩编写;第 6 章由哈尔滨焊接研究院有限公司徐锴与哈尔滨华德学院郝亮编写;第 7 章由哈尔滨华德学院李涛与成都工业职业技术学院武昭妤编写;第 8 章由中冶建筑研究总院有限公司崔晓东与李伟编写;第 9 章由哈尔滨焊接研究院有限公司方乃文、戴红编写。

全书由中国焊接协会李连胜主审,哈尔滨华德学院李长威与重庆科技学院尹立孟为副主审。

本书由黑龙江省头雁团队——"能源装备先进焊接技术创新团队"给予资金支持。

由于编写的时间仓促,收集的资料不够全面和编者水平有限,书中难免有不足之处,望读者批评指正。

编　者

2020 年 2 月

目　　录

绪　　论

0.1　焊接的实质

焊接是通过加热或加压(或两者并用),并且用或不用填充材料,使焊件原子间结合的一种连接方法。被结合的两个工件可以是同类或异类的金属,也可以是非金属。在生产实践中,用得最多的是金属。

金属之所以能保持固定的形状,是因为其内部原子间距(晶格常数)非常小,原子之间形成了牢固的结合力。要把两个分离的工件连接在一起,从物理本质上来看,就是要使两个金属连接表面上的原子拉近到金属键结合的距离,即 $0.3 \sim 0.5$ nm 或 $3 \sim 5$ Å。然而,在一般情况下材料表面总是不平整的,且材料表面总难免存在着氧化膜和其他污物,阻碍着两分离工件表面的原子接近。因此,焊接过程的实质是要通过适当的物理化学过程克服困难,使两个分离工件表面的原子的距离接近到金属晶格距离而形成结合力。这些物理化学过程必须外加能量来实现,其能量便是加热或加压。

在工业生产中采用的连接方法主要有可拆连接和不可拆连接两大类。螺钉、键、销钉等连接方式属于可拆连接;铆接、粘接、焊接属于不可拆连接。与铆接相比(图 0-1),焊接具有节省金属材料、接头密封性好、设计和施工较容易、生产率较高以及劳动条件较好等优点。在许多工业部门中应用的金属结构,如建筑结构、船体、机车车辆、管道及压力容器等,几乎全部采用了焊接结构。在机械制造工业中,过去不少用整体铸造或锻造生产大型毛坯,现在也采用了焊接结构。

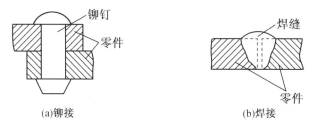

(a)铆接　　　　　　　　　　(b)焊接

图 0-1　铆接和焊接

0.2 焊接方法的分类

目前,在工业生产中应用的焊接方法已达近百种,根据它们的焊接过程特点可将其分为熔焊、压焊和钎焊三大类,每大类又可按不同的方法细分为若干小类,如图 0 - 2 所示。

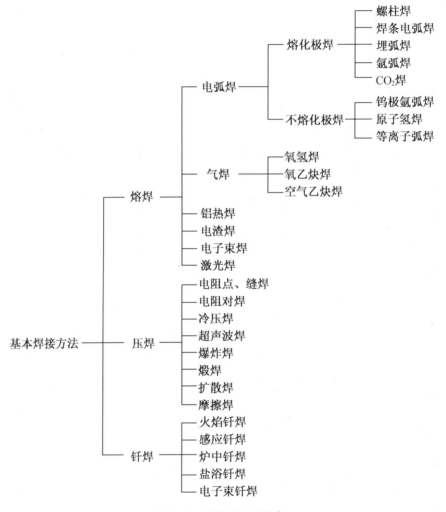

图 0 - 2 焊接方法的分类

1.熔焊

熔焊是将焊件连接处局部加热到熔化状态,然后冷却凝固成一体,不加压力完成焊接的方法。其中最常用的有电弧焊、气焊、CO_2 焊、钨极氩弧焊等。熔焊的焊接接头如图 0 - 3 所示。被焊接的材料统称母材(或称为基本金属)。焊接过程中局部受热熔化的金属形成熔池,熔池金属冷却凝固后形成焊缝。近缝区的母材受加热影响而引起金属内部组织和力学性能发生变化的区域,称为焊接热影响区。在焊接接头的截面上,焊缝和焊接热影响区的分界线称为熔合线。焊缝、熔合线和焊接热影响区构成焊接接头。焊缝各部分的名称如图0-4所示。

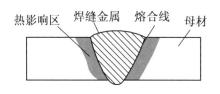

图0-3　熔焊的焊接接头

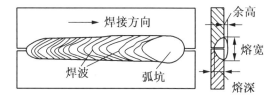

图0-4　焊缝各部分的名称

2. 压焊

压焊是一种不管加热与否,必须在压力下完成焊接的方法。常见的有电阻焊、摩擦焊、高频焊和冷压焊等。

3. 钎焊

钎焊是采用熔点比母材熔点低的填充材料(钎料)受热熔化并借助毛细作用填满母材间的间隙,冷凝后形成牢固的接头的一种焊接方法,其基本特点是在整个焊接过程,母材并不熔化。常见的有烙铁钎焊、火焰钎焊、感应钎焊、炉中钎焊和盐浴钎焊等。

0.3　焊接技术的应用及新发展

1. 焊接技术的应用

在各种产品制造工业中,焊接与切割(热切割)是一种十分重要的加工工艺。据工业发达国家统计,每年需要进行焊接加工之后使用的钢材占钢材总产量的45%左右,国内也占近40%,可见,焊接工艺已成为机械加工中必不可少的手段之一。

焊接不仅可以解决各种钢材的连接,而且可以解决铝、铜等有色金属及钛、锆等特种金属材料的连接。此外,还可以对某些非金属材料,如塑料、陶瓷、复合材料等实施连接。因而,焊接技术已广泛应用于机械制造、造船、海洋开发、汽车制造、机车车辆、石油化工、航空航天、原子能、电力、电子技术、建筑、轻工等行业中。

2. 焊接技术的新发展

随着国内工业和科学技术的发展,焊接工艺也在不断进步。为满足国家经济发展的需要,焊接技术需从如下方面更进一步提高:

(1)提高焊接生产率。提高焊接生产率的途径有三个:

①提高薄板件的焊接速度。如焊条电弧焊时使用纤维素焊条进行向下立焊;熔化极二氧化碳气体保护焊中采用电流成型控制或多丝焊等。

②提高焊接熔敷率。在焊条电弧焊中采用铁粉焊条、重力焊条和躺焊条等焊接工艺以及埋弧焊中采用多丝焊、热丝焊等均属此类,并且效果显著。

③减小坡口断面及熔敷金属量。采用窄间隙焊接工艺;电子束焊、等离子弧焊和激光焊时可采用不开坡口对接焊等。

(2)重视准备车间的技术改造,提高准备车间的机械化、自动化水平。准备车间包括材料运输;材料表面去油、喷砂、涂保护漆;钢板划线、切割、开坡口;部件组装和点固等工序。这不仅可提高生产率,还可保证焊接产品的质量。

(3)焊接过程自动化、智能化。它是提高焊接质量稳定性、解决恶劣劳动条件的重要方向。焊接机器人示例如图 0－5 所示。

(4)热源的研究与开发。新的发展概括为两个方面,一方面是对现有热源的改善,使之更为有效、方便、经济、实用;另一方面是开发更好更有效的热源。

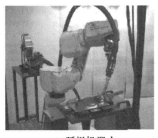

(a)弧焊机器人　　　　　(b)弧焊机器人焊车架　　　　(c)点焊机器人焊汽车

图 0－5　焊接机器人示例

(5)节约能源。节能技术在焊接加工中也是重要方向之一。

(6)适应新兴工业发展的需要。如微电子工业的发展促进微连接工艺和设备的发展;陶瓷材料和复合材料的发展促进真空钎焊、真空扩散焊、喷涂以及粘接工艺的发展等。

0.4　课程性质、任务及内容

材料加工的成型、连接、改性三大领域中,焊接技术是必不可少的加工技术手段,在当今机械、造船、电子、家电、轻工、化工机械、航天航空、核工业等领域应用十分广泛。本课程是焊接专业的教学计划中的前导课程,为后续专业课的学习打下良好的基础。本课程也可作为机械类、材料类专业的讲座内容。

本课程的任务是使学生初步掌握焊接专业的基础知识、基础理论、基本技能,通过学习熟悉以下内容:

(1)各种常用焊接方法的原理、特点、焊接材料、焊接工艺等知识。

(2)焊接结构学方面的基本理论和基本性质。

(3)焊接检验基本知识。

(4)焊接技术前沿知识。

学生通过学习,能够根据工程的实际需要,初步具备分析和解决焊接生产实际问题的能力。

本课程的主要内容：

(1)各种焊接方法的基本原理、焊接设备、焊接材料和焊接工艺。其中焊接方法包含了熔焊、压焊、钎焊以及现今前沿的一些方法研究。

(2)熟悉焊接应力与变形的基础知识和基本理论,控制和消除焊接应力与变形的措施。

(3)掌握焊接检验的基本知识和基本技能,正确选择检验方法。

第1章　焊条电弧焊

利用电弧作为焊接热源的熔焊方法,称为电弧焊。用手工操纵焊条进行焊接的电弧焊方法,称焊条电弧焊,简称手弧焊,其原理图如图 1-1 所示。图 1-2 是手弧焊实景。

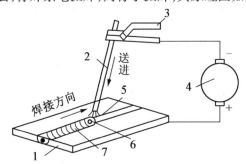

1—焊件;2—焊条;3—焊钳;4—焊机;5—电弧;6—熔池;7—焊缝

图 1-1　焊条电弧焊原理图

图 1-2　手弧焊实景

焊条电弧焊时,焊条和焊件分别作为两个电极,电弧在焊条和焊件之间产生。在电弧热量的作用下,焊条和焊件的局部金属同时熔化形成金属熔池,随着电弧沿焊接方向前移,熔池后部金属迅速冷却,凝固形成焊缝。

焊条电弧焊所需的设备简单,操作方便、灵活,适应性强。它适用于厚度为 2 mm 以上的各种金属材料和各种形状结构的焊接,特别适用于结构形状复杂、焊缝短小弯曲或各种空间位置焊缝的焊接。焊条电弧焊的主要缺点是生产率较低、焊接质量不稳定以及对操作者的技术水平要求较高。目前,它是工业生产中应用最广的一种焊接方法。

1.1　焊接电弧

1.1.1　焊接电弧实质

焊接电弧是由焊接电源供给的,具有一定电压的两电极间或电极与焊件间,在气体介质中产生的强烈而持久的放电现象。

1. 焊接电弧的形成

在两个电极之间的气体介质中,强烈而持久的气体放电现象称为电弧。也可以说电弧是一种局部气体的导电现象。

在一般情况下，气体是不导电的，要使两电极间气体连续放电，就必须使两极间的气体介质中能连续不断地产生足够多的带电粒子（电子，正、负离子），同时，在两电极间加上足够高的电压，使带电粒子在电场作用下向两极做定向运动。这样，两极间的气体中能连续不断地通过很大的电流，也就形成了连续燃烧的电弧。

电极间的带电粒子，可以通过阴极发射电子和极间气体本身的激烈电离两个过程来得到。当阴极表面吸收了足够的外界能量（如加热阴极和强电场的吸引）后，就能向外发射电子。发射电子所需要的最低能量称为"逸出功"，不同材料的逸出功是不相同的。逸出功的单位是电子伏特（eV），1 eV 就是一个电子通过 1 V 电位差空间所取得的能量，其数值等于 1.6×10^{-19} J。因电子电量 e 是常数，所以通常以逸出电压来表示，单位为伏（V），表 1-1 列出了几种常见元素的逸出电压。

表 1-1　几种常见元素的逸出电压　　　　　　　　　　　V

元素	W	Al	Fe	Ni	Ca	K	Cu	Cs
逸出电压	4.3~5.3	3.8~4.3	3.5~4.0	2.9~3.5	2.24~3.2	1.76~2.5	1.1~1.7	1.0~1.6

同样，气体分子或原子吸收了足够的外来能量后，也能离解成电子和离子。使气体电离所需的最低外加能量称为"电离势"，不同气体的电离势也是不一样的。电离势的单位也是 eV，通常以电离电压（V）来表示，表 1-2 为几种常见气体离子的电离电压。

表 1-2　几种常见气体离子的电离电压　　　　　　　　　V

元素	He	F	Ar	N_2	N	O_2	O	H_2	H
电离电压	24.59	17.48	15.76	15.5	14.5	12.07	13.62	15.43	13.6
元素	C	Fe	Cu	Ti	Ca	Al	Na	K	Cs
电离电压	11.26	7.87	7.72	6.82	6.11	5.99	5.14	4.34	3.89

由上述可知，若要使两极间产生电弧并能稳定燃烧，就必须给阴极和气体一定能量，使阴极产生强烈的电子发射和发生气体的剧烈电离，这样两极间就充满了带电粒子。当两极间加上一定电压时，气体介质中就能通过很大的电流，也就产生了强烈的电弧放电。

电弧放电时，能产生大量而集中的热量，同时发出强烈的弧光。电弧焊就是利用此热量熔化被焊金属和焊条进行焊接的。

为产生电弧所需的外加能量是由电焊机供给的。焊接引弧时，焊条和焊件瞬时接触造成短路，由于焊条端部和焊件表面不平整，在少数接触点处通过电流密度很大，产生了大量的电阻热，焊条和工件的接触处温度急剧升高而熔化，甚至部分蒸发。当提起焊条离开工件（2~4 mm）时，焊机的空载电压立即加在焊条端部与工件之间。这时，阴极表面急剧的加热和强电场的吸引产生了强烈电子发射。这些电子在电场作用下，以很快的速度飞向阳极。此时，焊条与工件之间已充满了高热的、易电离的金属蒸气和焊条药皮产生的气体,当受到具有较大动能的电子撞击和气体分子或原子间相互碰撞时,两极间的气体迅速电离。在电弧电压作用下,电子和负离子移向阳极,正离子移向阴极。同时,在电极间还不断发生带电粒子的复合,放出大量热能。这种过程不断反复进行,就形成了具有强烈的热和光的焊接电弧。

由此可见,焊接电弧燃烧过程的实质就是把电能转换成热能的过程。

2. 焊接电弧的组成和热量分布

使用直流弧焊机焊接时,焊接电弧由阴极压降区、弧柱区和阳极压降区组成。两电极之间产生电弧放电时,在电弧长度方向电场强度分布是不均匀的,沿电弧长度方向的电压分布如图 1 - 3 所示。电弧中,紧靠阴极的区域是阴极压降区,其电压降用 U_K 表示;紧靠阳极的区域是阳极压降区,其电压降用 U_A 表示;两区之间的区域是弧柱区,其电压降用 U_C 表示。总的电弧电压 U_a 等于这三部分电压降之和,即

$$U_a = U_A + U_K + U_C \tag{1-1}$$

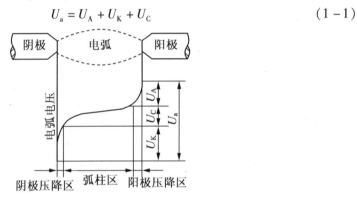

图 1 - 3　焊接电弧结构

阳极压降区和阴极压降区在电弧中长度很小,分别约为 10^{-4} cm 和 10^{-6} cm,因此可以认为两电极间距即弧柱的长度,阳极压降区和阴极压降区长度与弧长无关。而弧柱压降又可写成

$$U_C = EL + RI \tag{1-2}$$

因此

$$U_a = U_A + U_K + (EL + RI) \tag{1-3}$$

式中　　E——弧柱电场强度,V/cm;

　　　　L——弧柱长度,mm;

　　　　R——弧柱动态电阻(即微分电阻),Ω;

　　　　I——电弧电流,A。

由式(1-3)可见,电弧电压与弧长成正比,即弧长增加,电弧电压提高。

阴极压降区热量主要来自正离子碰撞阴极时,由正离子的动能和它与电子复合时释放的位能(电离势)转化而来。阳极压降区的热量主要来自电子撞入阳极时,由电子动能和位能(逸出功)转化而来。由于阳极压降区不发射电子,不消耗发射电子所需的能量,因此,在酸性焊条焊接时,阳极的发热量和温度均较阴极要高。阳极压降区产生的热量

约占总电弧热量的43%,阴极压降区产生的热量约占总电弧热量的36%。而两极的温度因受电极材料沸点的限制,故其温度大致在电极材料沸点之下。表1-3为不同电极材料的电弧两极的温度。

表1-3　不同电极材料的电弧两极温度

电极材料	弧柱气体介质(101.3 kPa)	阴极温度/K	阳极温度/K	电极材料沸点/K
碳	空气	3 500	4 200	4 640
铁	空气	2 400	2 600	3 008
铜	空气	2 200	2 450	2 863
钨	空气	3 000	4 250	5 950

然而,当焊条药皮中含有的氟化钙较多时(如低氢型焊条),由于氟对电子亲和力很大,当氟在阴极区夺取电子形成负离子时会放出大量的热,在这种情况下,阴极区的热量和温度将比阳极区要高。表1-4列出了几种原子的电子亲和能。

表1-4　几种原子的电子亲和能　　　　　　　　　　　　　　　　　eV

元素	F	O	Cl	H	Li	Na	N
电子亲和能	3.94	3.8	3.7	0.76	0.34	0.08	0.04

弧柱区的热量主要由正离子与电子或负离子复合时释放出的相当于电离势的能量转化而来,所以弧柱区的热量和温度取决于气体介质的电离能力和电流大小。气体介质越容易电离,气体电离时吸收的能量越少,在复合时,放出的能量也就越少,则弧柱中的热量和温度就越低。反之,气体介质越难电离,弧柱中的热量和温度就越高。焊接电流越大,电弧产生的热量就越大。几种气体介质中的弧柱温度见表1-5。

表1-5　几种气体介质中的弧柱温度

电极材料	气体介质	电流/A	弧柱温度/K
钢	空气	280	6 100
	Na_2CO_3(气)	280	4 800
	K_2CO_3(气)	280	4 300

焊条电弧焊时,弧柱区放出的热量仅占电弧总热量的21%。但弧柱中心因散热差,故温度比两极要高,为5 000~8 000 K。

以上所述的是直流电弧的热量和温度分布情况。至于交流电弧,由于电源极性每秒变换100次,所以,两极的温度趋于一致,仅是为它们的平均值。

从上面讨论可知,电弧作为热源,其特点是温度很高,热量相当集中,因此,金属熔化非常快。使金属熔化的热量主要集中产生于两极；弧柱温度虽高，但大部分的热量散失于周围气体中，对金属熔化并不起主要作用。

焊条电弧焊既可用直流电焊接，也可用交流电焊接。当采用直流电焊接时，直流电焊机正、负两极与焊条、工件有两种不同的接法：将工件接到电焊机正极，焊条接至负极，这种接法称为正接，又称正极性（图1-4(a)），反之，将工件接至负极，焊条接至正极，称反接，又称反极性（图1-4(b)）。可根据焊条性质和焊件所需的热量多少，来选用不同的接法。

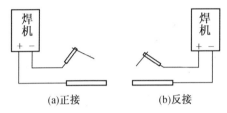

(a)正接   (b)反接

图1-4 弧焊整流器的不同接线法

当使用碱性焊条时，必须采用直流反接才能使电弧稳定，此时工件接负极，产生热量较高，熔深较大，并且有减少产生氢气孔的优点。而一般酸性焊条，交直流均能使电弧稳定，假如使用直流电焊接，通常采用正接，因为此时电弧正极的热量较负极要高，工件能获得较大熔深。而在焊接薄板时，为了防止烧穿，可采用反接。

1.1.2 焊接电弧的静特性

手工电弧焊时，由试验可以测得，以一定弧长稳定燃烧的电弧，其电弧电压与焊接电流之间的关系呈如图1-5中所示的U形曲线。焊接电流较小时，由于气体电离程度不够高，电弧电阻较大，所以电弧电压较高。随着焊接电流的增加，气体电离度上升，导电情况改善，电弧电阻减小，所以，电弧电压很快下降，即下降段；当焊接电流增大到某一值时，电弧电阻减小变慢，电弧电压不再随焊接电流的增大而变化，保持某一数值不变，即平直段；焊接电流更大时，由于电弧截面受焊丝直径的限制，不再增大，焊接电流密度很大，电弧电阻增加，因而必须提高电弧电压才能增大焊接电流，即上升段。电弧电压与焊接电流之间的这种关系被称为电弧的静特性，其曲线就称为电弧的静特性曲线。

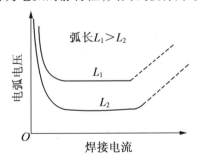

图1-5 电弧的静特性曲线

当弧长变化时,静特性曲线平行移动。即当电弧长度增加时,电弧电压也增加。而当两电极间的气体介质不同时(由于焊条药皮、保护气体不同而致),电弧电压也将不同。手弧焊应用的电流范围一般在电弧的静特性曲线的平直段,可以近似认为电弧电压仅与电弧长度有关,而与焊接电流大小无关。手弧焊时电弧电压一般在 16~25 V 范围内。

从电弧的静特性曲线可知,不同焊接电流时,电弧的电阻(即电弧电压与焊接电流的比值)不是常数,所以它不符合欧姆定律,故对电源而言,电弧是一个较特殊的非线性电阻负载。为了能使电弧稳定燃烧,需要有一个专用的焊接电源供电。

1.1.3　影响电弧稳定性的因素

实际生产中,焊接电弧可能由于各种原因而发生燃烧不稳定的现象,如电弧经常间断,不能连续燃烧,电弧偏离焊条轴线方向或电弧摇摆不稳等。而焊接电弧能否稳定,直接影响到焊接质量的优劣和焊接过程的正常进行。

影响电弧稳定的因素,除操作技术不熟练外,大致可归纳为以下几个方面:

1. 焊接电源的影响

焊接电源的特性和种类等都会影响电弧的稳定性。焊接电弧需要一个特殊电源向它供电,才能使电弧稳定燃烧,否则,根本不能产生稳定的电弧。

直流电比交流电稳弧性好。交流电弧稳定性差的原因是:交流电的电流和电压每秒有 100 次经过零点,同时改变方向,易造成电弧瞬时熄灭,热量减少,使电子发射和气体电离减弱,引起电弧不稳。直流电不存在上述现象,所以它比交流电稳弧性好。故稳弧性差的碱性焊条,必须采用直流电才能进行焊接。

此外,供电网路电压太低,造成焊接电源空载,电压过低,会减弱阴极发射电子和气体介质的电离,使电弧稳定性下降,甚至造成引弧困难。

同样,焊接电流过小时,也会使电弧不稳。

2. 焊条药皮的影响

药皮中含有易电离的元素(如钾、钠、钙和它们的化合物)越多,电弧稳定性越好。如含有难于电离的物质(如氟的化合物)越多,电弧稳定性就越差。

此外,焊条药皮偏心、熔点过高、黏度过大和焊条保存不好,造成药皮局部脱落等都会造成电弧不稳。

3. 焊接区清洁度和气流的影响

焊接区如果油漆、油脂、水分及污物过多,会影响电弧的稳定性。在风较大的情况下露天作业,或在气流速度大的管道中焊接,气流能把电弧吹偏而拉长,也会降低电弧的稳定性。

4. 磁偏吹的影响

在焊接时,电弧不能保持在焊条轴线方向而偏向一边,这种现象称为电弧的偏吹。

引起电弧偏吹的原因,除焊条偏心、电弧周围气流影响外,在采用直流电焊接时,还会发生因焊接电流磁场所引起的磁偏吹。磁偏吹使焊工难以掌握电弧对接缝处的集中加热,使焊缝焊偏,严重时会使电弧熄灭。

引起磁偏吹的根本原因是电弧周围磁场分布不均匀。造成磁场分布不均匀的原因主要分析如下：

从图1-6可以看出，焊接电缆接在焊件的一侧，焊接电流只从焊件的一边通过。这样，焊接电流所产生的磁场，与流过电弧和焊条的电流产生的磁场相叠加的结果使电弧两侧磁场分布不均匀。靠近接线一侧，磁力线密集，磁场增强。根据磁场对导体的作用，磁力线密的一侧对电弧的作用大于磁力线稀的一侧，电弧必然偏向磁力线稀的一边。而且电流越大，磁偏吹就越严重。

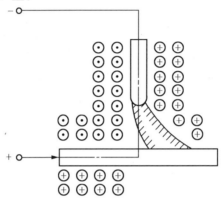

图1-6　电弧本身磁场引起的磁偏吹

另外，在靠近直流电弧的地方，有较大的铁磁物质存在时，也会引起电弧两侧磁场分布不均匀，如图1-7所示。在有铁磁物质的一侧，因为铁磁物质磁导率大，磁力线大多由铁磁物质中经过，因而使该侧空间的磁力线变稀，电弧必然偏向铁磁物质一侧。在焊角焊缝及V形坡口对接焊缝时，焊条做横向摆动过程中，焊条摆向哪一侧，电弧就向哪一侧偏吹，就是由上述原因造成的。

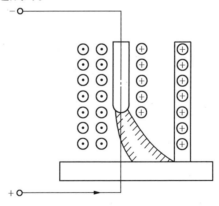

图1-7　铁磁物质引起的磁偏吹

在焊接过程中，可采取短弧、调整焊条倾角（将焊条朝着偏吹方向倾斜），或选择恰当的接线部位等措施来克服磁偏吹。

当采用交流电焊接时，由于变化的磁场在导体内产生感应电流，而感应电流所产生的磁力线削弱了焊接电流所引起的磁场,所以交流电弧的磁偏吹现象要比直流电弧弱得多,不致影响焊接操作。

1.2 焊条电弧焊设备及工具

供给焊接电弧燃烧的电源称为弧焊电源,手弧焊所用的电源称为手弧焊机,简称弧焊机。弧焊机按照供应的电流性质可分为交流弧焊机和直流弧焊机。

1.2.1 弧焊电源的要求

焊接时,焊接电弧与电源构成了一个系统(电弧－电源系统),如图1－8所示。为使焊接电弧能够在要求的焊接电流下稳定燃烧,手弧焊电源应满足下述要求:

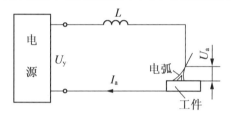

图1－8 "电弧－电源"电力系统示意图

1. 弧焊电源必须具有一定的空载电压 U

为了保证焊接电弧的可靠引弧与稳定,一般要求直流弧焊电源空载电压不应低于40 V,交流手弧焊电源不应低于55 V,但从操作者安全出发,一般不要高于100 V。

2. 弧焊电源必须具有下降外特性

外特性是指电源向负载供电时,在稳定状态下电源的输出电流与电压之间的对应关系: $U = f(I)$。这种关系用曲线来表示,称为电源的外特性曲线。一般用电,如电灯照明、电力拖动等,要求电源在负载变化(即输出电流变化)时,输出电压保持不变。因此这类电源外特性是平的(图1－9中曲线2)。但这种电源不能使手弧焊电弧稳定燃烧,故它不能作为手弧焊电源。为使电弧稳定燃烧(即使电弧－电源系统能稳定工作),要求手弧焊电源必须具有下降外特性。因下降外特性曲线(图1－9中曲线1)与电弧静特性曲线(图1－9中曲线4)具有交点 A。满足了电弧－电源系统中供求一致的要求,而且当某些原因(例如极间电离程度突然改变等情况)引起电流变化,破坏了电弧与电源之间供求平衡关系时,系统能自动、迅速回到平衡状态。焊接回路电流变化时,其电压动平衡方程式为

$$U_y = U_a + L dI_a / dt \qquad (1-4)$$

式中　　U_y——电源电压;

　　　　U_a——电弧电压;

　　　　L——焊接回路电感;

　　　　I_a——焊接回路电流。

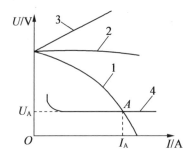

1—下降外特性曲线；2—平外特性曲线；3—上升外特性曲线；4—电弧静特性曲线

图 1 - 9 "电弧 - 电源"系统工作状态图

3. 弧焊电源应具有适当的短路电流 I_d

在引弧和焊条熔化向工件过渡时，经常会使弧焊电源处于短路状态。如果短路电流过大，不但会使液体金属的飞溅增加，而且会引起弧焊电源过热甚至烧坏。相反，若短路电流太小，则难以造成足够的热电子发射，使引弧困难。所以一般要求弧焊电源短路电流 $I_d = (1.25 \sim 2)I_a$，I_a 为稳定工作点的电流。

4. 弧焊电源应能方便调节焊接电流

为了焊接不同厚度和材料的工件，弧焊电源电流必须可调。一般规定手弧焊电源的电流调节范围为电源额定电流的 0.25 ~ 1.2 倍。手弧焊电源中，电流的调节是通过改变弧焊电源外特性曲线位置来实现的。

5. 弧焊电源应有良好的动态品质

由于在焊接过程中，弧长不断变化，并经常发生短路，故对弧焊电源来说，焊接电弧是一个动负载。这就要求弧焊电源所供给的电压和电流能随着负载的改变而迅速改变，以保证电弧稳定燃烧。弧焊电源在负载变化过程中，其电流和电压的变化速度与规律决定于弧焊电源的动态品质。动态品质好的弧焊电源，引弧容易，电弧"柔和"，飞溅少。

对于弧焊变压器来说，因为它的电磁惯性小，其动态品质总能符合焊接要求。而对直流焊接电源来说，因为电磁惯性较大，故动态品质就成为衡量直流电源质量的一个主要指标。

由此可见，手弧焊电源与一般电源不同，其特点是：具有焊接所需的空载电压和短路电流，其外特性是下降的，而且外特性可调，对直流弧焊电源还要求具有良好的动态品质。

1.2.2　弧焊电源的分类及型号

1. 手弧焊电源的分类

供给电弧燃烧的电源可以是直流电源，也可以是交流电源。因此，手弧焊电源分为弧焊变压器、弧焊发电机和弧焊整流器三大类。

(1) 弧焊变压器(交流弧焊机)。

弧焊变压器是一种具有一定特性的降压变压器，因输出的是交流电，因此，又称为交流弧焊机。它具有结构简单、价格便宜、使用方便、噪声较小以及维护容易等优点，但电弧稳定性较差。这是一种常用的手弧焊电源。图 1 - 10 所示为 BX1 - 330 弧焊变压器。

为了获得下降外特性，弧焊变压器均设计成高感抗，利用感抗上的压降，使变压器获得下降特性。获得高感抗的方法,一般是在变压器的二次回路中串联电抗器或靠增加变压器本身的漏磁来达到。而设法调节此感抗值就可以改变弧焊变压器的外特性,以调节焊接电流。感抗还起稳弧作用。

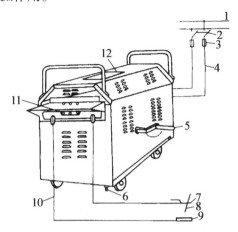

1—电源;2—闸刀开关;3—熔断器;4—电源电缆线;5—细调电流手把;6—地线接头;
7—焊钳;8—焊条;9—焊件;10—电缆线;11—粗调电流接线板;12—电流指示盘

图 1－10　弧焊变压器

这类弧焊变压器结构紧凑,节省材料,质量轻,对活动铁芯作用的电磁力上下对称,故振动较小,电弧稳定,电流变化与活动铁芯移动距离呈线性关系,能均匀调节电流,适用于中、小电流的焊接。

此类电源除动铁芯增强漏磁式(BX1 型)外,常见的还有多站式弧焊变压器(BP 型)、同体式串联电抗器类(BX2 型)、动线圈式增强漏磁类(BX3 型)、变换抽头式弧焊变压器(BX6 型)等。常用手弧焊变压器的技术特性见表 1－6。

表 1－6　常用手弧焊变压器的技术特性

型号	BP3－500	BX3－500	BX1－400	BX6－120
变压器类型	串联电抗 (分体式)	增强漏磁		
		动线圈式	动铁芯式	变换抽头式
一次电压/V	380/220	380/220	380	380
空载电压/V	70	Ⅰ70、Ⅱ60	77	50
额定工作电压/V	25	40	24~36	25
一次电流/A	185/320	85.5/148	83	6
焊接电流调节范围/A	25~210	Ⅰ60~200 Ⅱ180~655	100~480	45~160
额定焊接电流/A	12×155 (三相 500)	500	400	120
100%负载持续率时焊接电流/A		388	310	54

表 1 −6(续)

型号	BP3 − 500	BX3 − 500	BX1 − 400	BX6 − 120
变压器类型	串联电抗 （分体式）	增强漏抗		
		动线圈式	动铁芯式	变换抽头式
额定负载持续率/%	65(三相100)	60	60	20
额定输入容量/(kV · A)	122	32.5	31.4	6
效率/%	95	87	84.5	
功率因数		0.52	0.55	0.75

（2）弧焊发电机（直流弧焊机）。

弧焊发电机由一台三相感应电动机和一台直流弧焊发电机组成,又称为直流弧焊机。图 1 −11 所示是一种常用的旋转弧焊机的外形,其型号为 AX1 − 500。旋转弧焊机的电弧稳定性好,焊缝质量也较好。但其结构复杂,制造成本高,维修较困难;使用时噪声大,因此仅使用于大车间或野外作业。现在生产中仍在使用的直流弧焊机的有AX − 320、AX7 − 500 和 AX1 − 500 等,其主要技术特性见表 1 −7。

图 1 −11　旋转弧焊机

表 1 −7　目前仍常见到的直流弧焊机及主要技术特性

型号①		AX − 320	AX7 − 500	AX1 − 500
焊机式别		裂极式	他励串联去磁式	并励串联去磁式
弧焊发电机	空载电压/V	50 ~ 80	40 ~ 90	60 ~ 90
	额定工作电压/V	30	40	40
	额定负载持续率/%	50	60	65
	额定焊接电流/A	320	500	500
	焊接电流调节范围/A	45 ~ 320	120 ~ 600	120 ~ 600

表 1 - 7（续）

型号①		AX - 320	AX7 - 500	AX1 - 500
焊机式别		裂极式	他励串联去磁式	并励串联去磁式
电动机	功率/kW	14	26	36
	电压/V	220/380	380	220/380
	电流/A	47.8/27.6	50.5	88.2/50.9
	频率/Hz	50	50	50
	功率因数	0.87	0.89	0.88

①据 JB 1475—80 编制的原型号，GB 10249—88 无对应型号。

（3）弧焊整流器（整流弧焊机）。

弧焊整流器是电弧焊专用整流器，主要由三相降压变压器、磁饱和电抗器、整流器组、输出电抗器、通风机组及控制系统等组成。与弧焊变压器相比，弧焊整流器的电弧稳定性好、使用时噪声小。与弧焊发电机相比，它没有转动部分，具有噪声小、空载耗电少、节约材料、成本低、制造和维修容易等优点。弧焊整流器是国内手弧焊发展的方向。

用硅整流元件进行整流的弧焊整流器称为硅弧焊整流器，它可分为动铁芯式、动线圈式、磁放大器式、变换抽头式和多站式五种。用晶闸管作整流元件的称为晶闸管弧焊整流器，它具有节能、节材、结构简单、调节方便等优点，是当前国内推广使用的产品。用晶体管控制的弧焊整流器称为晶体管弧焊整流器，它的优点是控制灵活、精确度高、可调参数多，但质量较大、成本高、维修较难，因此，只有在质量要求高的熔化极气体保护焊时才用。近年来发展的逆变弧焊整流器体积小、质量轻、高效节能、有良好的动态品质，因而是具有发展前景的更新换代产品。

表 1 - 8 列出了几种弧焊整流器的技术特性。

表 1 - 8　几种弧焊整流器的技术特性

型号		ZX3 - 250	ZX - 400	ZX5 - 400	ZX7 - 400
式别		动线圈式	磁放大器式	晶闸管式	变频式（逆变器）
输出	额定焊接电流/A	250	400	400	400
	焊接电流调节范围/A	60 ~ 300	40 ~ 480	80 ~ 400	80 ~ 400
	空载电压/V	71.5	80	63	80
	额定工作电压/V	30	36	36	
	额定负载持续率/%	60			
输入	电源电压/V	380			
	相数	3			
	频率/Hz	50			
	额定一次相电流/A	27	53		
	额定容量/(kV·A)	17.8	34.9	21	21.3

表 1 - 8(续)

型号	ZX3 - 250	ZX - 400	ZX5 - 400	ZX7 - 400
式别	动线圈式	磁放大器式	晶闸管式	变频式(逆变器)
功率因数	0.64		0.75	0.95
效率/%	66	75	75	85.7
质量/kg	182	312	200	75

(4)手工电弧焊机技术参数。

手工电弧焊机的技术参数主要有一次电压、空载电压、工作电压及额定焊接电流等。

①一次电压。一次电压是指手弧焊机接入网路时所要求的外电源电压。一般弧焊变压器的一次电压为单相 380 V 或 220 V,弧焊整流器的一次电压为三相 380 V。

②空载电压。它指手工电弧焊机没有负载(即无焊接电流)时的输出电压。一般弧焊变压器的空载电压为 50 ~ 80 V;弧焊整流器的空载电压为 55 ~ 90 V。

③工作电压。手弧焊机在焊接时的输出两端电压称为工作电压,也可把它看作电弧两端的电压(称为电弧电压)。一般手弧焊机的工作电压为 20 ~ 30 V。

④额定焊接电流。它是指手弧焊机在额定负载持续率时的许用焊接电流。

2. 手弧焊电源的型号编制

图 1 - 12 为手弧焊电源型号的编制次序及含义。

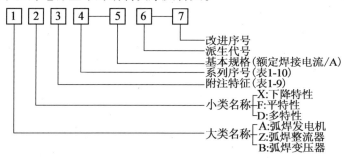

图 1 - 12　手弧焊电源型号的编制次序及含义

图中派生代号是在基型产品所做的变动和产品的用途发生重大变化时采用,以汉语拼音字母顺序编排。改进序号是当生产的产品在设计、工艺、材料有重大改进,并已导致产品结构、参数及技术经济指标和性能改变时采用,按生产改进顺序用阿拉伯数字编号。型号中 3 4 6 7 项如不用时,其他各项应排紧。如在特殊环境用的产品,在型号末位加注代表字母,如 T 代表热带用,TH 代表湿热带用,TA 代表干热带用,G 代表高原用,S 代表水下用。表 1 - 9、表 1 - 10 分别表示弧焊电源的附注特征及弧焊电源的系列序号。

表 1-9　弧焊电源的附注特征

弧焊发电机		弧焊整流器		弧焊变压器	
代表字母	附注特征	代表字母	附注特征	代表字母	附注特征
省略	电动机驱动①	省略	一般电源	L	高空载电压
D	单纯弧焊发电机	M	脉冲电源		
Q	汽油机驱动	L	高空载电压		
C	柴油机驱动	E	交直流两用电源		
T	拖拉机驱动				
H	汽车驱动				

①国内已于 1993 年 6 月 30 日正式宣布为能耗高的淘汰产品。

表 1-10　弧焊电源的系列序号

数字序号	弧焊发电机	弧焊整流器	弧焊变压器
省略	直流	磁放大器式	磁放大器式
1	交流发电机整流	动铁芯式	动铁芯式
2	交流		串联电抗式
3		动线圈式	动线圈式
4		晶体管式	
5		晶闸管式	晶闸管式
6		变换抽头式	变换抽头式
7		变频式	

1.2.3　常见焊条电弧焊电源

1. 弧焊变压器

例 1　BX3-300 型弧焊变压器调节方法

粗调节:改变一、二次侧接线方法(接法Ⅰ或接法Ⅱ);

接法Ⅰ:空载电压 75 V,焊接电流调节范围为 40~125 A;

接法Ⅱ:空载电压 60 V,焊接电流调节范围为 115~400 A;

细调节:转动手柄改变一、二次侧绕组的间距,间距增大,漏磁增加,焊接电流减小。

例 2　BX1-315 型弧焊变压器

调节方法:转动手柄,移动铁芯,改变漏磁(铁芯外移,漏磁减小,电流增大;铁芯内移,漏磁增大,电流减小)。

调节范围:焊接电流调节范围为 60~380 A;

接线方法:一次侧绕组两部分串联与电源连接;二次侧绕组两部分并联与焊接回路连接。

2. 弧焊整流器

弧焊整流器有硅弧焊整流路、晶闸管弧焊整流器、晶体管弧焊整流器等。

晶闸管弧焊整流器以其优异的性能已逐步代替了弧焊发电机和硅弧焊整流器,成为目前一种主要的直流弧焊电源。

硅弧焊整流器以硅二极管为整流元件。常用型号:ZXG – 160、ZXG – 400 等。

晶闸管弧焊整流器是一种电子控制的弧焊电源,以晶闸管为整流元件,以获得所需的外特性及焊接参数(电流、电压)的调节。性能优于硅整流弧焊电源,已成为一种主要的直流弧焊电源。

主要由三相降压变压器、三相晶闸管整流器、输出电抗器、电子控制线路等部分组成。

常用型号:ZX5 – 250、ZX5 – 400、ZX5 – 630。

3. 弧焊逆变器

将直流转变为交流的变换称为逆变,实现这种变换的装置称为逆变器。为焊接电弧提供电能,并具有弧焊方法所要求性能的逆变器,即为弧焊逆变器或称为逆变式弧焊电源。

各类逆变式弧焊电源已应用于多种焊接方法,逐步成为更新换代的重要产品,弧焊逆变器的变流过程是:工频交流→直流→高、中频交流→降压→交流并再次变成直流,必要时再把直流变成矩形波交流。

因而在弧焊逆变器中可采用以下三种逆变体制:

(1)AC – DC – AC。

(2)AC – DC – AC – DC。

(3)AC – DC – AC – DC – AC(矩形波)。

多采用第二种系统,因此,可以把弧焊逆变器称为逆变式弧焊整流器。常用型号:ZX7 – 250、ZX7 – 400、ZX7 – 630。

弧焊逆变器的优点:

(1)质量轻、体积小;仅为传统弧焊电源的 1/5 ~ 1/10。

(2)高效节能,效率可达 80% ~ 90%,功率因数达 0.99。

(3)具有良好的动特性和弧焊工艺性能。

(4)因工作频率高,所需的主回路中滤波电感值小,电磁惯性减小,易于获得良好的动特性。

(5)所有焊接工艺参数均可无级调整,可控性好。

(6)外特性、动特性等可按不同工艺要求来设计,可适应各种弧焊方法(如焊条电弧焊、气体保护电弧焊、等离子弧焊、埋弧焊及焊接机器人)。

(7)用作交流电源时可获得较高频率的矩形波,从而提高交流电弧的稳定性。

缺点:设备复杂、维修难度大。

1.2.4　焊条电弧焊常用工具

1. 焊钳

焊钳是用来夹持焊条并传导焊接电流进行焊接的工具,如图1－13所示。对焊钳有如下要求:

(1)焊钳必须有良好的绝缘性与隔热能力。

(2)焊钳的导电部分采用紫铜材料制成,保证有良好的导电性。与焊接电缆连接应简便可靠,接触良好。

(3)焊钳夹紧焊条应牢固,更换焊条方便,并且质量轻(不超过0.6 kg),便于操作,安全性高。常用焊钳有300 A和500 A两种规格。

(4)焊接过程中,禁止将过热的焊钳放入水中冷却和继续使用。

(5)禁止使用绝缘损坏或没有绝缘的电焊钳。

2. 焊接导线

(1)电源线是焊机与电网的连接导线,电压较高,危险较大,因此其长度一般不得超过3 m,确需使用长导线时,必须将其架高距地面2.5 m以上并尽可能沿墙布设,并在焊机近旁加设专用开关,不许将导线随意拖于地面。

(2)连接焊机、焊钳和工件的焊接回路导线,其长度一般20～30 m为宜,过长则会增大电压降并使导线发热。

(3)导线应有良好的导电性和绝缘层,并且要轻便、柔软、便于操作,焊接导线如图1－14所示。

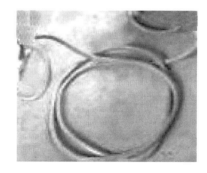

图1－13　焊钳　　　　　　　　图1－14　焊接导线

(4)所用导线要有足够的截面积,以防焊接过程中因过热而烧坏绝缘层。导线的截面积应根据焊接电流和所用长度确定。

(5)尽可能使用无接头的导线,确需接长时接头不得多于2个,并要保证接头的接触和外绝缘良好且牢固可靠。

(6)所用导线的外表均应完好,其绝缘电阻不得小于1 MΩ。

(7)严禁利用厂房的金属结构、管道或其他金属搭接起来作为导线使用。

(8)导线需横穿马路、通道或门窗时,必须采取加装护套等保护措施。

(9)严禁将导线搭于气瓶、热力管道或工作介质为易燃物品的管道和容器上。

（10）严禁导线与油脂等易燃物品接触。

3.焊接面罩和护目镜

焊接面罩是为防止焊接时产生的飞溅、弧光、电弧高温及其他辐射对焊工面部及颈部损伤的一种遮蔽工具,有手持式和头盔式两种(图1-15)。

图1-15　焊接面罩和护目镜

护目镜镜片采用黑玻璃。黑玻璃可起到减弱电弧光、过滤红外线和紫外线的作用。按亮度深浅不同分为6个型号,号数越大,色泽越深,应根据年龄和视力选用,常用的是9号黑玻璃。

4.焊接劳保用品

工作服是防止弧光及飞溅物灼伤人体的防护用品(图1-16(a))。

工作鞋应具有绝缘、抗热、不易燃烧、耐磨损、防滑、防触电的性能,如图1-16(b)所示。

焊工手套是防止焊工手臂不受损伤和防止触电的专用护具,如图1-16(c)所示。

焊工鞋盖是焊接时保护焊工脚部不受电弧灼伤及不受焊渣烫伤的专用护具,如图1-16(d)所示。

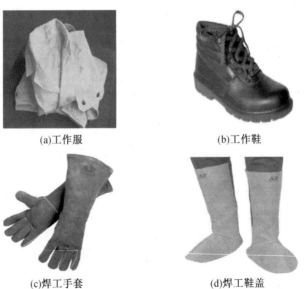

(a)工作服　　　　　　　　　　　(b)工作鞋

(c)焊工手套　　　　　　　　　　(d)焊工鞋盖

图1-16　焊接劳保用品

5. 辅助工具

(1)常用的辅助工具主要包括尖嘴渣锤、錾子、焊条保温桶、钢丝刷,如图 1 – 17 所示。

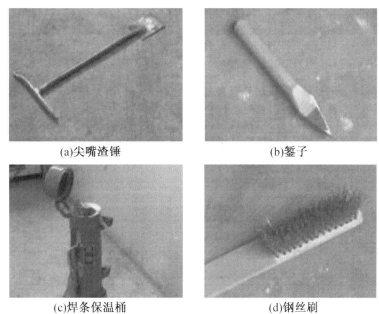

(a)尖嘴渣锤　　　　　　　　　(b)錾子

(c)焊条保温桶　　　　　　　　(d)钢丝刷

图 1 – 17　常用辅助工具

(2)电动磨头用于管状焊件坡口内外两侧除锈,如图 1 – 18 所示。

(3)角向磨光机用于焊接前的坡口钝边磨削、焊件表面的除锈、焊接接头的磨削、多层焊时层间缺陷的磨削及一些焊缝表面缺陷等的磨削工作,如图 1 – 19 所示。

图 1 – 18　电动磨头　　　　　　　**图 1 – 19　角向磨光机**

(4)焊接测量器是一种精确测量焊缝的量规,使用范围很广,可以测量焊接结构件及焊接零件的坡口角度、间隙宽度、焊缝高度等。其构造如图 1 – 20 所示。

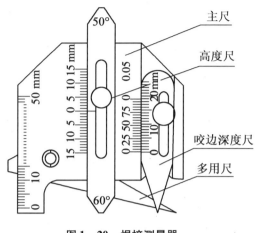

图 1 − 20　焊接测量器

使用量具时应避免磕碰划伤、接触腐蚀性气体和液体,保持量具表面清晰,量具用后应放入专用的封套内。

①焊件错边量及焊缝余高的测量。以焊件表面为测量基准,用主尺和高度尺进行测量。测量时,主尺窄端面紧贴测量基准面,使活动尺尖轻触被测面,然后在主尺上读出测量值。

②坡口角度的测量。坡口角度测量可选择焊件接缝表面或焊件表面作为测量基准,用主尺和测角尺进行测量。测量时,将主尺大端面紧贴测量基准面,使测角尺的长端面轻触被测面,然后在主尺上读出测量值。

当选择焊件表面为测量基准时,在主尺上读出的测量值即为坡口角度值;如果以接缝表面为测量基准,其坡口角度值等于90°。减去主尺读数值。

以焊缝侧的焊件表面为测量基准面,用主尺和活动尺进行测量,测量焊缝厚度时,将主尺45°端面紧贴基准面,使活动尺尖轻触焊缝表面,在主尺上即可读出角焊缝厚度的测量值。

③焊脚尺寸的测量。测量焊脚尺寸时,将主尺大端面紧贴焊件表面并使主尺窄端面对准焊趾处,活动尺尖轻触焊件另侧表面,在主尺上读出焊脚尺寸的测量值。

1.3　焊条电弧焊焊接材料

1.3.1　焊条的组成及作用

焊条电弧焊所使用的焊接材料为焊条,焊条主要是由焊芯和药皮组成,如图 1 − 21 所示。

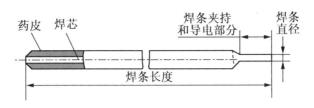

图1-21　焊条

1. 焊芯

焊芯用来作为电弧的电极和焊缝的填充金属,与熔化的基本金属熔合形成焊缝。焊芯是含碳、硫、磷较低的专用焊条钢经轧制、拉拔后切成的金属丝棒。

焊条电弧焊时,焊芯金属占整个焊缝金属的50%～80%,所以焊芯金属的化学成分会直接影响到焊缝的质量。因此,焊芯用的钢丝都是经特殊冶炼的,单独规定了它的牌号与成分,这种焊接专用钢丝称为焊芯。结构钢焊条常用焊芯的牌号为H08A,重要焊件应选用H08E。

所谓焊条的直径,就是指焊芯的直径。结构钢焊条直径范围为1.6～8 mm,共分八种规格,生产中应用最广的是3.2 mm、4 mm和5 mm三种。

2. 药皮

药皮是压涂在焊芯表面上的涂料层,它由许多矿石粉、易电离物质、铁合金粉和黏结剂等原料按一定比例配制而成。

(1)药皮的主要作用。

①机械保护作用。利用药皮熔化放出的气体和形成的熔渣,起机械隔离空气的作用,防止有害气体侵入熔化金属。

②冶金处理作用。通过熔渣与熔化金属冶金反应,除去有害杂质,如氧、氢、硫、磷和添加有益的合金元素,使焊缝获得合乎要求的力学性能。

③改善焊接工艺性能。使电弧稳定、飞溅少、焊缝成形好、易脱渣和熔敷效率高等。

(2)药皮的组成。

药皮的组成相当复杂,一种焊条的药皮配方中,组成物一般有七八种之多,根据药皮组成物在焊接过程中所起的作用,可将它分为七类:

①稳弧剂。主要作用是帮助引弧和稳定电弧。一般多采用碱金属及碱土金属的化合物,如碳酸钾、碳酸钠、大理石等。

②造气剂。主要作用是形成保护气氛,以隔绝空气。常配有有机物,如淀粉、木粉等;碳酸盐类矿物,如大理石、菱镁矿等。

③造渣剂。主要作用是在熔化后形成具有一定物理化学性能的熔渣,覆盖在熔化金属表面,起机械保护和冶金处理作用。如大理石、钛铁矿、金红石等。

④脱氧剂。主要作用是使焊缝金属脱氧,以提高焊缝金属的力学性能。常用的脱氧剂有锰铁、硅铁、钛铁等。

⑤合金剂。其作用是向焊缝金属掺入有益的合金元素,以提高焊缝的力学性能或使焊缝获得某些特殊性能(如耐蚀、耐磨等)。根据需要可选用各种铁合金,如锰铁、硅铁、

钼铁等,或粉末状纯金属,如金属锰、金属铬等。

　　⑥黏结剂。用以将各种粉状加入剂黏附在焊芯上。常用的黏结剂是水玻璃,有钠水玻璃、钾水玻璃和钠钾水玻璃三种。

　　⑦增塑剂。用以改善涂料的塑性和滑性,便于机器压涂焊条药皮。如云母、白泥、钛白粉等。

1.3.2　焊条的分类

　　目前,国内焊条的分类用的是两种标准,即"国家标准"和由机械工业部编制的"统一牌号",表1-11列出了两种分类方法。

表1-11　焊条型号和统一牌号的分类

国家标准			《焊接材料产品样本》			
型号(按化学成分分类)			统一牌号(按用途分类)			
国家标准编号	名称	代号	类别	名称	代号	
					字母	汉字
GB/T 5117—2012	碳钢焊条	E	一	结构钢焊条	J	结
GB/T 5118—2012	低合金钢焊条	E	一	结构钢焊条	J	结
			二	耐热钢焊条	R	热
			三	低温钢焊条	W	温
GB/T 983—2012	不锈钢焊条	E	四	不锈钢焊条	G	铬
					A	奥
GB/T 984—2001	堆焊焊条	ED	五	堆焊焊条	D	堆
GB/T 10044—2006	铸铁焊条	EZ	六	铸铁焊条	Z	铸
GB/T 13814—2008	—	—	七	镍及镍合金焊条	Ni	镍
GB/T 3670—1995	铜及铜合金焊条	TCu	八	铜及铜合金焊条	T	铜
GB/T 3669—2001	铝及铝合金焊条	TAl	九	铝及铝合金焊条	L	铝
—			十	特殊用途焊条	TS	特

1.3.3　焊条的型号及牌号

　　根据 GB/T 5117—2012《非合金钢及细晶粒钢焊条》,焊条型号按熔敷金属力学性能、药皮类型、焊接位置、电流类型、熔敷金属化学成分和焊后状态等进行划分,用 E××× 表示。"E"表示焊条;前两位数字表示熔敷金属抗拉强度的最小值,单位是 kgf/mm^2($1\ kgf/mm^2 = 9.8\ MPa$);第三位数字表示焊条适用的焊接位置,"0"及"1"表示适用于全位置(平、立、仰、横),"2"表示适用于平焊及平角焊,"4"表示适用于向下立焊;第三、四位数字组合时表示焊接电流种类及药皮类型(表1-12)。其他大类的焊接型号编制方法见相应的国家标准。

表 1 – 12　碳钢焊条型号中第三、第四位数字的含义

焊条型号	焊接位置	药皮类型	焊接电流种类	相应的焊条牌号
E× ×00	各种位置 （平、立、仰、横）	特殊性	交流或直流正、反接	J× ×0
E× ×01		钛铁矿型		J× ×3
E× ×03		钛钙型		J× ×2
E× ×10		高纤维素钠型	直流反接	
E× ×11		高纤维素钾型	交流或直流反接	J× ×5
E× ×12		高钛钠型	交流或直流正接	
E× ×13		高钛钾型	交流或直流正、反接	J× ×1
E× ×14		铁粉钛型	交流或直流正、反接	J× ×1Fe
E× ×15		低氢钠型	直流反接	J× ×7
E× ×16		低氢钾型	交流或直流反接	J× ×6
E× ×18		铁粉低氢型		J× ×6Fe J× ×7Fe
E× ×20	平角焊	氧化铁型	交流或直流正接	J× ×4
E× ×22	平		交流或直流正、反接	
E× ×23	平、平角焊	铁粉钛钙型	交流或直流正、反接	J× ×2Fe13
E× ×24		铁粉钛型		J× ×1Fe13
E× ×27		铁粉氧化铁型	交流或直流正接	J× ×6Fe14
E× ×28	平、平角焊	铁粉低氢型	交流或直流反接	J× ×6Fe J× ×7Fe
E× ×48	平、立、仰、立向下		交流或直流反接	J× ×6FeX J× ×7FeX

　　碳钢焊条的统一牌号则是按焊缝金属抗拉强度、药皮类型和焊接电源种类等编制的，用 J× × × 表示。"J"表示结构钢焊条；前两位数字表示焊缝金属抗拉强度等级；第三位数字表示药皮类型和适用的焊接电源种类（表 1 – 13）。

　　按焊条药皮熔化后形成的熔渣性质不同，可分为两大类：酸性焊条和碱性焊条。药皮熔化后形成的熔渣以酸性氧化物为主的焊条，称为酸性焊条，常用牌号有 J422（E4303）、J502（E5003）等；熔渣以碱性氧化物为主的焊条，称为碱性焊条，常用的牌号有 J427（E4315）、J507（E5015）等，括号表示国家标准型号。焊条牌号中的"J"表示结构钢焊条，前两位数字"42""50"表示焊缝金属抗拉强度等级分别为 420 MPa 和 500 MPa，第三位数字表示药皮类型和焊接电源的种类。"2"表示酸性焊条（钛钙型药皮），用交流或直流电源均可；"7"表示碱性焊条（低氢钠型药皮），用直流电源。

表 1 – 13　焊条牌号中第三位数字的含义

型号	药皮类型	焊接电源	型号	药皮类型	焊接电源
J× ×0	不属已规定的类型	不规定	J× ×5	纤维素型	交流或直流
J× ×1	氧化钛型	交流或直流	J× ×6	低氢型	交流或直流
J× ×2	氧化钛钙型	交流或直流	J× ×7	低氢型	直流
J× ×3	钛铁矿型	交流或直流	Z× ×8	石墨型	交流或直流
J× ×4	氧化铁型	交流或直流	L× ×9	盐基型	直流

1.3.4　焊条的选用及管理

焊条的选用须在确保焊接结构安全、可靠使用的前提下,根据被焊材料的化学成分、力学性能、板厚及接头形式、焊接结构特点、受力状态、结构使用条件对焊缝性能的要求、焊接施工条件和技术经济效益等综合考查后,有针对性地选用焊条,必要时还需进行焊接性试验。

1. 同种钢材焊接时焊条选用要点

(1)考虑焊缝金属力学性能和化学成分。

对于普通结构钢,通常要求焊缝金属与母材等强度,应选用熔敷金属抗拉强度等于或稍高于母材的焊条。对于合金结构钢,有时还要求合金成分与母材相同或接近。在焊接结构刚性大、接头应力高、焊缝易产生裂纹的不利情况下,应考虑选用比母材强度低的焊条。当母材中碳、硫、磷等元素的含量偏高时,焊缝容易产生裂纹,应选用抗裂性能好的碱性低氢型焊条。

(2)考虑焊接构件使用性能和工作条件。

对承受动载荷和冲击载荷的焊件,除满足强度要求外,主要应保证焊缝金属具有较高的冲击韧性和塑性,可选用塑、韧性指标较高的低氢型焊条。在高温、低温、耐磨或其他特殊条件下工作的焊接件,应选用相应的耐热钢、低温钢、堆焊或其他特殊用途焊条。

(3)考虑焊接结构特点及受力条件。

对结构形状复杂、刚性大的厚大焊接件,由于焊接过程中产生很大的内应力、易使焊缝产生裂纹,应选用抗裂性能好的碱性低氢型焊条。对受力不大、焊接部位难以清理干净的焊件,应选用对铁锈、氧化皮、油污不敏感的酸性焊条。对受条件限制不能翻转的焊件,应选用适于全位置焊接的焊条。

(4)考虑施工条件和经济效益。

在满足产品使用性能要求的情况下,应选用工艺性好的酸性焊条。在狭小或通风条件差的场合,应选用酸性焊条或低尘焊条。对焊接工作量大的结构,有条件时应采用高效率焊条,如铁粉焊条、高效率重力焊条等,或选用底层焊条、立向下焊条之类专用焊条,以提高焊接生产率。

2. 异种钢焊接焊条选用要点

(1)强度级别不同的碳钢 + 低合金钢(或低合金钢 + 低合金高强钢)。

一般要求焊缝金属或接头的强度不低于两种被焊金属的最低强度,选用的焊条熔敷金属的强度应能保证焊缝及接头的强度不低于强度较低侧母材的强度,同时焊缝金属的塑性和冲击韧性应不低于强度较高而塑性较差侧母材的性能。因此,可按两者之中强度级别较低的钢材选用焊条。但是,为了防止焊接裂纹,应按强度级别较高、焊接性较差的钢种确定焊接工艺,包括焊接规范、预热温度及焊后热处理等。

(2)低合金钢 + 奥氏体不锈钢。

应按照对熔敷金属化学成分限定的数值来选用焊条,一般选用铬、镍含量较高的,塑性、抗裂性较好的 Cr25 - Ni13 型奥氏体钢焊条,以避免因产生脆性淬硬组织而导致的裂纹。但应按焊接性较差的不锈钢确定焊接工艺及规范。

(3)不锈钢复合钢板。

应考虑对基层、覆层、过渡层的焊接要求选用三种不同性能的焊条。对基层(碳钢或低合金钢)的焊接,选用相应强度等级的结构钢焊条;覆层直接与腐蚀介质接触,应选用相应成分的奥氏体不锈钢焊条。关键是过渡层(即覆层与基层交界面)的焊接,必须考虑基体材料的稀释作用,应选用铬、镍含量较高,塑性和抗裂性好的 Cr25 - Ni13 型奥氏体钢焊条。

3. 常用金属材料焊接时焊条的选用

(1)碳钢焊条的选用。

碳钢是碳素结构与碳素工具钢的总称。国内碳钢产量占全部钢材总产量的 80% 以上,碳钢是被焊金属中量最大、覆盖面最广的一种。用于焊接的碳钢,含碳量(碳的质量分数)不超过 0.9%。碳钢的焊接性与钢中含碳量多少密切相关,含碳量越高,钢的焊接性越差。几乎所有的焊接方法都可以用于碳钢结构的焊接,其中以手弧焊、埋弧焊和 CO_2 气体保护焊应用最为广泛。

碳钢焊条的焊缝强度通常小于 540 MPa(55 kgf/mm^2),国内的碳钢焊条国家标准 GB/T 5117—2012《非合金钢及细晶粒钢焊条》中只有 E43 系列及 E50 系列两种型号,即抗拉强度只有 420 MPa (43 kgf/mm^2) 和 490 MPa(50 kgf/mm^2)两个强度级别。目前焊接中大量使用的是 470 MPa 级以下的焊条。焊接低碳钢(含碳量少于 0.25%)时大多使用 E43XX(J42X)系列的焊条,这一系列焊条有多种型号,产品牌号更多,可根据具体母材及使用条件、工作状况、焊件结构形状和钢板厚度加以选用。

焊接碳钢($w(C) = 0.25\% \sim 0.60\%$)和高碳钢($w(C) = 0.60\% \sim 1.70\%$)时,应选用杂质含量较低且具有一定脱硫能力的碱性低氢型焊条。在个别情况下,也可采用金红石型或钛酸型焊条,但要有严格的工艺措施配合。中碳钢焊接,由于钢材含碳量较高,焊接裂纹倾向增大,可选用低氢型焊条或焊缝金属具有较高塑、韧性的焊条,而且大多数情况需要预热和缓冷处理。高碳钢焊接则必须采取严格的预热、后热措施,以防止产生焊接裂纹。

高碳钢焊接时焊缝与母材性能完全相同比较困难,高碳钢的抗拉强度大多在 675 MPa(69 kgf/mm^2),焊材的选用应视产品设计要求而定。强度要求高时,可用 J707 或 J607 焊条;强度要求不高时,可用 J506 或 J507 等焊条;或者分别选用与以上强度等级相当的低合金钢焊条。所有焊接材料都应当是低氢型的。

(2)低合金高强钢焊条的选用。

低合金高强钢根据强度级别及热处理状态,可分为热轧及正火钢、低碳调质钢、中碳调质钢等。低合金高强钢用的焊条对焊缝金属的性能有至关重要的影响。

国内的焊条国家标准中,含合金钢焊条标准(GB/T 5118—2012《热强钢焊条》)有从 E50 系列至 E85 系列等各种型号的焊条可供选择。低合金钢一般依钢材的强度等级来选用相应的焊条,同时还需要根据母材焊接性、焊接结构尺寸、坡口形状和受力情况等的影响进行综合考虑。在冷却速度较大、使焊缝强度增高、焊接接头容易产生裂纹的不利的情况下,可选用比母材强度低一级的焊条。实际上在碳钢焊条标准中也有不和焊条可兼用于低合金钢焊接。

为了满足低合金钢产品焊接的要求,提高焊条的抗裂性、焊缝金属韧性和焊接工艺性能,还研制出许多各具特色的低合金钢专用焊条以供选用,如超低氢焊条(JXXXH)、高韧性焊条(JXXXGR)、高韧性超低氢焊条(JXXXRH)以及耐吸潮焊条(JXXXLMA)等。

焊接热轧及正火钢时,选择焊接材料的主要依据是保证焊缝金属的强度、塑性和冲击韧性等力学性能与母材相匹配,不必考虑焊缝金属的化学成分与母材的一致性。焊接厚大构件时,为了防止出现焊接冷裂纹,可采用"低强匹配"原则,即选用焊缝金属强度低于母材强度的焊接。焊接强度过高,将导致焊缝金属塑、韧性及抗裂性能的降低。

低碳调质钢产生冷裂纹的倾向较大,因此严格控制焊接材料中的氢是十分重要的,用于低碳调质钢的焊条应是低氢型或超低氢型焊条。中碳调质钢焊接为确保焊缝金属的塑、韧性和强度,提高焊缝的抗裂性,应采用低碳合金系统,尽量降低焊缝金属的硫、磷杂质含量。对于需焊后热处理的构件,还应考虑焊缝金属合金成分应与母材相近。

(3)耐热钢焊条的选用。

低合金耐热钢要在高温下长期工作,为了保证耐热钢的高温性能,须向钢中加入较多的合金元素(如 Cr、Mo、V、Nb 等)。在选择焊接材料时,首先要保证焊缝性能与母材匹配,具有必要的热强性,因此要求焊缝金属的化学成分应尽量与母材一致。如果焊缝与母材化学成分相关太大,高温长期使用后,接头区域某些元素发生扩散现象(如碳元素在熔合线附近的扩散),将使接头高温性能下降。

耐热钢焊条一般可按钢种和构件的工作温度来选用。选配耐热钢焊材的原则是焊缝金属的合金成分和性能与母材相应指标一致,或应达到产品技术条件提出的最低性能指标。为了提高焊缝金属的抗热裂能力,焊缝中的含碳量应略低于母材的含碳量,一般应控制在 0.07% ~0.15% 之间。由于钢中碳和合金元素的共同作用,耐热钢焊接时极易形成淬硬组织,焊接性较差。为此耐热钢一般焊前进行预热,焊后进行回火处理。

(4)低温钢焊条的选用。

低温钢是在 -40~196 ℃的低温范围工作的低合金专用钢材。按化学成分划分,低温钢主要有含镍钢和无镍钢两类。国外一般使用含镍低温钢,如 3.5Ni 钢、5Ni 钢和 9Ni 钢等;国内多使用无镍低温钢。

选择低温钢焊材首先应考虑接头使用温度、韧性要求及是否进行焊后热处理等,应使焊缝金属的化学成分和力学性能(尤其是冲击韧性)与母材一致。经焊后热处理后,焊缝仍应具有较高的低温韧性。由于对焊缝金属的低温韧性提出了严格的要求,低温钢焊条药皮均采用低氢型。焊接时要求尽量采用小的焊接热输入,避免焊缝金属及近缝区形成粗晶组织而降低低温韧性。含镍低温钢除手弧焊外,主要采用氩弧焊进行焊接,采用与母材相同成分的焊丝、保护气体为 Ar 或 Ar 中加入 2% 的 O_2 或 5% ~10% 的 CO_2 以改善焊缝成形。

(5)不锈钢焊条的选用。

根据室温组织,不锈钢可分类为:奥氏体不锈钢、马氏体不锈钢、铁素体不锈钢及奥氏体 + 铁素体双相不锈钢四大类。奥氏体不锈钢以 Cr18Ni18 为代表的系列主要用于耐蚀条件,以 Cr25Ni20 为代表的系列主要用作耐高温场合。选择奥氏体不锈钢焊接材料时,首先要保证焊缝金属具有与母材一致的耐蚀性能,即焊缝金属主要化学成分要尽量接近母材,其次应保证焊缝具有良好的抗裂性和综合力学性能。

Cr13 系列以 Cr12 为基的多元合金化的钢属于马氏体不锈钢,这类钢具有较大的淬硬倾向,焊接时出现的问题主要是冷裂纹及近缝区淬硬脆化。马氏体不锈钢焊接材料的选择有两条途径:一是为了满足使用性能要求,保证焊缝金属与母材的化学成分一致,使焊后热处理后两者力学性能及使用性能(如耐蚀性)相接近,这时须采用同质填充材料;二是在无法采用预热或焊后热处理的情况下,为了防止裂纹,采用奥氏体型焊材,使焊缝成为奥氏体组织,这种情况下焊缝强度难以与母材匹配。

含 Cr 17% ~28% 的高铬钢属铁素体不锈钢,主要用作热稳定钢。铁素体不锈钢在焊接加热和冷却过程中不发生相变,焊后即使快速冷却也不会产生淬硬组织。铁素体不锈钢焊接时出现的问题主要是近缝区晶粒易于长大,形成粗大铁素体,热影响区韧性下降导致脆化。铁素体不锈钢焊接应选择杂质(C、N、S、P 等)含量低的焊材,同时对焊缝进行合理的合金化,以便改善其焊接性和韧性。根据对焊接接头性能的要求,铁素体不锈钢焊接时采用的焊材可以是与母材成分相近的高铬铁焊条或焊丝,也可以是铬镍奥氏体焊条或焊丝。采用奥氏体焊材时焊接不预热,也不进行焊后热处理。

(6)铸铁焊条的选用。

根据碳的存在形态,铸铁可分类为白口铸铁、灰口铸铁、可锻铸铁和球墨铸铁四种。铸铁的特点是碳与硫、磷杂质含量高,组织不均匀,塑性低,属于焊接性不良的材料。铸铁焊接时出现的主要问题,一是焊接接头区域易出现白口及淬硬组织,二是易出现裂纹。

铸铁焊条(或焊补)大致分为冷焊、半热焊和热焊三种,焊材的选择分为同质焊缝和异质焊缝两类。目前国内可以提供数十种铸铁焊条,可根据铸铁焊条的特性、对焊补件的要求(如是否切削加工)、铸铁材料的性能以及焊补件的重要性等分别选用。

对焊后要求灰口铸铁焊缝的,可选用 Z208、Z248 焊条;对焊缝表面需经加工的,可选用 Z308、Z408、Z418、Z508 焊条,其中 Z308 最易加工;对球墨铸铁和高强度铸铁,可选用 Z258、Z408、Z418 焊条,应指出,铸铁焊条是"三分材料、七分工艺",除了合理选用焊材外,还必须根据工作要求采取适当的工艺措施,如预热分段焊、大(小)电流、瞬时点焊、锤击、后热等,才能取得满意的效果。

(7)堆焊焊条的选用。

堆焊是用焊接方法在零件表面堆敷一层具有一定性能材料的工艺过程,目的是使零件表面获得具有耐磨、耐热、耐蚀等特殊性能的熔敷金属。例如在普通碳素钢工件的磨损面上堆焊一层耐磨合金,不但可以降低成本,而且可以获得优异的综合性能。堆焊工艺在国内应用得越来越广,堆焊合金达数十种,堆焊焊条已制定了较完整的产品系列,堆焊时必须根据堆焊工作及工作条件的不同要求选用合适的焊条。

堆焊金属类型很多,反映出堆焊金属化学成分、显微组织及性能的很大差异。堆焊工件及工作条件十分复杂,堆焊时必须根据不同要求选用合适的焊条。不同的堆焊工作和堆焊焊条要采用不同的堆焊工艺,才能获得满意的堆焊效果,堆焊中最常碰到的问题是裂纹,防止开裂的方法主要是焊前预热、焊后缓冷,焊接过程中还可采用锤击等消除焊接应力。堆焊金属的硬度和化学成分,一般是指堆焊三层以上的堆焊金属而言。

堆焊焊条的药皮类型一般是钛钙型、低氢型和石墨型三种。为了使堆焊金属具有良好的抗裂性及减少焊条中合金元素的烧损,大多数堆焊焊条采用低氢型药皮。

(8)有色金属焊条的选用。

有色金属焊条主要指的是镍及镍合金焊条、铜及铜合金焊条和铝及铝合金焊条等。

镍及镍合金焊条主要用于焊接镍及高镍合金,也可用于异种金属的焊接及堆焊,焊接接头的坡口尺寸及焊接工艺接近铬镍奥氏体不锈钢焊接工艺。镍及镍合金的导热性差,焊接时容易过热引起晶粒长大和热裂纹,而且焊接时气孔敏感性强。因此焊条中应含有适量的 Al、Ti、Mn、Mg 等脱氧剂,焊接操作时应选用小电流、控制弧长,收弧时注意填满弧坑,并保持较低的层间温度。

铜及铜合金焊条用途较广,除了用紫铜焊条焊接紫铜外,目前较多的是采用青铜焊条焊接各种铜及铜合金、铜与钢等。同时,由于铜及铜合金具有良好的耐蚀性、耐磨性等,因此也常用于堆焊轴承等承受金属摩擦磨损的零件和耐腐蚀(例如耐海水腐蚀)的零件,此外,铜及铜合金焊条也可用来焊补铸铁。

铝及铝合金焊条焊接时熔化速度快,必须采用短弧快速焊接,操作较困难。铝及铝合金焊条主要用于纯铝、铸铝、铝锰合金和部分铝镁合金结构的焊接和焊补。纯铝焊条主要用来焊接对接头性能要求不高的铝及铝合金。铝硅焊条的焊缝有较高的抗热裂性能;铝锰焊条有较好的耐蚀性。

4. 焊条的管理

(1)焊条的库存管理。

焊条入库前要检查焊条质量保证书和焊条类型(牌号)标识。焊接锅炉、压力容器等重要结构的焊条,应按国家标准要求进行复验,复验合格后才能办理入库手续。

入库后,焊条应按种类、牌号、批次、规格、入库时间分类堆放,并应有明确标识。库房内要保持通风、干燥(室温宜 10 ~ 25 ℃,相对湿度小于60%)。堆放时不能直接放在地面上,距离地面高度不小于 30 mm,并离墙距离不小于 300 mm,上下左右空气流通。搬运过程中要轻拿轻放,防止包装损坏。

（2）使用过程中的焊条管理。

如发现焊条内部有锈迹，须经试验合格后才能使用。焊条受潮严重，已发现药皮脱落，一般应报废。如果使用时间较长或在野外施工，要使用焊条保温桶，随用随取。低氢焊条在常温下超过 4 h，一般应重新烘干。

1.4 焊条电弧焊工艺

1.4.1 焊条电弧焊焊接参数

选择合适的焊接工艺参数，对提高焊接质量和提高生产效率十分重要。

焊接工艺参数（焊接规范）是指焊接时，为保证焊接质量而选定的诸多物理量（例如：焊接电流、电弧电压、焊接速度、热输入等）的总称。焊条电弧焊的焊接工艺参数主要包括焊条直径、焊接电流、电弧电压、焊接速度和预热温度等。

1. 焊接电源种类和极性的选择

焊接电源种类：交流、直流。

极性选择：正接、反接。

正接：焊件接电源正极，焊条接电源负极的接线方法。

反接：焊件接电源负极，焊条接电源正极的接线方法。

极性选择原则：碱性焊条常采用直流反接，否则，电弧燃烧不稳定，飞溅严重，噪声大，酸性焊条使用直流电源时通常采用直流正接。

2. 焊条直径

焊条直径是根据焊件厚度、焊接位置、接头形式、焊接层数等进行选择。一般厚度越大，选用的焊条直径越粗，焊条直径与焊件关系见表 1-14。

表 1-14 焊条直径与焊件关系

焊件厚度/mm	2	3	4~5	6~12	>13
焊条直径/mm	2	3.2	3.2~4	4~5	4~6

3. 焊接电流

焊接电流是焊条电弧焊的主要工艺参数，焊工在操作过程中需要调节的只有焊接电流，而焊接速度和电弧电压都是由焊工控制的。焊接电流的选择直接影响着焊接质量和劳动生产率。

焊接电流越大，熔深越大，焊条熔化越快，焊接效率也越高，但是焊接电流太大时，飞溅和烟雾大，焊条尾部易发红，部分药皮要失效或崩落，而且容易发生咬边、焊瘤、烧穿等缺陷，增大焊件变形，还会使接头热影响区晶粒粗大，焊接接头的韧性降低；焊接电流太小，则引弧困难，焊条容易粘在工件上，电弧不稳定，易产生未焊透、未熔合、气孔和夹渣等缺陷,且生产率低。

因此选择焊接电流,应根据焊条直径、焊条类型、焊件厚度、接头形式、焊接位置及焊道层次来综合考虑。首先应保证焊接质量,其次应尽量采用较大的电流,以提高生产效率。T形接头和搭接头,在施焊环境温度较低时,由于导热较快,所以焊接电流要大一些。但主要由焊条直径、焊接位置、焊道层次等因素来决定。

4.焊条直径

焊条直径越粗,熔化焊条所需的热量越大,必须增大焊接电流,每种焊条都有一个最合适电流范围。当使用碳钢焊条焊接时,还可以根据选定的焊条直径,用经验公式计算焊接电流,即

$$I = dK \tag{1-5}$$

式中 I——焊接电流,A,见表 1 - 15;

d——焊接直径,mm;

K——经验系数,A/cra,见表 1 - 16。

表 1 - 15 各种直径合适的焊接电流参考值

焊条直径/mm	1.6	2.0	2.5	3.2	4.0	5.0	6.0
焊接电流/A	25 ~ 45	40 ~ 65	50 ~ 80	100 ~ 130	160 ~ 210	260 ~ 270	260 ~ 300

表 1 - 16 焊接电流经验系数与焊条直径的关系

焊条直径/mm	1.6	2 ~ 2.5	3.2	4 ~ 6
经验系数/(A · cra^{-1})	20 ~ 25	25 ~ 30	30 ~ 40	40 ~ 50

5.焊接位置

在平焊位置焊接时,可选择偏大些焊接电流。横、立、仰焊位置时,焊接电流应比平焊位置小10% ~ 20%。角焊电流比平焊电流稍大一些。

6.焊道层次

通常焊接打底焊道时,为保证背面焊道的质量,使用的焊接电流较小;焊接填充焊道时,为提高效率,保证熔合好,使用较大的电流;焊接盖面焊道时,防止咬边和保证焊道成形美观,使用电流稍小些。

焊接电流一般可根据焊条直径进行初步选择,焊接电流初步选定后,要经过试焊,检查焊缝成形和缺陷,才可确定。对于有力学性能要求的,如锅炉、压力容器等重要结构,要在焊接工艺评定合格以后,才能最后确定焊接电流等工艺参数。

7.电弧电压

当焊接电流调好以后,焊接的外特性曲线就决定了。实际上电弧电压主要是由电弧长度来决定的。电弧长,则电弧电压高;反之则低。焊接过程中,电弧不宜过长,否则会出现电弧燃烧不稳定、飞溅大、熔深浅及产生咬边、气孔等缺陷;若电弧太短,容易粘焊

条。一般情况下,电弧长度等于焊条直径的 0.5 ~ 1 倍为好,相应的电弧电压为 16 ~ 25 V。碱性焊条的电弧长度不超过焊条的直径,为焊条直径的一半较好,尽可能地选择短弧焊;酸性焊条的电弧长度应等于焊条直径。

8. 焊接速度

焊条电弧焊的焊接速度是指焊接过程中焊条沿焊接方向移动的速度,即单位时间内完成的焊缝长度。焊接速度过快会造成焊缝变窄,严重凸凹不平,容易产生咬边及焊缝波形变尖;焊接速度过慢会使焊缝变宽,余高增加,功效降低,焊接速度还直接决定着热输入的大小,在保证焊缝所要求尺寸和质量的前提下,由操作者灵活掌握。速度过慢,热影响区加宽,晶粒粗大,变形也大;速度过快,易造成未焊透、未熔合、焊缝成形不良好等缺陷。

9. 焊缝层数

厚板的焊接,一般要开坡口并采用多层焊或多层多道焊。多层焊和多层多道焊接头的显微组织较细,热影响区较窄。前一条焊道对后一条焊道起预热作用,而后一条焊道对前一条焊道起热处理作用,因此,接头的延性和韧性都比较好,特别是对于易淬火钢,后焊道对前焊道的回火作用,可改善接头组织和性能。

对于低合金高强钢等钢种,焊缝层数对接头性能有明显影响。焊缝层数少,每层焊缝厚度太大时,由于晶粒粗化,将导致焊接接头的延性和韧性下降。

10. 热输入

熔焊时,由焊接能源输入给单位长度焊缝上的热量称为热输入。其计算公式为

$$Q = nIU/v \tag{1-6}$$

式中 Q——单位长度焊缝的热输入,J/cm;

   I——焊接电流,A;

   U——电弧电压,V;

   v——焊接速度,cm/s;

   n——热效率系数,焊条电弧焊为 0.7 ~ 0.8。

热输入对低碳钢焊接接头性能的影响不大,因此,对于低碳钢焊条电弧焊一般不规定热输入。对于低合金钢和不锈钢等钢种,热输入太大时,接头性能可能降低;热输入太小时,有的钢种焊接时可能产生裂纹。因此焊接工艺规定热输入。焊接电流和热输入规定之后,焊条电弧焊的电弧电压和焊接速度就间接地大致确定了。

一般要通过试验来确定既可不产生焊接裂纹又能保证接头性能合格的热输入范围。允许的热输入范围越大,越便于焊接操作。

11. 预热温度

预热是焊接开始前对被焊工件的全部或局部进行适当加热的工艺措施。预热可以减小接头焊后冷却速度,避免产生淬硬组织,减小焊接应力及变形。它是防止产生裂纹的有效措施。对于刚性不大的低碳钢和强度级别较低的低合金高强钢的一般结构,一般不必预热。但对刚性大的或焊接性差的容易产生裂纹的结构,焊前需要预热。

预热温度根据母材的化学成分、焊件的性能、厚度、焊接接头的拘束程度和施焊环境

温度以及有关产品的技术标准等条件综合考虑,重要的结构要经过裂纹试验确定不产生裂纹的最低预热温度。预热温度选得越高,防止裂纹产生的效果越好;但超过所需的预热温度,会使熔合区附近的金属晶粒粗化,降低焊接接头质量,劳动条件也将会更加恶化。整体预热通常用各种炉子加热。局部预热一般采用气体火焰加热或红外线加热。预热温度常用表面温度计测量。

1.4.2　焊条电弧焊工艺措施

对工程中使用较多的或有代表性的接头形式进行焊接工艺性试验,以确定最佳的操作方法和焊接规范。

装配定位焊前,焊接坡口及其内外两侧各 20 mm 范围内的油污必须用溶剂擦抹干净,并用手提砂轮机打磨去除铁锈、氧化皮等杂质,使焊件母材表面露出金属光泽。担任定位焊施焊工作的焊工必须是持有合格证的焊工。装配质量达到图样技术要求后方可进行定位焊(如该焊缝焊前需要预热,则必须预热至所要求的温度后才可进行定位焊)。定位焊所用焊条(须经烘干处理)、焊丝必须与该焊缝正式焊接时所用焊材相一致,定位焊缝应填满弧坑。

定位焊缝长度一般为 20～50 mm,间接长为 400～600 mm,焊脚尺寸不得大于设计焊脚尺寸的一半,且不应大于 8 mm,定位焊应距设计焊缝端部 30 mm 以上。定位焊缝不得有裂纹,不得有超标的夹渣、气孔等缺陷,如发现有焊接缺陷,必须彻底清除,重新进行定位焊。

在焊缝交叉处和焊缝方向急剧变化处不得有定位焊缝,定位焊缝应离开该处 50 mm 以上。

1.4.3　焊接接头形式和操作工艺

1. 焊接接头形式

焊接接头是指用焊接方法连接的接头。常用焊接接头的形式有:对接接头、搭接接头、角接接头、T形接头和端接接头等。接头形式由焊接结构件使用性能来决定。

2. 坡口形状

坡口是指根据设计或工艺需要,在焊件的待焊部位加工成一定形状的沟槽。

对接接头是各种焊接结构中采用最多的一种接头形式。当被焊工件较薄时,在工件接头处只要留一定的间隙,就能保证焊透;而工件较厚时,则需要开坡口,对接接头坡口形状如图 1－22 所示。

加工坡口时,通常在焊件厚度方向留有直边(钝边),其作用是为了防止烧穿。接头组装时往往留有间隙,这是为了保证焊透。

施焊时,对Ⅰ形、V形和U形坡口,均可根据实际情况采用单面焊或双面焊,但对 X 形坡口则必须采用双面焊,如图 1－23 所示。焊接较厚的焊件时,为了焊满坡口,应采用多层焊或多层多道焊,如图 1－24 所示。

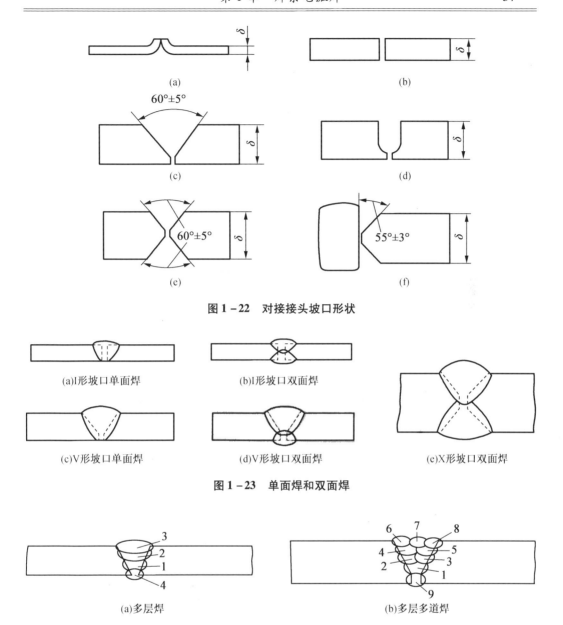

图 1 - 22　对接接头坡口形状

(a)I形坡口单面焊　　　(b)I形坡口双面焊

(c)V形坡口单面焊　　　(d)V形坡口双面焊　　　(e)X形坡口双面焊

图 1 - 23　单面焊和双面焊

(a)多层焊　　　　　　(b)多层多道焊

图 1 - 24　对接平焊的多层焊

3．焊接位置

熔焊时,焊件接缝所处的空间位置称为焊接位置。它们有平焊、立焊、横焊和仰焊位置等。对接接头的各种焊接位置,如图 1 - 25 所示。平焊操作生产率高、劳动条件好以及焊接质量容易保证,因此,焊接时应尽量采用平焊位置。

4．手弧焊的基本操作技术

(1)清理工件表面。

用钢丝刷将待焊件坡口表面、坡口两侧 20 ~ 30 mm 范围内的油污、铁锈和水分清理干净。

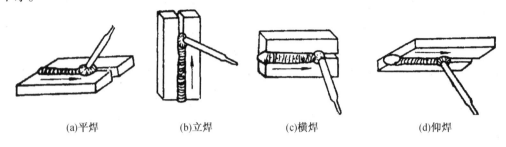

(a)平焊   (b)立焊   (c)横焊   (d)仰焊

图 1 – 25   焊接位置

（2）装配、点固。

将钢板水平放置,对齐并留有一定的间隙(间隙大小由板厚而定)。注意防止产生错边。错边的允许值应小于板厚的10%。

用焊条将钢板沿长度方向两端点固,固定两工件的相对位置,点固后除渣。如工件较长,可每隔300 mm左右点固一次。

（3）焊条直径与焊接电流的选择。

①焊条直径的选择。焊条直径是根据焊件厚度、焊接位置、接头形式、焊接层数等进行选择的。首先,根据焊件的厚度选取焊条的直径,厚度越大,所选焊条直径越粗,见表1 – 17。

表 1 – 17   焊条直径的选择与焊件厚度的关系

焊件的厚度/mm	焊条直径/mm	焊件的厚度/mm	焊条直径/mm
≤1.5	1.5	4 ~ 6	3.2 ~ 4.0
2	1.5 ~ 2.0	8 ~ 12	3.2 ~ 4.0
3	2.0 ~ 3.2	≥13	4.0 ~ 5.0

焊接位置不同时,选取焊条直径也不同。立焊、仰焊、横焊时所选焊条直径应比平焊时小一些。

②焊接电流的选择。一般根据焊条直径选择焊接电流,见表1 – 18。

表 1 – 18   各种直径焊条使用的焊接电流

焊条直径/mm	1.6	2.0	2.5	3.2	4.0	5.0	6.0
焊接电流/A	25 ~ 40	40 ~ 65	50 ~ 80	80 ~ 130	140 ~ 200	200 ~ 270	260 ~ 300

焊接电流的大小还可以用经验公式来计算,即

$$I = 10d^2 \tag{1 – 7}$$

式中 I——焊接电流,A;

d——焊条直径,mm。

根据式(1-7)所求的焊接电流,还需根据实际情况进行修正。

(4)引弧。

引弧就是引燃焊接电弧的过程。引弧时,首先将焊条末端与工件表面接触形成短路,然后迅速将焊条向上提起2~4 mm,电弧引燃。引弧方法有两种,即敲击法和划擦法,如图1-26所示。电弧引燃后,为了维持电弧的稳定燃烧,应不断向下送进焊条。送进速度应和焊条熔化速度相同,以保持电弧长度基本不变。

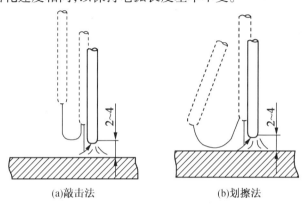

(a)敲击法   (b)划擦法

图1-26 引弧方法(单位:mm)

(5)焊接。

平焊是手弧焊最基本的操作,初学者进行操作练习时,在选择合适的焊接电流后,应着重注意掌握好焊条的角度、控制电弧长度、焊接速度、运条、收弧等基本操作要领。

①焊条角度。平焊的焊条角度如图1-27所示。

②电弧长度。沿焊条中心线均匀地向下送进焊条,保持电弧长度约等于焊条直径。

③焊接速度。均匀地沿焊接方向向前移焊条,使焊接过程中熔池宽度保持基本不变(与所要求的焊缝熔宽相一致),如图1-28所示。

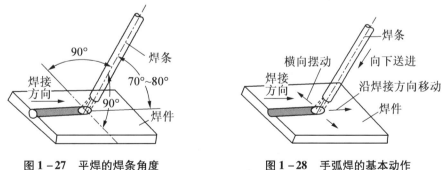

图1-27 平焊的焊条角度   图1-28 手弧焊的基本动作

(6)运条。

常用的运条方法如下:

①直线形运条法。焊接时,焊条不做横向摆动,沿焊接方向做直线移动。

②直线往复运条法。焊接时,焊条末端沿焊缝的纵向做来回直线形运动,如图1-29(a)所示。

③锯齿形运条法。焊接时,焊条末端做锯齿形摆动及向前移动,并在两边稍作停留,如图1-29(b)所示。摆动的目的是为了控制熔化金属的流动和得到必要的焊缝宽度,已获得较好的焊缝成形。

④月牙形运条法。焊接时,焊条末端沿焊接方向做月牙形的左右摆动,如图1-29(c)所示。

⑤三角形运条法。焊接时,焊条末端做连续的三角形运动,并不断向前移动。按摆动方式的不同,这种运条方法可分为斜三角形和正三角形两种,如图1-29(d)所示和图1-29(e)所示。

⑥圆圈形运条法。焊接时,焊条末端做圆圈形运动并不断前移,如图1-29(f)所示。

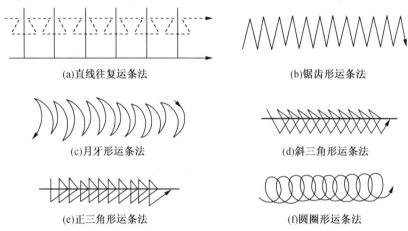

(a)直线往复运条法　　　　　　　　　(b)锯齿形运条法

(c)月牙形运条法　　　　　　　　　(d)斜三角形运条法

(e)正三角形运条法　　　　　　　　　(f)圆圈形运条法

图1-29　运条方法

(7)收弧。

收弧时不仅是熄灭电弧,还要将弧坑填满。收弧一般有三种方法:

①划圈收弧法。焊条至焊缝终点时,做圆圈运动,直到填满弧坑再拉断电弧,如图1-30(a)所示。此法适用于厚板收弧,用于薄板则有烧穿的危险。

②反复断弧收弧法。焊条至焊缝终点时,在弧坑上做数次反复熄弧引弧,直到填满弧坑为止,如图1-30(b)所示。此法适用于薄板和大电流焊接,碱性焊条不宜使用此法,否则易产生气孔。

③回焊收弧法。焊条移至焊道收弧处即停止,但不熄弧,此时适当改变焊条角度,如图1-30(c)所示。焊条由位置1转到位置2,待填满弧坑后再转到位置3,然后慢慢拉断电弧。此法适用于碱性焊条。

(8)焊后清理及外观检查。

用钢丝刷等工具把焊件表面的渣壳和飞溅物等清理干净;进行焊缝外观检查,对外观缺陷做出判断,并对严重缺陷提出返修的措施。

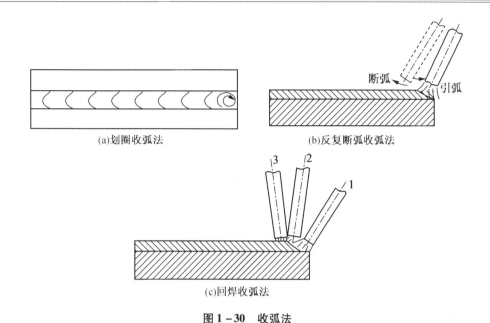

(a)划圈收弧法　　　　　(b)反复断弧收弧法

(c)回焊收弧法

图1-30　收弧法

5.手弧焊的安全规则

(1)保证设备安全。

①线路各连接点必须接触良好,防止因松动接触不良而发热。

②任何时候焊钳都不得放在工作台上,以免长时间短路烧坏焊机。

③发现焊机出现异常时,应立即停止工作,切断电源。

(2)防止触电。

①焊前检查焊机外壳接地是否良好。

②焊钳和焊接电缆的绝缘必须良好。

③焊接操作前应穿好绝缘鞋和绝缘手套。

④人体不要同时触及焊机输出两端。

⑤发生触电时,应先立即切断电源。

(3)防止弧光伤害。

①穿好工作服,戴好电焊面罩,以免弧光伤害皮肤。

②施焊时必须使用面罩(焊帽),以保护眼睛和脸部。

③挂好挡光帘或放置屏风,以免弧光伤害他人。

(4)防止烫伤。

①清渣时要注意渣的飞出方向,防止渣烫伤眼睛和脸部。

②焊接后应该用铁钳夹持焊接件,不准直接用手拿。

(5)防止烟尘中毒。

手弧焊的工作场所应采取良好的通风除尘措施。

(6)防火、防爆。

手弧焊工作场地周围不得放有易燃易爆物品。工作完毕应检查周围有无火种。

复习思考题

1. 什么是电弧焊,什么是焊条电弧焊?

2. 焊接电弧是如何形成的?

3. 焊接电弧分几个区,各区的热量和温度如何分布?

4. 什么是焊接电弧的静特性,其曲线为什么呈"U"形?

5. 影响电弧稳定性的因素有哪些?

6. 对手弧焊电源有哪些要求?

7. 什么是弧焊电源的外特性,为什么手弧焊电源必须具有下降的外特性?

8. 动铁芯式焊机是如何调节焊接电流的?

9. 焊条药皮在焊接时起什么作用?

10. 焊条的性能包括哪些内容?

11. 碳钢焊条型号是如何编制的?

12. 焊接接头形式有哪些?

13. 焊件为何要开坡口,坡口的形式有哪几种?

14. 手弧焊时要注意哪些安全规则?

第2章 气焊与气割

气焊与气割是利用可燃气体燃烧时所放出的热量来焊接和切割金属的一种气体火焰加工方法。

2.1 气体火焰加工用气体

气体火焰加工用气体分为两大类,即可燃气体和助燃气体。助燃气体均采用氧气;而可燃气体种类很多,选用时应考虑以下因素:

(1)发热量要大,也就是单位体积可燃气体完全燃烧时放出的热量要大。

(2)火焰温度要高,一般是指在氧气中燃烧的火焰最高温度要高。

(3)可燃气体燃烧时所需要的氧量要少,即指氧气瓶供给的初级氧要少,其经济性就高。

(4)爆炸极限范围要小,爆炸极限范围是指可燃气体在它与空气或氧气混合时易产生爆炸的成分范围(按可燃气体占混合气体的体积百分比计)。

(5)运输要方便。

常用可燃气体的基本特性见表2-1。

表2-1 常用可燃气体的基本特性

气体	发热量 /(J·L⁻¹)	中性焰温度 /℃	着火点 /℃	初级氧与可燃气体的体积比	爆炸极限/%		在氧气中的燃烧速度/(m·s⁻¹)
					与空气	与氧气	
乙炔	52 754	3 087	335	1.15	2.2~81	2.8~93	7.5
丙烷	99 227	2 526	481	3.5	2.3~9.5		2.0
丙烯	93 868	2 900	500	3.5	2.0~11		2.0
甲烷	33 494	2 538		1.5	4.8~14	5.0~59.2	
氢	10 048	2 160		0.3~0.4	3.3~81.5	4.65~93.9	
煤气	20 934	2 100		1.2~1.3	3.8~24.8	10~73.6	

由表2-1可知,乙炔除安全性较差外,它的发热量较大,火焰温度较高,需要的初级氧少,因此是气体火焰加工中最常用的可燃气体。但制取乙炔需要消耗电石,而生产电

石不仅要耗用大量电力,且电石还是重要的合成化工原料。因此,乙炔有被其他可燃气体(如液化石油气、液化丙烷和液化丙烯等)部分代替的趋势。

2.1.1　氧气

1. 氧气的性质

氧气在常温下是一种无色、无嗅、无味、无毒的气体,其分子式为 O_2。在标准状态下(101.3 kPa,0 ℃时)1 m³ 气体重 1.43 kg,比空气稍重。氧气的液化温度为 -182.96 ℃,液态氧呈浅蓝色。

氧气本身不能燃烧,但它是一种极为活泼的助燃气体,能与很多元素化合,生成氧化物。一般把激烈的氧化反应称为燃烧。气焊、气割正是利用可燃气体和氧气燃烧所放出的热量作为热源的。而氧化反应又随着压力增高和温度升高而增强,因此,高压氧严禁与油脂和易燃物接触,以避免由于激烈的氧化而导致易燃物质自燃,产生爆炸事故。

2. 对氧气纯度的要求

氧气纯度对气焊、气割的质量和效率有直接影响。工业用氧分为两级,一级纯度不低于99.5%,二级纯度不低于99.2%。通常,氧气厂供应的氧气就可以满足气焊、气割的要求,对于质量要求高的气焊应采用一级纯度的氧气。

2.1.2　乙炔

1. 乙炔的性质

乙炔是碳氢化合物,分子式是 C_2H_2,在常温常压下是无色气体。工业用乙炔,因含有硫化氢(H_2S)及磷化氢(H_3P)等杂质,故具有刺鼻的臭味。在标准状态下,1 m³ 乙炔重 1.17 kg,比空气轻。乙炔能溶解于水、丙酮等液体中,其中以丙酮的溶解度最大,在 15 ℃,0.1 MPa时乙炔与丙酮的溶解比(按体积计)约为 25∶1,且随压力增高而加大;当1.42 MPa时,该溶解比将增至 400∶1,而此溶解比却随温度升高而降低。

乙炔是吸热化合物,分解时放出它在生成时吸收的全部热量。它是易燃、易爆物质,与空气混合燃烧时火焰温度可达 2 350 ℃,而与氧气混合燃烧时火焰温度可达 3 150 ℃。当乙炔温度超过 200 ℃时,乙炔分子排列紧密,而形成较复杂的化合物,如苯(C_6H_6)等油状液体,这种聚合反应总是放出热量的,此热量又促使其进一步聚合,气体温度迅速上升,气温达一定值时,引起爆炸分解。当乙炔爆炸时压力为原来的 11 ~ 12 倍。所以,如发现有黄橙色油状液体时,应立即设法排除热量,以防止爆炸事故的发生。

乙炔爆炸通常发生在下列情况:

(1)温度超过 300 ℃或压力超过 150 kPa 时,乙炔遇火就会爆炸。

(2)温度超过 580 ℃和压力超过 150 kPa 时,乙炔就有可能自行爆炸。

(3)乙炔中含有氧气会提高其爆炸性。当乙炔 - 氧气混合气体中含有乙炔2.8% ~ 93%(按体积计算)或在乙炔 - 空气混合气体中含有乙炔2.2% ~ 81%(按体积计算)时,如果其中任何一点达到自燃温度(乙炔 - 空气混合气体的自燃温度为 305 ℃)或遇到火星,就是在常压下也会引起爆炸。

（4）乙炔与纯铜和银长期接触时，会生成乙炔铜（Cu_2C_2）和乙炔银（Ag_2C_2）。这些化合物被加热到 110 ~ 120 ℃或受到剧烈震动时就会引起爆炸。

2. 乙炔的制取

工业用乙炔是用水分解工业用电石而得来的，其化学反应式如下

$$CaC_2 + 2H_2O \rightarrow C_2H_2 \uparrow + Ca(OH)_2 + 127.2 \text{ kJ/mol}$$

　　　　电石　　水　　　乙炔　　　熟石灰

可见，产生乙炔的同时还会放出大量的热。因此，乙炔发生器应有较好的散热条件，以避免造成发生器的整体或局部温度过高而发生爆炸。由于工业用电石不纯，乙炔中含有硫化氢和磷化氢等杂质，焊接时硫、磷渗入焊缝会使焊缝质量变坏。此外，乙炔中含有水分，会使火焰温度降低，从而降低生产率，因而，对乙炔应经过净化和干燥处理。

2.2　气　焊

气焊是利用气体火焰作为热源的焊接方法，其示意图如图 2 - 1 所示。气焊常用乙炔（C_2H_2）和氧气（O_2）混合燃烧形成的火焰（称为氧乙炔火焰）施焊，温度可达 3 150 ℃。气焊火焰在燃烧时产生 CO_2 和 CO 气体，包围着熔化金属熔池，排开空气起到保护作用。

气焊易于控制和调节、灵活性强且不需要电源。气焊火焰温度较电弧温度低、加热慢、生产率低、热量分散、工件受热范围宽、焊件变形大、保护效果差以及接头质量不高，因而气焊一般应用于 3 mm 以下的低碳钢板、铸铁件和管子的焊接。不锈钢、铝和铜及其合金焊接时，在质量要求不高的情况下也可采用。

2.2.1　气焊设备

气焊所用设备及管路系统有两种类型，使用乙炔发生器的管路系统与使用乙炔瓶管路系统。因为乙炔发生器存在不安全性及不文明性，故在现代企业及城镇工业中已很少使用，在此仅介绍乙炔瓶管路系统，如图 2 - 2 所示。

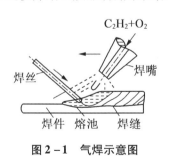

图 2 - 1　气焊示意图　　　　　　　　图 2 - 2　气焊设备连接示意图

1. 焊接常用气瓶

不同的焊接方法需要不同的气体生成的热源或作为保护气氛。焊接所使用的气体均储存在钢瓶内，为了区分所储存气体的类别，规定了气瓶的颜色标记。焊接常用介质

的气瓶颜色标记见表 2 - 2。

表 2 - 2　焊接常用介质的气瓶颜色标记

介质名称	化学式	瓶色	字样	字色	色环①
氢	H_2	浅绿	氢	大红	淡黄
氧	O_2	天蓝色	氧气	黑	白
空气		黑	空气	白	白
氮	N_2	黑	氮	淡黄	白
溶解乙炔	C_2H_2	白	乙炔不可近火	大红	
二氧化碳	CO_2	铝白	液化二氧化碳	黑	黑
甲烷	CH_4	棕	甲烷	白	淡黄
丙烷	C_3H_8	棕	液化丙烷	白	
丙烯	C_3H_6	棕	液化丙烯	淡黄	
氩	Ar	银灰	氩	深绿	白
氦	He	银灰	氦	深绿	白
液化石油气		银灰	液化石油气	大红	

①工作压力为 19.6 MPa 时加色环一道,工作压力为 29.4 MPa 时加色环两道。

(1)乙炔瓶。

乙炔瓶是一种储存和运输乙炔用的容器,如图 2 - 3 所示。其外形与氧气瓶相似,外表漆成白色,并标注红色"乙炔"和"不可近火"字样。乙炔瓶的工作压力为 1.5 MPa。在乙炔瓶内装有浸满丙酮的多孔性填料(硅酸钙),能使乙炔稳定而安全地储存在瓶内。使用时,溶解在丙酮内的乙炔分解出来,通过乙炔瓶阀流出,而丙酮仍留在瓶内,以便溶解再次压入的乙炔。乙炔瓶阀下面的长孔内放有石棉,其作用是帮助乙炔从多孔性填料中分解出来。

(2)氧气瓶。

氧气瓶是储存和运输氧气的高压容器,如图 2 - 4 所示,其工作压力为 15 MPa,容积为 40 L。氧气瓶的外表面涂天蓝色,用黑漆写上"氧气"字样。使用氧气瓶时要保证安全可靠、防止爆炸。放置它时必须平稳,不与其他气瓶混放,不得靠近明火或热源,避免撞击。夏日要防止日晒,冬季阀门冻结时应用热水解冻。氧气瓶严禁沾染油脂。

2.减压器

减压器是将高压气体降为低压气体的调节装置,气焊用的钢瓶减压器有氧气减压器和乙炔减压器。气焊时氧气压力通常为 0.2~0.4 MPa,因而必须将气瓶的气体减压后才能使用。减压器的作用就是降低气体压力,并保证降压后的气体压力稳定不变。

常用的氧气减压器的结构和工作原理如图 2 - 5 所示。调压时松开调节螺钉,阀门弹簧将阀门关闭,减压器不工作,氧气瓶里的高压气体停留在高压室,高压表指出高压气体的压力,即氧气瓶内的气体压力,如图 2-5(a)所示。

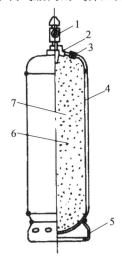

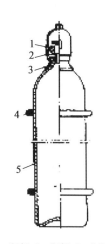

1—瓶阀;2—瓶颈;3—可熔安全塞;
4—瓶体;5—瓶座;6—溶剂;7—多孔物质
图 2-3　乙炔瓶

1—瓶帽;2—瓶阀;3—瓶箍;
4—防振圈(橡胶制品);5—瓶体
图 2-4　氧气瓶

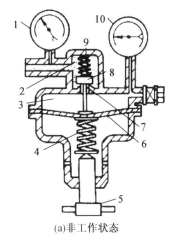

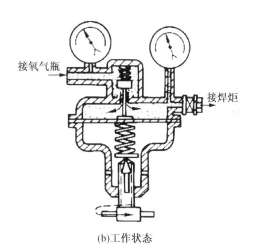

(a)非工作状态　　　　　　　　　　(b)工作状态

1—高压表;2—高压室;3—低压室;4—调压弹簧;5—调压手柄;
6—薄膜;7—通道;8—阀门;9—阀门弹簧;10—低压表
图 2-5　氧气减压器的结构和工作原理图

　　减压器工作时,拧开调压螺钉,使调压弹簧受压,阀门被顶开,高压气体进入低压室。
　　由于气体膨胀,气体压力降低,低压表指示出低压气体的压力。随着低压室中气体压力的增加,压力薄膜及调压弹簧使阀门的开启程度逐渐减小。当低压室内气体压力达到一定数值时,又会将阀门关闭。控制调压螺钉的拧入程度,可以改变低压室的气体压力,获得所需的工作压力,如图 2-5(b)所示。
　　焊接时,低压氧气从出气口通往焊炬,低压室内压力降低,这时薄膜上鼓,使阀门重新开启,高压气体进入低压室,以补充输出气体。当输出的气体增多或减少时,阀门的开启程度也会相应增大或减小,自动维持输出气体压力的稳定。

乙炔减压器如图2-6所示。

图2-6 乙炔减压器

3.焊炬

焊炬是气焊时用于控制气体混合比、流量并进行焊接的工具。乙炔和氧气按一定比例均匀混合由焊嘴喷出后,点火燃烧,产生气体火焰,射吸式焊炬如图2-7所示。

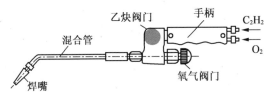

图2-7 射吸式焊炬

各种型号的焊炬均配有3~5个大小不同的焊嘴,以供焊接不同厚度的焊件选用。

注:乙炔发生器也是气焊气割必备的设备,但由于其安全性差、操作环境恶劣,目前在城镇企业中很少使用,故在此不做介绍。

2.2.2 氧乙炔火焰

乙炔的完全燃烧是按下列方程式进行的

$$C_2H_2 + 2.5O_2 =\!=\!= 2CO_2 + H_2O + 1\ 302.7\ kJ/mol$$

也就是说1体积乙炔的完全燃烧需要2.5体积氧气。改变氧气和乙炔的混合比例,可获得三种不同性质的火焰。

1.中性焰

氧气和乙炔的混合比例为1.1~1.2时燃烧所形成的火焰称为中性焰。它由焰心、内焰和外焰三部分组成(图2-8(a))。焰心呈尖锥状,色白明亮,轮廓清楚;内焰呈蓝白色,轮廓不清楚,与外焰无明显界限;外焰由里向外逐渐由淡紫色变为橙黄色。中性焰在距离焰心前面2~4 mm处温度最高,可达3 150 ℃左右,其温度分布如图2-9所示。中性焰适用于焊接低碳钢、中碳钢、普通低合金钢、不锈钢、紫铜、铝及铝合金等金属材料。

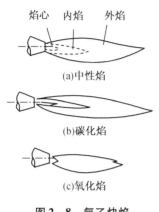

图 2 - 8　氧乙炔焰

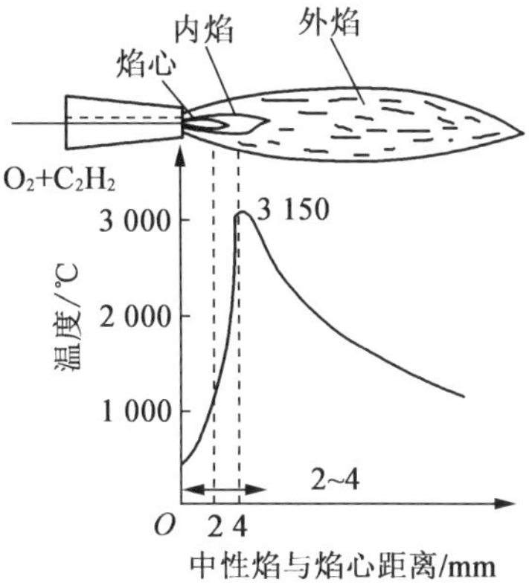

图 2 - 9　中性焰的温度分布

2. 碳化焰

碳化焰是指氧气与乙炔的混合比例小于 1.1 时燃烧所形成的火焰。由于氧气不足,燃烧不完全,过量的乙炔分解为碳和氢,故碳会渗到熔池中造成焊缝渗碳。碳化焰比中性焰长(图 2 - 8(b)),适用于焊接高碳钢、铸铁和硬质合金等材料。

3. 氧化焰

氧气与乙炔的混合比例大于 1.2 时燃烧所形成的火焰称为氧化焰。氧化焰比中性焰短,分为焰心和外焰两部分(图 2 - 8(c))。由于火焰中有过量的氧气,故对熔池金属有强烈的氧化作用,一般气焊不宜采用。只有在气焊黄铜、镀锌铁板时才用轻微氧化焰,以利其氧化性,在熔池表面形成一层氧化物薄膜,以减少低沸点锌的蒸发。

2.2.3　焊丝及气焊熔剂

1. 焊丝

气焊的焊丝只作为填充金属,与熔化的母材一起组成焊缝。焊接低碳钢时,常用的焊丝牌号有 H08、H08A 等。焊丝的直径一般为 2 ~ 4 mm,气焊时根据焊件厚度来选择。为了保证焊接接头的质量,焊丝直径和焊件厚度不宜相差太大。

目前国内常用焊接用钢丝的化学成分见表 2 - 3。

表 2 - 3　常用焊接用钢丝的化学成分

牌号	化学成分/%				
	C	Mn	Si	S	P
H08	≤0.10	0.30 ~ 0.55	≤0.03	≤0.04	≤0.04
H08A	≤0.10	0.30 ~ 0.55	≤0.03	≤0.03	≤0.03
H08E	≤0.10	0.30 ~ 0.55	≤0.03	≤0.02	≤0.02
H08MnA	≤0.10	0.80 ~ 1.10	≤0.07	≤0.03	≤0.03
H08Mn2SiA	≤0.11	1.80 ~ 2.10	0.65 ~ 0.95	≤0.03	≤0.03

2. 气焊熔剂

气焊熔剂是气焊时的助熔剂,其作用是保护熔池金属,去除焊接过程中形成的氧化物和增加液态金属的流动性。气焊熔剂主要供气焊铸铁、不锈钢、耐热钢、铜和铝等金属材料时使用,气焊低碳钢时不必使用气焊熔剂。国内气焊熔剂的牌号有 CJ101、CJ201、CJ301 及 CJ401 四种。其中,CJ101 为不锈钢和耐热钢气焊熔剂、CJ201 为铸铁气焊熔剂、CJ301 为铜和铜合金气焊熔剂、CJ401 为铝和铝合金气焊熔剂。目前国内应用的气焊熔剂列于表 2-4。

表 2-4　气焊溶剂牌号、化学成分和基本性能

牌号	名称	化学成分/%	熔点/℃	基本性能
CJ101	不锈钢及耐热钢气焊熔剂	瓷土粉 30,大理石 28,钛白粉 20,低碳锰铁 10,硅铁 6,钛铁 6	~900	有良好的润湿作用,能防止熔化金属被氧化,焊后熔渣易清除
CJ201	铸铁气焊熔剂	H_3BO_3 18,Na_2CO_3 40,$NaHCO_3$ 20,MnO_2 7,$NaNO_3$ 15	~650	有潮解性,能有效地去除气焊时产生的硅酸盐和氧化物,加速金属熔化的功能
CJ301	铜气焊熔剂	H_3BO_3 76~79,$Na_2B_4O_7$ 16.5~18.5,$AlPO_4$ 4~5.5	~650	易潮解,能有效地溶解氧化铜和氧化亚铜,防止熔化金属氧化
CJ401	铝气焊熔剂	KCl 49.5~52,NaCl 27~30,LiCl 13.5~15,NaF 7.5~9	~560	能有效地破坏氧化铝膜,极易吸潮,能在空气中引起铝腐蚀,故焊后必须用热水洗刷去除熔渣

2.2.4　气焊基本操作

1. 点火和灭火

点火时,先微开氧气阀门,再打开乙炔阀门,然后将焊嘴靠近明火点燃。开始练习时会出现连续的"放炮"声,其原因是乙炔不纯,这时可放出不纯的乙炔,再重新点火;有时火焰不易点燃,其原因大多是氧气量过大,这时应微开氧气阀门。

灭火时,先关闭乙炔阀门,再关闭氧气阀门。

2. 调节火焰

调节火焰包括调节火焰的种类和大小。首先,根据焊件材料确定应采用哪种氧乙炔火焰。通常点火后,得到的火焰多为碳化焰,若要调成中性焰,则应逐渐开大氧气阀门,加大氧气的供应量。调成中性焰后,若继续增加氧气,就会得到氧化焰。反之,若增加乙炔或减少氧气,则可得到碳化焰。

火焰的大小根据焊件厚度选定,同时操作者应考虑其技术熟练程度。一般调节时,若要减小火焰,应先减少氧气,后减少乙炔;若要增大火焰,应先增加乙炔,后增加氧气。

3. 气焊

气焊时,一般用右手握焊炬,左手拿焊丝,焊炬指向待焊部位,从右向左移动(称为左

向焊）。当焊件厚度较大时,可采用右向焊,即焊炬指向焊缝,从左向右移动。气焊操作时的要领是:

(1)焊嘴的倾斜角度。焊嘴轴线的投影应与焊缝重合。焊嘴与焊缝的夹角在焊接过程中应不断变化,焊炬角度示意图如图 2 - 10 所示。开始加热时焊嘴与焊缝的夹角应大些,以便能够较快地加热焊件,迅速形成熔池;正常焊接时,一般保持在 30° ~50° 之间,焊件较厚时,焊嘴与焊缝的夹角应较大;在结尾阶段,为了更好地添满尾部焊坑,避免烧穿,焊嘴与焊缝的夹角应适当地减小。图 2 - 11 是手工气焊实景。

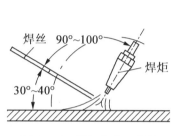

图 2 - 10　焊炬角度示意图

图 2 - 11　手工气焊实景

(2)加热温度。如前所述,中性焰的最高温度在距焰心 2 ~4 mm 处。用中性焰焊接时,应利用内焰的这部分火焰加热焊件。气焊开始时,应将焊件局部加热到熔化后再加焊丝。要把焊丝端部插入熔池,使其熔化。焊接过程中,要控制熔池温度,避免熔池下塌。

(3)焊接速度。气焊时,焊炬沿焊接方向移动的速度(即焊接速度)应保证焊件的熔化并保持熔池具有一定的大小。

2.3　气　割

2.3.1　切割过程

气割又称氧气切割,它是利用某些金属在纯氧中燃烧的原理来实现金属切割的方法,其过程原理图如图 2 - 12 所示。

气割开始时,用气体火焰将待切割处附近的金属预热到燃点,然后打开切割氧阀门,纯氧射流使高温金属燃烧生成的金属氧化物被燃烧热熔化,并被氧气流吹掉。金属燃烧产生的热量和预热火焰同时又把邻近的金属预热到燃点,沿切割线以一定速度移动割炬,便形成了切口。

在整个气割过程中,割件金属没有熔化。因此,金属气割过程实质上是金属在纯氧中的燃烧过程。

气割时所需的设备中,除用割炬代替焊炬外,其他设备与气焊时相同。割炬的外形如图 2 - 13 所示。常规的割炬型号有 G01 - 30 和 G01 - 100 等。各种型号的割炬配有几个不同大小的割嘴,用于切割不同厚度的割件。图 2 - 14 为气割实景图。

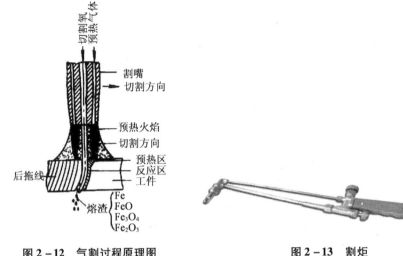

图 2 - 12　气割过程原理图　　　　　　图 2 - 13　割炬

(a)手工气割　　　　　　　　(b)全位置气割　　　　　　　(c)数控气割

图 2 - 14　气割实景

2.3.2　金属的气割性

对金属材料进行气割时,必须具备下列条件:

(1)金属的燃点必须低于其熔点,这样才能保证金属气割过程是燃烧过程,而不是熔化过程。如低碳钢的燃点约为 1 350 ℃,而熔点约为 1 500 ℃,完全满足了气割条件。碳钢中,随含碳量的增加,燃点升高而熔点降低。含碳量为 0.7% 的碳钢,其燃点比熔点高,难以气割。当含碳量超过 1% 时,一般就不能气割。

(2)氧化物的熔点应低于金属本身的熔点,同时流动性要好,否则,气割过程中形成的高熔点金属氧化物会阻碍下层金属与切割射流的接触,使气割发生困难。如铝的熔点(660 ℃)低于三氧化二铝的熔点(2 050 ℃),铬的熔点(1 550 ℃)低于三氧化二铬的熔点(1 990 ℃),所以铝及铝合金、高铬或铬镍钢都不具备气割条件。表 2 - 5 列出了一些常用金属及其氧化物的熔点。

表 2 - 5　常用金属及其氧化物的熔点

名称	熔点/℃	
	金属	氧化物
纯铁	1 535	1 300 ~ 1 500
低碳钢	约 1 500	1 300 ~ 1 500
高碳钢	1 300 ~ 1 400	1 300 ~ 1 500
铸铁	1 200	1 300 ~ 1 500
纯铜	1 083	1 236
黄铜	850 ~ 900	1 236
锡青铜	850 ~ 900	1 236
铝	657	2 050
锌	419	1 800
铬	1 550	1 990
镍	1 452	1 990

(3)金属燃烧时能放出大量的热,而且金属本身的导热性要低,这样才能保证气割处的金属具有足够的预热温度,使气割过程能继续进行。

满足上述条件的金属材料有纯铁、低碳钢、中碳钢和低合金结构钢。而铸铁、不锈钢和铜、铝及其合金不能气割。

铸铁不能用普通的方法进行气割,其原因一方面是铸铁含碳量较高,其燃点比熔点高得多,被熔化的切口很不光滑;另一方面是在气割过程中产生熔点高、黏度大的二氧化硅(熔点为 1 713 ℃),使熔渣的流动性变坏,氧气流不易把它吹走。此外,燃烧生成大量的一氧化碳和二氧化碳混入切割氧流,使切割氧纯度降低,影响了氧化燃烧的效果。

高铬钢和镍铬不锈钢也不能用普通的气割方法。这是由于燃烧产生的熔点高、黏度大的三氧化二铬遮盖在钢的表面上,妨碍下一层金属燃烧,故不能连续切割。因此气割不锈钢或铸铁时,应采取特殊的操作方法。

铜、铝及其合金,由于它们的燃点比熔点高,其氧化物的熔点也很高,金属的导热性又很大,而且铜及其合金在燃烧时放出的热量又较低,故不能进行气割。

2.4　气焊气割安全技术

气焊与气割的主要危险是火灾与爆炸,因此,防火、防爆是气焊、气割的主要任务,必须遵守安全操作规程。

(1)氧气瓶、乙炔瓶均应稳固竖立放置,或装在专用的胶轮车上使用。氧气瓶、溶解乙炔气瓶(乙炔瓶)应避免放在受阳光曝晒,或受热源直接辐射及受电击的地方。

(2)氧气瓶、乙炔瓶不应放空,气瓶内必须留有不小于 98 ~ 196 kPa 表压的余气。

(3)气瓶、管道、仪表等连接部位应采用涂抹肥皂水的方法检漏,严禁使用明火检漏。

（4）乙炔瓶搬运、装卸、使用时都应竖立放稳,严禁在地面上卧放并直接使用。一旦要使用已经卧放的乙炔瓶,必须直立后静止 20 min,再连接减压器后使用。

（5）开启乙炔瓶阀时应缓慢,不要超过 1.5 转,一般情况只开启 3/4 转。

（6）严禁让粘有油脂的手套、棉丝和工具等同氧气瓶、瓶阀、减压器及管路等接触。

（7）操作时,氧气瓶与乙炔瓶的间距不得少于 5 m,与明火、热源的间距不得少于 5 m。

（8）气焊与气割使用的氧气胶管为黑色,乙炔胶管为红色,它们不能相互换用。不能用其他胶管代替。禁止使用回火烧损的胶管。

（9）乙炔管路中必须接入干式回火防止器。

（10）气焊、气割操作时,点火与熄火的顺序为:气焊点火时先微开氧气阀,后开乙炔阀点火,然后,调节到所需火焰大小;气割点火与上同。气焊熄火时先闭乙炔阀,后闭氧气阀。气割熄火时先闭高压氧阀,后闭乙炔阀,最后关闭预热氧阀。

（11）减压器卸载的顺序是:先关闭高压气瓶阀,然后放出减压器内的全部余气,放松压力调节杆使表针降到零点。

（12）焊工在使用焊炬、割炬前应检查焊炬、割炬的气路畅通、射吸能力、气密性等技术性能,并应定期检查维护。

（13）作业完毕,应关闭气路所有阀门,检查并处理好安全隐患后方可离开。

复习思考题

1.对火焰加工所用的气体有何要求?

2.试述氧气、乙炔的性质。

3.气焊、气割所用的主要设备包括哪些,其工作原理是什么?

4.氧乙炔火焰分几种,如何调节?

5.供气焊用的熔剂起什么作用,目前有几种?

6.试述氧气切割的过程,其实质是什么?

7.金属气割需具备哪些条件?

8.气焊气割需注意哪些安全规程?

第3章 焊接应力与变形

3.1 焊接应力与变形的实质

3.1.1 焊接应力与变形的基本概念

"热胀冷缩"是自然界中普遍存在的一种物理现象。物体受热后会膨胀,冷却后会收缩,所以,温度会使物体产生变形。焊接时会产生热量,致使焊接过程中焊件的不同区域出现不同的温度,也会使焊件各部分出现不同的变形效果。

1. 应力

物体在受外力作用后,以及在物理、化学或物理化学变化过程中,当温度、金相组织或化学成分等变化时,其内部会产生内力。

作用在物体单位截面上的内力称为应力。根据引起内力的原因不同,应力分为工作应力和内应力。其中物体由于外力的作用在其单位截面上出现的内力称为工作应力,而物体在没有外力作用的情况下而存在于内部的应力称为内应力。

内应力是由于物体内部成分不均匀、金相组织及温度变化等因素造成物体内部的不均匀性变形而引起的应力。内应力的主要特点是物体内部内应力构成一平衡力系。

根据内应力产生的原因不同,可以分为热应力、相变应力、焊接应力等。

2. 变形

物体在外力或温度等因素的作用下,其形状和尺寸发生变化,这种变化称为物体的变形。

按照物体变形的性质不同,变形可以分为弹性变形和塑性变形。当使物体产生变形的外力或其他因素去除后,变形也随之消失,即物体恢复原状,这样的变形称为弹性变形。当外力或其他因素去除后变形仍然存在,物体不能恢复原状,这样的变形称为塑性变形。

按照拘束条件不同,变形可以分为自由变形和非自由变形。如果这种变形没有受到外界的任何阻碍而自由进行,这种变形就称为自由变形。反之,为非自由变形。

3. 焊接应力与变形

所谓焊接应力与变形,在焊接过程中所产生的应力和变形被称为焊接应力或焊接变形。其中在焊接过程中所发生的应力(变形),称为焊接瞬时应力(变形),而焊接结束后残留的应力(变形),称为焊接残余应力(变形)。

3.1.2　焊接应力与变形的产生原因

焊接应力与变形是多种因素交互作用而导致的结果,主要因素包括焊接受热不均匀、焊缝金属的收缩、金相组织的变化及焊件刚性与拘束的影响等,其中最根本的原因是焊件受热不均匀。

1. 焊件的受热不均匀

(1)长板条中心加热(类似于堆焊)引起的应力与变形。

图 3 −1(a)所示的低碳钢板条长度为 L_0,厚度为 δ,在其中间沿长度方向上进行加热,为简化考虑,将板条上的温度区域分为两种,中间为高温区,其温度均匀一致;两边为低温区,其温度也均匀一致。

加热时,如果板条的高温区与低温区是可分离的,高温区将伸长,低温区长度不变,如图 3 −1(b)所示,但实际上板条是一个整体,所以板条将整体伸长,此时高温区内产生较大的压缩塑性变形和压缩弹性变形,如图 3 −1(c)所示。

冷却时,由于压缩塑性变形不可恢复,所以,如果高温区与低温区是可分离的,高温区应缩短,低温区应恢复原长,如图 3 −1(d)所示。但实际上板条是一个整体,所以板条将整体缩短,这就是板条的残余变形,如图 3 −1(e)所示。同时在板条内部也产生了残余应力,中间高温区为拉应力,两侧低温区为压应力。

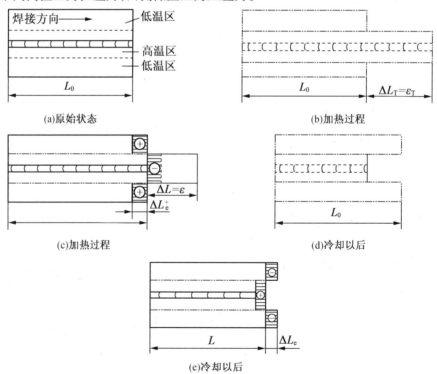

(a)原始状态　　　　　　　　　　(b)加热过程

(c)加热过程　　　　　　　　　　(d)冷却以后

(e)冷却以后

图 3 −1　长板条中心加热和冷却时的应力与变形

（2）长板条一侧加热（相当于板边堆焊）引起的应力与变形。

如图 3－2(a)所示的材质均匀的钢板，在其上边缘快速加热。假设钢板由许多互不相连的窄条组成，则各窄条在加热时将按温度高低而有不同的伸长，如图 3－2(b)所示。但实际上，板条是一整体，各板条之间是互相牵连、互相影响的，上部分金属因受下部分金属的阻碍作用而不能自由伸长，因此产生了压缩塑性变形。由于钢板上的温度分布是自上而下逐渐降低，因此，钢板产生了向下的弯曲变形，如图 3－2(c)所示。

钢板冷却后，各板条的收缩应如图 3－2(d)所示。但实际上钢板是一个整体，上部分金属要受到下部分的阻碍而不能自由收缩，所以钢板产生了与加热时相反的参与弯曲变形，如图 3－2(e)所示。同时在钢板内产生了如图 3－2(e)所示的残余应力，即钢板中部为压应力，钢板两侧为拉应力。

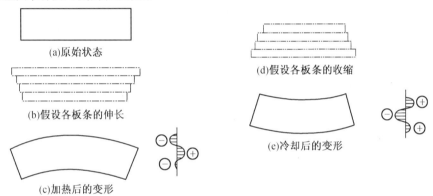

(a)原始状态

(b)假设各板条的伸长

(c)加热后的变形

(d)假设各板条的收缩

(e)冷却后的变形

图 3－2　长板条一侧加热和冷却时的应力与变形

2.焊缝金属的收缩

当焊缝金属冷却，由液态转为固态时，其体积要收缩。由于焊缝金属与母材是紧密联系的，因此，焊缝金属并不能自由收缩。这将引起整个焊件的变形，同时在焊缝中引起残余应力。另外，一条焊缝是逐步形成的，焊缝中先结晶的部分要阻止后结晶部分的收缩，由此也会产生焊接应力与变形。

3.金属组织的变化

钢在加热及冷却过程中发生相变，可得到不同的组织，这些组织的比热容不同，因此也会产生焊接应力与变形。

4.焊件的刚性和拘束

刚性是指焊件抵抗变形的能力，而拘束是焊件周围物体对焊件变形的约束。刚性是焊件本身的性能，它与焊件材质、焊件截面形状和尺寸等有关，而拘束是一种外部条件。

焊件的刚性和拘束对焊接应力和变形也有较大的影响。焊件自身的刚性及受周围的拘束程度越大，焊接变形越小，焊接应力越大；反之，焊件自身的刚性及受周围的拘束程度越小，则焊接变形越大，而焊接应力越小。

3.2　焊接残余变形

3.2.1　焊接残余变形的分类及其影响因素

构件焊后一般都会产生变形,如果变形量超过允许值,就会影响使用性能,甚至因变形严重无法校正而报废。而焊接残余变形是指焊接结束后残存在结构中的变形。

常见的焊接残余变形有下列几种表现形式:

1. 纵向收缩变形

如图3 - 3所示,焊件沿焊缝轴线方向尺寸的缩短称为纵向收缩变形,即图3 - 3中的 Δx 所示。

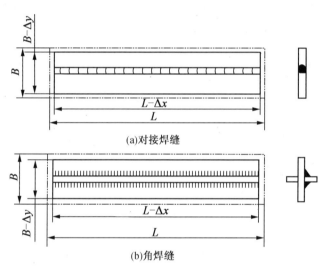

(a)对接焊缝

(b)角焊缝

图3 - 3　纵向和横向收缩变形

由于焊缝及其附近区域在焊接高温的作用下产生纵向压缩塑性变形,焊件冷却后这个区域要收缩,因此引起纵向收缩变形。纵向收缩变形量取决于焊缝长度、焊件的截面积、材料的弹性模量、压缩塑性变形区的面积以及压缩塑性变形率等。焊件的截面积越大,焊件的纵向收缩量越小。焊缝的长度越长,焊件的纵向收缩量越大。压缩塑性变形率与纵向收缩变形量成正比,与焊接方法、焊接参数、焊接顺序以及母材的热物理性能有关。一般情况下,对于同样截面的焊缝,可以一次焊成,也可以多层焊。多层焊每层所用的热输入比单层焊时小得多,因此,多层焊时每层焊缝所产生的压缩塑性变形区面积比单层焊时小,但多层焊所引起的总变形量并不等于各层焊缝之和,因此各层焊缝所产生的塑性变形区面积是相互叠加的,如图3 - 4所示。

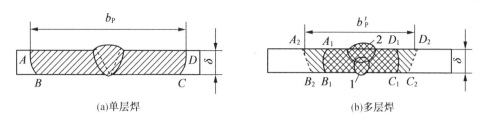

(a)单层焊　　　　　　　　　　　　　(b)多层焊

图 3 - 4　单层焊和多层焊塑性变形区对比

2. 横向收缩变形

如图 3 - 3 所示,焊件沿垂直于焊缝轴线方向尺寸的缩短称为横向收缩变形,即图 3 - 3 中的 Δy 所示。

产生横向收缩变形的过程比较复杂,影响因素很多,如热输入、接头形式、装配间隙、板厚、焊接方法以及焊件的刚性等,其中以热输入、装配间隙、接头形式等影响最为明显。

不管使用何种接头形式,其横向收缩量总是随焊接热输入增大而增加。装配间隙对横向收缩变形量的影响也较大,且情况复杂。一般来说,随着装配间隙的增大,横向收缩也增加。

横向收缩量沿焊缝长度方向分布不均匀,因为一条焊缝是逐步形成的,先焊的焊缝冷却收缩对后焊的焊缝有一定挤压作用,使后焊的焊缝横向收缩量更大。一般地,焊缝的横向收缩沿焊接方向是由小到大,逐渐增大到一定程度后便趋于稳定。由于这个原因,生产中常将一条焊缝的两端头间隙取不同值,后半部分比前半部分要大 1 ~ 3 mm。

角焊缝的横向收缩要比对接焊缝的横向收缩小得多。同样的焊缝尺寸,板越厚,横向收缩变形越小。

3. 角变形

如图 3 - 5 所示为几种接头的角变形,焊后由于焊缝的横向收缩,两连接件间相对角度发生变化的变形称为角变形。中厚板对接焊、堆焊、搭接焊及 T 形接头焊接时,都可能产生角变形。

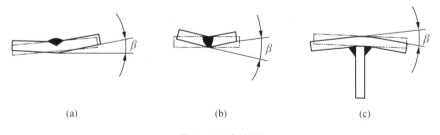

(a)　　　　　　　　　　(b)　　　　　　　　　　(c)

图 3 - 5　角变形

发生角变形的根本原因是横向收缩在厚度方向上的不均匀分布。焊缝正面的横向收缩量大,背面的收缩量小,这样就会造成构件平面的偏转,产生角变形。角变形的大小取决于熔化区的宽度和深度以及熔深与板厚之比,接头类型、焊道次序、材料性能、焊接过程参数等因素也对角变形有重要影响。

随着热输入的增加或板厚的减小,角变形将出现先增加后降低的变化趋势,是由于板厚较大而热输入较小时,板材的背面温度低,材料还处于弹性状态,塑性变形区未能贯穿板厚,因此角变形较小;而在板厚较小但热输入较大时,背面的温度会迅速升高而导致与正面温度之差变小,因而也会减小角变形。只有塑性变形区贯穿板厚,并且板材正反面的温差最大时才会出现角变形的最大值。

4. 挠曲变形(图 3 - 6)

挠曲变形是由于焊缝的中心线与结构截面的中性轴不重合或不对称,焊缝的收缩沿构件宽度方向分布不均匀而引起的。挠曲变形可以由纵向收缩引起,也可以由横向收缩引起。

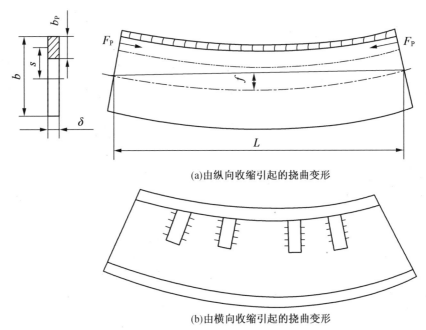

(a)由纵向收缩引起的挠曲变形

(b)由横向收缩引起的挠曲变形

图 3 - 6　挠曲变形

5. 波浪变形

波浪变形常发生于板厚小于 6 mm 的薄板焊接过程中,又称之为失稳变形,如图 3 - 7 所示。大面积平板拼接,如船体甲板、大型油罐罐底板等,在焊接接头残余应力作用下,极易产生波浪变形。

防止波浪变形可从两方面着手:(1)尽量减少产生波浪变形的外部因素,即降低焊接残余压应力,如采用减小塑性变形区的焊接方法,选用较小的焊接热输入等;(2)通过增加焊件刚度和拘束度来提高焊件失稳临界应力,如给焊件增加肋板,适当增加焊件的厚度等。

焊接角变形也可能产生波浪变形。如图 3 - 8 所示,采用大量肋板的结构,每块肋板的角焊缝引起的角变形,连贯起来就造成波浪变形。

图 3 - 7 波浪变形

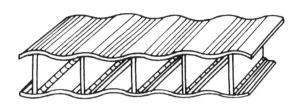

图 3 - 8 焊接角变形引起的波浪变形

6. 螺旋形变形

螺旋形变形又称为扭曲变形,在一些框架、杆件或梁柱等刚性较大的焊接构件上,往往会发生扭曲变形。产生的原因与角变形沿焊缝长度上的分布不均匀和工件的纵向错边有关,如图 3 - 9 所示,工字梁装配焊接时,如果焊接顺序不当,会由于角焊缝引起的角变形沿焊缝长度方向上增大,致使结构形成螺旋形(扭曲)变形。

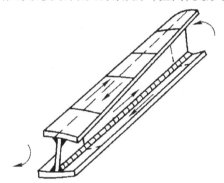

图 3 - 9 工字钢的螺旋形变形

7. 错边变形

由焊接所导致的构件在长度方向或厚度方向上出现错位,这种变形形式称为错边变形。错边可能是装配不当造成的,也可能是由焊接过程造成的。焊接过程中造成错边的主要原因之一是热输入不平衡。

3.2.2 控制焊接变形的方法

从焊接结构的设计到焊接结构生产中,可以采用焊前预防变形的设计措施,以及在焊接过程中的工艺措施两方面入手,来控制焊接变形的产生。

1. 设计措施

(1)选择合理的焊缝尺寸和坡口形式。

①选择合理的焊缝截面尺寸。焊接变形与焊缝金属的多少有很大关系,因此对结构焊缝进行设计时,在保证结构承载能力和焊接质量的前提下,应根据板的厚度选取工艺上合理的最小焊缝截面尺寸。尤其是角焊缝尺寸,最容易盲目加大。

对受力较大的 T 字形或十字形接头,在保证强度相同的条件下,采用开坡口的焊缝可减少焊缝金属,对减小角变形有利,如图3-10所示。

②选择合理的坡口形式。对接焊缝,选用对称的坡口形式比非对称的坡口形式容易控制角变形。因此,具有翻转条件的结构,宜选用双V形等对称的坡口形式。T形接头立板端开J形坡口比开单边V形坡口产生的角变形小,如图3-11所示。

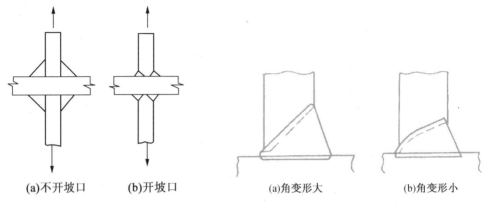

(a)不开坡口　　　(b)开坡口

图3-10　相同承载能力的十字接头

(a)角变形大　　　　　(b)角变形小

图3-11　T形接头的坡口

(2)合理选择焊缝长度和数量。

由于焊缝长度对焊接变形有影响,所以在满足强度要求和密封性要求的前提下,可以用断续焊缝代替连续焊缝,以减小焊接变形。另外,在设计过程中还要尽可能减少焊缝数量,多采用型材、冲压件代替焊接件;焊缝多且密集处,可以采用铸-焊联合结构,以减少焊缝数量。此外,适当增加壁板厚度,以减少肋板数量;或者采用压型结构代替筋板结构,都对防止薄板结构的变形有利。

(3)合理安排焊缝位置。

结构设计过程中,应尽量使焊缝中心线与结构截面的中性轴重合或靠近中性轴,力求在中性轴两侧的变形量大小相等方向相反,起到相互抵消的作用。图3-12所示箱型结构,图3-12(a)中焊缝集中于中性轴一侧,弯曲变形大,图3-12(b)、图3-12(c)中的焊缝安排合理。

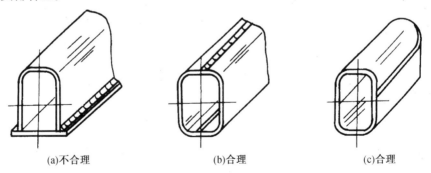

(a)不合理　　　　　　(b)合理　　　　　　(c)合理

图3-12　箱型结构的焊缝布置

图3-13(a)的肋板设计,使焊缝集中在截面的中性轴下方,肋板焊缝的横向收缩集

中在中性轴下方将引起上拱的弯曲变形。改成图 3 – 13(b)的设计形式,可以减小和防止这种变形。

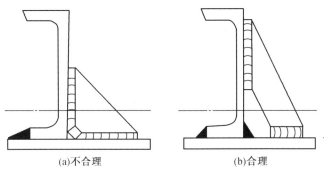

(a)不合理　　　　　　　　　　(b)合理

图 3 – 13 肋板焊缝的布置

2. 工艺措施

(1)留余量法。

此法就是在下料时,将零件的长度或宽度尺寸比设计尺寸适当加大,以补偿焊件的收缩。余量的多少可根据公式并结合生产经验来确定。留余量法主要是用于防止焊件的收缩变形。

(2)反变形法。

反变形法在生产中应用比较广泛。它是根据焊件的变形规律,焊前预先将焊件向着与焊接变形的相反方向进行人为的变形(反变形量与焊接变形量相等),使之与焊接变形相抵消。反变形法对控制焊接变形很有效,但必须准确地估计焊后可能产生的变形方向和大小,并根据焊件的结构特点和生产条件灵活地运用。

如图 3 – 14 所示为控制板对接焊产生的角变形的反变形法措施。

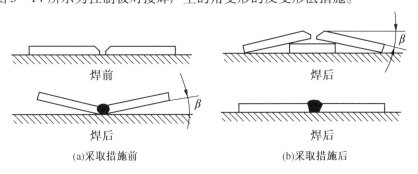

(a)采取措施前　　　　　　　　　　(b)采取措施后

图 3 – 14 反变形法

(3)刚性固定法。

将焊件固定在具有足够刚性的胎架机具上,或者临时装焊支撑,来增加焊件的刚度或拘束度,以达到减小焊接变形的目的,这就是刚性固定法,举例见表 3 – 1。

表 3 – 1　刚性固定法举例

序号	方法	图例	作用效果
1	将焊件固定在刚性平台上	压铁　焊件　定位焊 ≈300 ≈30　平台	薄板焊接时,为避免产生波浪变形,可将其用定位焊缝固定在刚性平台上,并且用压铁压住焊缝附近
2	将焊件组合成刚性更大或对称的结构	角反变形　夹具夹紧位置　垫铁	将两根 T 形梁组合在一起,使焊缝对称于结构截面的中性轴,对防止弯曲变形和角变形有利
3	利用焊接夹具增加结构的刚性和拘束	焊件	利用夹紧器将构件固定,增加构件的拘束,就可以有效地防止构件产生角变形和弯曲变形
4	利用临时支撑增加结构的拘束	焊缝　A　A　A—A	防护罩用临时支撑来增加拘束

(4)选择合理的装配焊接顺序。

由于装配焊接顺序对焊接结构变形的影响很大,因此,在无法使用胎夹具的情况下施焊,采用合理的装配和焊接顺序,也可使焊接变形减至最小。

(5)合理地选择焊接方法和焊接工艺参数。

由于各种焊接方法的热输入不同,因而产生的焊接变形也不一样。能量集中和热输入较低的焊接方法,可有效地降低焊接变形。用 CO_2 气体保护焊焊接中厚钢板所产生的变形比用气焊和焊条电弧焊小得多,更薄的板可以采用脉冲钨极氩弧焊、激光焊等方法焊接。电子束焊的焊缝很窄,变形极小,一般经精加工的工件,焊后仍具有较高的精度。

焊接热输入是影响变形量的关键因素,当焊接方法确定后,可通过调节焊接工艺参数来控制热输入。在保证熔透和焊缝无缺陷的前提下,应尽量采用小的焊接热输入。如图 3 – 15 所示的不对称截面结构,焊后会产生下挠的弯曲变形。正确的焊接方法是:

焊接 1、2 焊缝时,采用多层焊,每层选择较小的热输入。

焊接 3、4 焊缝时,采用单层焊,选择较大的热输入。

(6)热平衡法。

对于某些焊缝不对称布置的结构,焊后往往会产生弯曲变形。如果在与焊缝对称的位置上采用气体火焰与焊接同步加热,只要加热的工艺参数选择适当,就可以减小或防止构件的弯曲变形。如图 3 – 16 所示,采用热平衡法对边梁箱型结构的焊接变形进行控制。

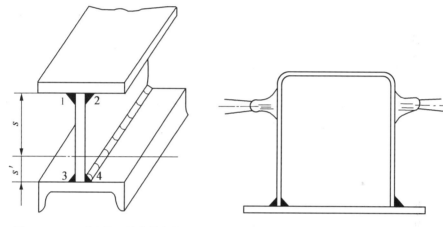

图 3 – 15　不对称截面结构的焊接　　　图 3 – 16　采用热平衡法防止焊接变形

(7)散热法。

散热法就是通过各种方式将焊缝及其附近的热量迅速带走,减小焊缝及其附近的受热区,达到减小焊接变形的目的,如图 3 – 17 所示。

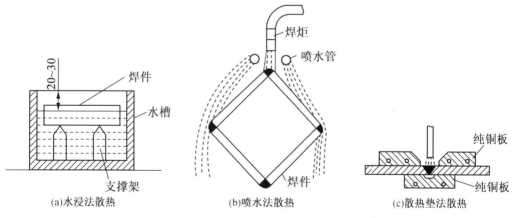

(a)水浸法散热　　　　　(b)喷水法散热　　　　　(c)散热垫法散热

图 3 – 17　散热法示意图(单位:mm)

3.2.3　矫正焊接变形的方法

在进行结构焊接之前,首先应该采取各种有效措施防止或减少变形。但是,有时因某些原因,焊后结构发生了超过产品技术要求所允许的变形,这时就需要进行矫正。生产中应用的矫正办法主要有机械矫正和火焰矫正两种。其原理都是设法使焊件产生新的变形去抵消已发生的焊接变形。

1.机械矫正

机械矫正就是利用机械力的作用去矫正焊接变形。图 3 - 18 所示为工字梁弯曲后机械矫正的例子。又如薄板的波浪变形一般都是采用锤击焊缝的方法,使焊缝获得延伸,补偿因焊接引起的收缩,从而达到消除波浪变形的目的。

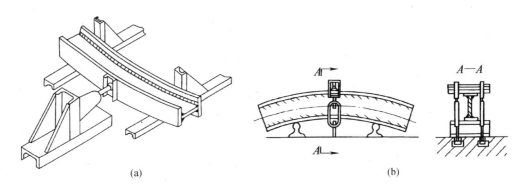

(a)　　　　　　　　　　　　　　　(b)

图 3 - 18　梁类结构机械矫正方法

2.火焰矫正

火焰矫正是利用气体火焰对焊接结构进行局部加热的一种矫正变形的方法。其原理是利用金属局部加热和冷却后的收缩所引起新的变形去矫正各种已经产生的变形。因此,正确选择加热部位是做好火焰矫正的关键。如图 3 - 19 中的三角形为矫正梁类及管类结构的火焰加热部位。

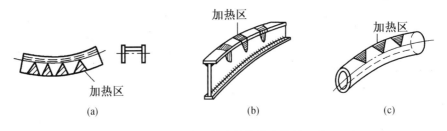

(a)　　　　　　　　　　　(b)　　　　　　　　　　　(c)

图 3 - 19　梁类及管类结构的火焰矫正法

3.3 焊接残余应力

3.3.1 焊接残余应力分布

一般焊接结构制造所用材料的厚度相对于长和宽都很小,在板厚小于 20 mm 的薄板和中厚板制造的焊接结构中,厚度方向上的焊接应力很小,残余应力基本上是双向的,即为平面应力状态。只有在大型结构厚界面焊缝中,在厚度方向上才有较大的残余应力。

通常,将沿焊缝方向上的残余应力称为纵向残余应力,以 σ_x 表示;将垂直于焊缝方向上的残余应力称为横向残余应力,以 σ_y 表示;对厚度方向上的残余应力以 σ_z 表示。

1. 纵向残余应力 σ_x 的分布

在焊接结构中,焊缝及其附近区域的纵向残余应力为拉应力,一般可以达到材料的屈服强度。远离焊缝区,拉应力急剧下降并转为压应力。宽度相等的两板对接时,其纵向残余应力 σ_x 在焊件横截面上的分布情况,如图 3 – 20 所示。

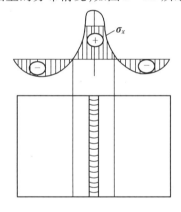

图 3 – 20　对接接头 σ_x 在焊缝横截面上的分布

纵向残余应力 σ_x 在焊件纵截面上的分布规律如图 3 – 21 所示。焊件纵截面上,纵向残余应力 σ_x 是从零到最大再到零进行分布的。焊缝端部的纵向残余应力 σ_x 为零,端部向中间方向,纵向应力 σ_x 会逐渐增大,而当焊缝较长时,会在焊缝中段出现稳定区,对于低碳钢材料来说,稳定区中的纵向残余应力 σ_x 将达到材料的屈服强度。中段向端部方向存在一个应力过渡区,纵向应力 σ_x 逐渐减小,在板边处纵向残余应力 σ_x 还为零。而当焊缝较短时,不存在稳定区,焊缝越短,纵向残余应力 σ_x 越小。

2. 横向残余应力 σ_y 的分布

横向残余应力 σ_y 的产生原因比较复杂,一般认为它是由焊缝及其附近塑性变形区的纵向收缩引起的横向应力 σ_y' 和有焊缝及其塑性变形区的横向收缩的不均匀和不同时性所引起的横向应力 σ_y'' 两部分合成形成的。

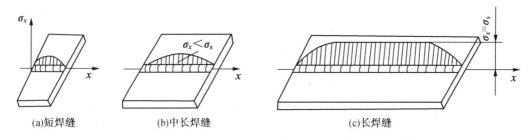

图 3 - 21　不同长度焊缝纵截面上 σ_x 的分布

（1）焊缝及其附近塑性变形区的纵向收缩引起的横向应力 σ_y'。

如图 3 - 22(a) 所示，该构件由两块平板条对接而成，如果假想沿焊缝中心将构件一分为二，即两块板条都相当于板边堆焊，将出现如图 3 - 22(b) 所示的弯曲变形，要使两板条恢复到原来位置，必须在焊缝中部加上横向拉应力，在焊缝两端加上横向压应力。由此可以推断，焊缝及其附近塑性变形区的纵向收缩引起的横向应力（图 3 - 22(c)），其两端为压应力，中间为拉应力。各种长度的平板条对接焊，其 σ_y' 的分布规律基本相同，但焊缝越长，中间部分的拉应力将有所降低，如图 3 - 23 所示。

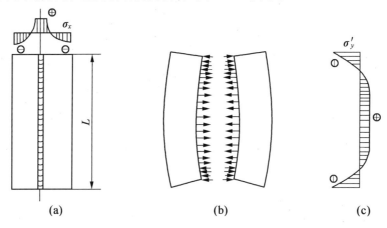

图 3 - 22　纵向收缩引起的横向应力 σ_y' 的分布

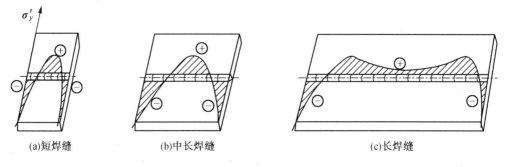

图 3 - 23　不同长度平板对接焊时 σ_y' 的分布

（2）横向收缩所引起的横向应力 σ_y''。

在焊接结构上，一条焊缝不可能同时完成，先焊的部分先冷却，后焊的部分后冷却。先冷却的部分会限制后冷却部分的横向收缩，这就引起了 σ_y''。σ_y'' 的分布与焊接方向、分段方法及焊接顺序等因素有关。

如图 3 - 24 所示，由中间向两端焊接，中间部分先焊先收缩，两端部分后焊后收缩，则两端部分的横向收缩受到中间部分的限制，因此 σ_y'' 的分布是中间部分为压应力，两端部分为拉应力。反之，由两端向中心焊接，中间部分为拉应力，两端部分为压应力。

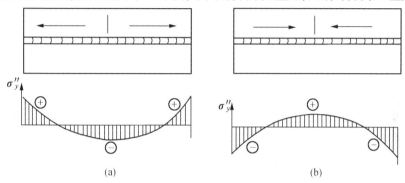

图 3 - 24　不同方向焊接时 σ_y'' 的分布

3. 特殊情况下的焊接残余应力分布

（1）厚板中的焊接残余应力。

厚板结构中除了存在纵向残余应力和横向残余应力外，在厚度方向上还存在较大的残余应力 σ_z。研究表明，它们在厚度上的分布是不均匀的，主要受焊接工艺方法的影响。图 3 - 25 为厚板电渣焊中沿厚度上的应力分布。

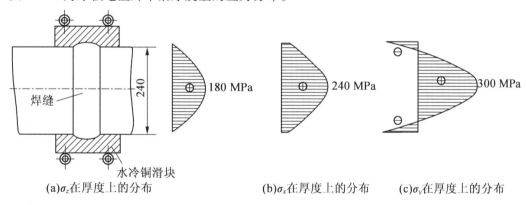

(a)σ_z 在厚度上的分布　　　　　　(b)σ_x 在厚度上的分布　　(c)σ_y 在厚度上的分布

图 3 - 25　厚板电渣焊中沿厚度上的应力分布（单位：mm）

（2）拘束状态下的焊接残余应力。

在生产中焊接结构往往是在受拘束的情况下进行焊接的。焊件受到横向刚性拘束，如图 3 - 26（a）所示。焊后产生了横向拘束应力，其分布如图 3 - 26（b）所示。构件无拘束时的横向应力，其分布如图 3 - 26（c）所示。二者相叠加，结果在焊件中产生了合成横向应力,如图 3 – 26(d)所示。

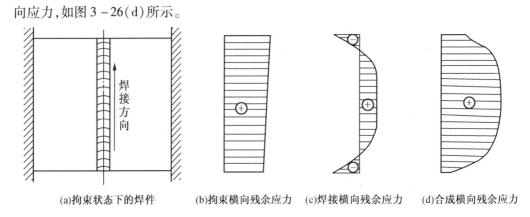

(a)拘束状态下的焊件　(b)拘束横向残余应力　(c)焊接横向残余应力　(d)合成横向残余应力

图 3 – 26　拘束状态下对接接头的横向应力分布

(3)封闭焊缝的残余应力。

在板壳结构中经常遇到接管、镶块和人孔、法兰等封闭焊缝焊接,它们是在较大拘束下焊接的,内应力都较大。封闭焊缝残余应力的大小,与焊件和镶入体本身的刚度有关,刚度越大,内应力也越大。图 3 – 27 所示为圆盘中焊入镶块后的残余应力,σ_τ 为切向应力,σ_r 为径向应力。从图 3 – 27(b)中曲线可以看出,径向应力均为拉应力,切向应力在焊缝附近最大,为拉应力,由焊缝向外侧逐渐下降为压应力,由焊缝向中心达到一均匀值。在镶块中部有一个均匀的双轴应力场,镶块直径越小,外板对它的约束越大,这个均匀双轴应力值就越高。

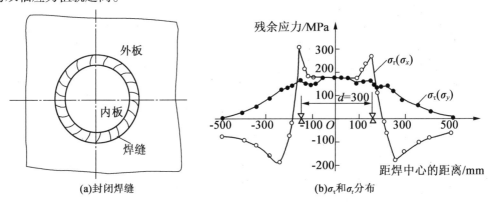

(a)封闭焊缝　　　　　　　　　　(b)σ_τ和σ_r分布

图 3 – 27　封闭焊缝中的残余应力分布

(4)焊接梁柱中的残余应力。

图 3 – 28 所示为 T 形梁、工字梁和箱型梁纵向残余应力的分布情况。对于此类结构可以将其腹板和翼板分别看作是板边堆焊或板中心堆焊加以分析,一般情况下焊缝及其附近区域中总是存在较高的纵向拉应力,而在腹板的中部则会产生纵向压应力。

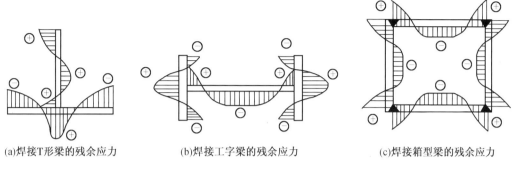

(a)焊接T形梁的残余应力　　　　(b)焊接工字梁的残余应力　　　　(c)焊接箱型梁的残余应力

图 3 - 28　焊接梁柱的纵向残余应力分布

(5)环形焊缝中的残余应力。

管道对接时,环形焊缝中的焊接残余应力分布比较复杂,当管径和壁厚之比较大时,环形焊缝中的应力分布与平板对接相类似,如图 3 - 29 所示,但焊接残余应力的峰值比平板对接焊要小。

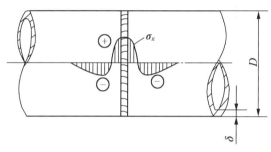

图 3 - 29　圆筒焊缝纵向残余应力分布

3.3.2　焊接残余应力对焊接结构的影响

1. 对结构强度的影响

没有严重应力集中的焊接结构,只要材料具有一定的塑性变形能力,焊接内应力并不影响结构的静载强度。但是,当材料处于脆性状态时,拉伸内应力和外载荷引起的拉应力叠加就有可能使局部区域的应力首先达到断裂强度,导致结构早期破坏。因此,焊接残余应力的存在将明显降低脆性材料结构的静载强度。

2. 对焊件加工精度的影响

焊件上的残余应力在机械加工时,由于机械加工中将去除部分金属,去除的部分将破坏原来的平衡状态,于是残余应力会重新分布,达到新的平衡,与此同时构件产生变形,于是加工精度受到影响。

除了上述的影响外,对受压杆件的稳定性、刚性和应力腐蚀开裂均有一定的影响。因此,为了保证焊接结构具有良好的使用性能,必须设法在焊接过程中减小焊接残余应力,有些重要结构,焊后还必须采取措施消除焊接残余应力。

3.3.3　减小焊接残余应力的措施

减小焊接残余应力,一般可以从设计和工艺两方面着手。设计焊接结构时,在不影响结构使用性能的前提下,应尽量考虑采用能减小和改善焊接应力的设计方案;另外,在制造过程中还要采取一些必要的工艺措施,以使焊接应力减小到最低程度。

1. 设计措施

(1)在保证结构强度的前提下,尽量减少结构上焊缝的数量和焊缝尺寸。

(2)避免焊缝过于集中,焊缝间应保持足够的距离。焊缝过分集中不仅使应力分布更不均匀,而且可能出现双向或三向复杂的应力状态。此外,焊缝不要布置在高应力区及结构截面突变的地方,防止残余应力与外力叠加,影响结构的承载能力。

(3)采用刚性较小的接头形式。

2. 工艺措施

(1)采用合理的装配焊接顺序和方向。

①在一个平面上的焊缝,焊接时应保证焊缝的纵向和横向收缩均能比较自由。如图3-30的拼板焊接,合理的焊接顺序应是按图中1~10施焊,即先焊相互错开的短焊缝,后焊直通长焊缝。

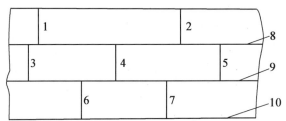

图3-30　拼接焊缝合理的装配焊接顺序

②收缩量最大的焊缝先焊。因为先焊的焊缝收缩时受阻较小,因而残余应力就比较小。如图3-31所示的带盖板的双工字梁结构,应先焊盖板上的对接焊缝1,后焊盖板与工字梁之间的角焊缝2,原因是对接焊缝的收缩量比角焊缝的收缩量大。

③工作时受力最大的焊缝先焊。如图3-32所示的大型工字梁,应先焊受力最大的翼板对接焊缝1,再焊腹板对接焊缝2,最后焊预先留出来的一段角焊缝3。

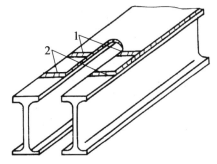

图3-31　带盖板的双工字梁结构焊接顺序

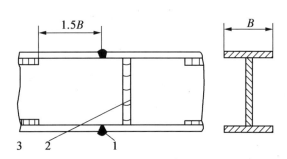

图3-32　对接工字梁的焊接顺序

④注意平面交叉焊缝的焊接顺序。如图 3 – 33 为几种 T 形接头焊缝和十字接头焊缝,应采用图 3 – 33(a)、图 3 – 33(b)、图 3 – 33(c)的焊接顺序,才能避免在焊缝的相交点产生裂纹及夹渣等缺陷。图 3 – 33(d)为不合理的焊接顺序。

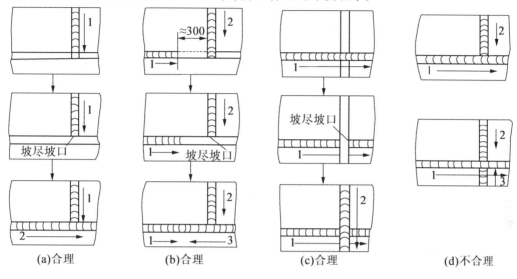

(a)合理　　　　　(b)合理　　　　　(c)合理　　　　　(d)不合理

图 3 – 33　平面交叉焊缝的焊接顺序

(2)缩小焊接区与结构整体之间的温差。

引起焊接应力与变形的根本原因是焊件受热不均匀。焊接区与结构整体之间的温差越大,则引起的焊接应力与变形越大。工程中常用“预热法”和“冷焊法”减小焊接区与结构整体之间的温差。

预热法是在施焊前,预先将焊件局部或整体加热到 150 ~ 650 ℃。对于焊接或焊补淬硬倾向较大的材料的焊件,以及刚性较大或脆性材料焊件时,常常采用预热法。

冷焊法是通过减少焊件受热来减小焊接部位与结构上其他部位间的温度差。

具体做法有:尽量采用小的热输入施焊,选用小直径焊条,小电流、快速焊及多层多道焊。另外,应用冷焊法时,环境温度应尽可能高。

(3)降低焊缝的拘束度。

图 3 – 34 所示是焊前对镶板的边缘适当翻边,做出角反变形,焊接时翻边处拘束度减小。若镶板收缩余量预留得合适,焊后残余应力可减小且镶板与平板平齐。

(4)加热“减应区”法。

焊接时加热阻碍焊接区自由伸缩的部位(称“减应区”),使之与焊接区同时膨胀和同时收缩,起到减小焊接应力的作用,此法称为加热“减应区”法。此法在铸铁补焊中应用最多,也最有效。

加热“减应区”法成败的关键在于正确选择加热部位,选择的原则是:只加热阻碍焊接区膨胀或收缩的部位。检验加热部位是否正确的方法是:用气焊矩在所选处试加热一下,若待焊处的缝隙是张开的,则表示选择正确,否则不正确,如图 3 – 35 所示。

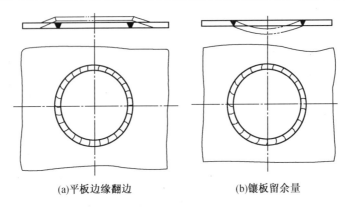

(a)平板边缘翻边　　　　　　　　　(b)镶板留余量

图 3 – 34　降低局部刚度减少内应力

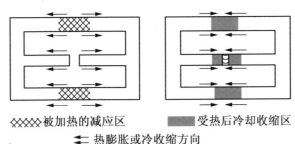

⊠⊠⊠⊠被加热的减应区　　　　　▨▨受热后冷却收缩区

◀━ 热膨胀或冷收缩方向

图 3 – 35　加热"减应区"法示意图

3.3.4　消除焊接残余应力的措施

　　虽然在结构设计时考虑了残余应力的问题,在工艺上也采取了一定的措施来防止或减小焊接残余应力,但由于焊接应力的复杂性,结构焊接完以后仍然可能存在较大的残余应力。另外,有些结构在装配过程中还可能产生新的内应力,这些焊接残余应力及装配应力都会影响结构的使用性能。特别是重要的焊接结构,焊后应设法采取措施消除残余应力。

　　常用的消除残余应力的方法如下:

　　1.热处理法

　　(1)整体热处理法。

　　将工件整体置于加热炉内,以一定的速度加热到规定的退火温度,保温一段时间后,以缓慢的速度冷却的工艺过程。去应力退火由加热、均温、保温和冷却四个阶段组成。其主要工艺参数包括加热温度、加热速度、均温时间、保温时间和冷却速度。

　　消除应力的效果取决于焊件的复杂程度,通常可消除原始焊接残余应力的80%以上,可以满足绝大多数焊接结构对消除残余应力的技术要求。

　　(2)局部热处理法。

　　对于某些不允许或不可能进行整体热处理的焊接结构,可采用局部热处理,局部热处理就是对构件焊缝周围的局部应力很大的区域及其周围,缓慢加热到一定温度后保温,然后缓慢冷却。其消除应力的效果不如整体热处理,只能降低残余应力峰值60%左右,不能完全消除残余应力。大多用于形状比较简单、拘束度较小的焊接接头,如圆柱形容器壳体、管道对接缝和平板对接缝等。为保证消除应力的效果,加热区的范围应有足够的宽度。

局部退火处理的热源可以采用火焰炬、红外线加热器、工频感应加热卷和电阻加热器等。

2. 机械拉伸法

通过不同方式在构件上施加一定的拉伸应力,使焊缝及其附近产生拉伸塑性变形,与焊接时在焊缝及其附近所产生的压缩塑性变形相互抵消一部分,达到松弛残余应力的目的。

实践证明,拉伸载荷加得越高,压缩塑性变形量就抵消得越多,残余应力消除得越彻底。

在压力容器制造的最后阶段,通常要进行水压试验,其目的之一也是利用加载来消除部分残余应力。

3. 温差拉伸法

温差拉伸法的基本原理与机械拉伸法相同,其不同点是机械拉伸法采用外力进行拉伸,而温差拉伸法是采用局部加热形成的温差来拉伸压缩塑性变形区。如果加热温度和加热范围选择适当,消除应力的效果可达 50% ~70%。

4. 锤击焊缝

在焊后用手锤或一定直径的半球形风锤锤击焊缝。可使焊缝金属产生延伸变形,能抵消一部分压缩塑性变形,起到减小焊接应力的作用。锤击时注意施力应适度,以免施力过大而产生裂纹。

5. 振动法

振动法又称振动时效或振动消除应力法(VSR)。它是利用由偏心轮和变速发动机组成的激振器,使结构发生共振所产生的循环应力来降低内应力。其效果取决于激振器、工件支点位置、激振频率和时间。振动法所用设备简单、价廉,节省能源,处理费用低,时间短(从数分钟到几十分钟),也没有高温回火时金属表面氧化等问题。目前在焊件、铸件、锻件中,为了提高尺寸稳定性,较多地采用此法。

复习思考题

1. 什么是应力? 什么是变形?
2. 简述焊接残余变形的分类及其产生原因。
3. 简述控制焊接变形的方法。
4. 简述矫正焊接变形的方法。
5. 各种焊接结构中焊接残余应力分布如何?
6. 简述减小焊接残余应力的措施。
7. 简述消除焊接残余应力的措施。

第4章 焊接检验

焊接检验是以近代物理学、化学、力学、电子学和材料科学为基础的焊接学科之一,是全面质量管理科学与无损评定技术紧密结合的一个崭新领域。其先进的检测方法及仪器设备、严密的组织管理制度和较高素质的焊接检验人员,是实现现代化焊接工业产品质量控制、安全运行的重要保证。

4.1 焊接检验概述

4.1.1 焊接检验的意义

焊接结构在现代科学技术和生产中得到了广泛应用。随着锅炉、压力容器、化工机械、海洋构造物、航空航天和原子能工程等向高参数及大型化方向发展,工作条件日益苛刻、复杂。显然,这些焊接结构必须是高质量的,因而为获得可靠的焊接结构需采用和发展合理而先进的焊接检验技术。

焊接检验的主要作用如下:

(1)确保焊接结构(件)制造质量,保证其安全运行。

(2)改进焊接技术,提高产品质量。

(3)降低产品成本,正确进行安全评定。

(4)焊接检验的可靠保证,可促使焊接技术的更广泛应用。

4.1.2 焊接检验的分类

焊接检验可以分为破坏性检验、非破坏性检验和声发射检测三类,每类又有若干具体检验方法,如图4-1所示。

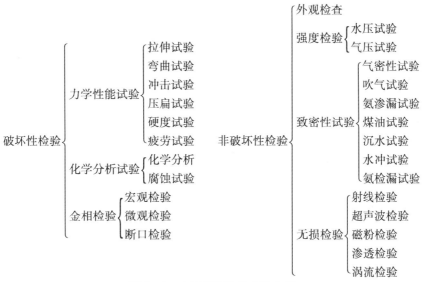

图 4-1 主要焊接检验方法分类

破坏性检验与非破坏性检验各有其特点,见表 4-1。

表 4-1 破坏性检验与非破坏性检验比较

破坏性检验	非破坏性检验(无损检验)
优点	优点
(1)能直接而又可靠地测量出使用情况的反应	(1)可直接对所生产的产品进行试验;与零件的成本、数量无关
(2)测量结果是定量的,对设计与标准化有价值	(2)既能对产品进行普检,也可对典型的产品进行抽样试验
(3)不必凭着熟练的技术	
(4)试验结果与使用情况之间的关系是一致的,观测人员之间对试验结果争论范围小	(3)对同一产品既可同时又可依次采用不同的试验方法
缺点	(4)对同一产品可以重复进行同一种试验
(1)只能用于某一抽样,而且需要证明该抽样代表着一个整批次产品情况	(5)对使用着的零件进行试验
(2)试验过的零件不能再交付使用	(6)可直接测量运转使用期内的累计影响
(3)往往不能对同一件产品进行重复性试验,而且不同形式的试验需要不同的试样	(7)可查明失效的机理
	(8)试样很少或无须制备
(4)报废的损失很大	(9)应用于现场,携带式设备
(5)材料成本或生产成本很高	(10)劳动成本低
(6)不能直接测量运转使用期的累积效应,只能根据用过不同时间的零件试验结果推测	缺点
(7)对使用中的零件很难应用,往往都要中断其有效寿命	(1)必须借助熟练的试验技术才能对结果做出说明
	(2)不同的观测人员可能对试验结果所表明的情况看法不一致
(8)试验用的试样,需要大量的加工或制备	(3)检验的结果只是定性的或相对的
(9)投资及人力消耗很高	(4)有些非破坏试验所需的原始投资很大

4.1.3　焊接检验过程

把焊接检验工作扩展到整个焊接生产和产品使用过程中去,能充分有效地发挥各检验方法的作用,才能达到预防和及时防止由缺陷所造成的废品和事故。

焊接检验过程,基本上由焊前检验、焊接过程检验、焊后检验、安装调试质量检验和产品服役质量检验等五个环节组成。

1. 焊前检验

焊前检验主要是对焊前准备的检查,是贯彻预防为主的方针,最大限度避免或减少焊接缺陷的产生,保证焊接质量的积极有效的措施。

2. 焊接过程检验

焊接过程不仅指形成焊缝的过程,还包括后热和焊后热处理过程。应当指出,焊工直接操纵焊接设备并能充分接近焊接区和随时调整焊接参数,以适应焊缝成形质量的要求。因此,焊工的自检能积极主动地控制焊接质量。

3. 焊后检验

焊接构件虽然进行了焊前检验、焊接过程检验,但由于制造过程中外界因素的变化或规范、能源的波动等有可能产生焊接缺陷,因此必须进行焊后检验。

焊后检验项目:(共 8 项)

(1)外观检查(VT)。

(2)无损检验(RT、UT、PT、MT、ET 等)。

(3)力学性能检验。

(4)金相检验。

(5)焊缝晶间腐蚀检验。

(6)焊缝铁素体含量检验。

(7)致密性检验。

(8)焊缝强度检验。

4. 安装调试质量检验

安装调试质量检验包括两方面,其一,对现场组装的焊接质量进行检验;其二,对产品制造时的焊接质量进行现场复检。现场复检主要应注意以下三方面:

(1)检验程序和检验项目。

①检查资料的齐全性。

②核对质量证明文件。

③检查实物与质量证明文件的一致性。

④按有关安装规程和技术文件规定进行检验。

⑤对产品重要部位、易产生质量问题的部位、运输中易破损和变形的部位给予特别注意,重点检查。

(2)检查方法和验收标准。

在安装调试过程中,对焊接产品的制造质量应进行复查,以便发现漏检或错检,及时处理、消除隐患,保证焊接结构安全可靠运行。复查检验所采用的检验方法、检验项目、验收标准相同,否则会产生质量差别,给质量评定或判废工作带来困难,甚至引起制造单位与验收使用单位的意见分歧。

(3)焊接质量问题的现场处理。

①发现漏检,应做补充检查并补齐质量证明文件。

②因检验方法、检验项目或验收标准不等不同引起的质量问题,应尽量采用同样的检验方法和评定标准,确定焊接产品合格与否。

③可修可不修的焊接缺陷一般不退修。

④焊接缺陷明显超标,应进行退修。其中大型构件尽量在现场修复,较小结构而修复工艺复杂则应及时返厂修复。

5.产品服役质量检验

(1)产品运行期间的质量监控。

结构件在役运行时,可用声发射技术进行质量监督。

(2)产品检修质量的复查。

焊接产品在腐蚀介质、交变载荷、热应力等苛刻条件下工作,使用一定时间后往往产生各种形式的裂纹。为了保证设备安全运行,应有计划地定期复查焊接质量。

主要内容如下:

①质量复查工作的程序。

a.查阅质量证明文件或原始质量记录。

b.拟定检查房案。

②质量复查检验的部位。

a.按有关安全监察规程或技术文件规定进行检验。

b.以下部位应特别注意:修复过的部位;缺陷集中、严重的部位;应力集中部位;同类产品运行时常出现问题的部位。

6.服役产品质量问题现场处理

对重要焊接产品的返修要进行工艺评定、验证焊接工艺、制定返修工艺措施、编制质量控制指导书和记录卡,以保证在返修过程中掌握质量标准、记录及时、控制准确。

7.焊接结构破坏事故的现场调查与分析

(1)现场调查。

①维持破坏现场,收集所有运行记录。

②查明操作工作是否正确。

③查明断裂位置。

④检查断口部位的焊接接头的表面质量和断口质量。

⑤测量破坏结构的实际厚度,核对它的厚度是否符合图样要求,并为设计校核提供依据。

(2)取样分析。

①金相检验。

②复查化学成分。

③复查力学性能。

(3)设计校核。

(4)复查制造工艺。

对破坏事故的调查和分析,可以确定结构的断裂原因,提出防止事故发生的措施,为产品的设计、制造和运行等提供改进依据。

4.2　焊接缺欠

焊接结构在制造过程中,由于受到设计、工艺、材料、环境各方面因素的影响,因此产品不可能都是完美的。也就是说,焊接产品不可避免地会有焊接缺陷。焊接质量检验的目的之一,就是运用各种检测方法把焊件中产生的各种焊接缺陷检查出来。

4.2.1　焊接缺欠与焊接缺陷

由中国机械工程学会焊接分会编、机械工业出版社 2008 年出版的《焊接词典》(第 3版)中,关于"焊接缺欠"和"焊接缺陷"这两个词条有明确的解释。摘录如下:

"焊接缺欠"(weld imperfection)——泛指焊接接头中的不连续性、不均匀性以及其他不健全性等的欠缺,称焊接缺欠,原称焊接缺陷。

"焊接缺陷"(weld defect)——不符合具体焊接产品使用性能要求的焊接缺欠,称为焊接缺陷。焊接缺陷标志着判废或必须返修。

GB/T 6417.1—2005《金属熔化焊接头缺欠分类及说明》关于"焊接缺欠"和"焊接缺陷"的定义如下:

焊接缺欠是指在焊接接头中因焊接产生的金属不连续、不致密或连接不良的现象,简称"缺欠"。

焊接缺陷是指超过规定限值的缺欠。

总之,"焊接缺陷"是超过规定限值的缺欠,是属于不可以接受的"缺欠"。

4.2.2　焊接缺欠的分类

根据 GB/T 6417.1—2005《金属熔化焊接头缺欠分类及说明》,对于熔焊接头的焊接缺欠,按其性质、特征可将熔焊缺欠分为 6 类:

(1)裂纹。

(2)孔穴。

(3)固体夹杂。

(4)未熔合及未焊透。

(5)形状和尺寸不良。

(6)其他缺欠。

4.2.3　焊接缺欠的特征

1. 裂纹

裂纹是指金属在焊接应力及其他致脆因素共同作用下,焊接接头中局部地区金属原子结合力遭到破坏而形成的新界面所产生的缝隙。具有尖锐的缺口和长宽比大的特征,是焊接构件中最危险的缺陷。

裂纹可能产生在焊缝上,也可能出现在焊缝两侧的热影响区,如图 4 - 2、图 4 - 3 所示。有时产生在焊缝表面,有时产生在金属内部。产生在弧坑上的裂纹叫弧坑裂纹(也叫火口裂纹)。通常按裂纹产生的温度范围划分为热裂纹、冷裂纹及再热裂纹。

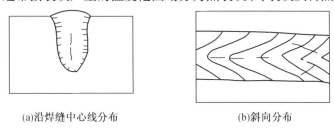

(a)沿焊缝中心线分布　　　　　　(b)斜向分布

图 4 - 2　热裂纹分布示意图

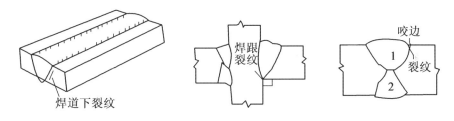

图 4 - 3　冷裂纹分布示意图

(1)热裂纹。

热裂纹是在固相线附近的高温区形成的裂纹,主要发生在晶界处。热裂纹开口表面有氧化特征,呈蓝色或天蓝色;热裂纹可分为:结晶裂纹、液化裂纹和高温失塑裂纹。热裂纹是在焊接过程中焊缝和热影响区金属冷却到固相线附近的高温区产生的,大多产生在焊缝金属中,如图 4 - 2 所示。其产生原因主要是焊缝中存在低熔点物质(如 FeS,熔点1 193 ℃),它削弱了晶粒间的联系,当受到较大的焊接应力作用时,就容易在晶粒之间引起破裂。焊件及焊条内含有硫、铜等杂质多时,就易产生热裂纹。

(2)冷裂纹。

冷裂纹是焊接裂纹冷却到马氏体转变起始温度(Ms)以下时形成的裂纹。其特征是表面光亮,无氧化特征。主要发生在焊接热影响区,某些合金成分的高强钢也可能发生在焊缝金属中。

冷裂纹是在焊接接头冷却至较低温度(对钢来说,在 Ms 点以下)时产生的,大多产生在热影响区和熔合线上,如图 4 - 3 所示。其产生的主要原因是由于热影响区或与焊缝交界处形成淬火组织,在高应力作用下,引起晶粒内部的破裂。焊缝含碳量较高时或合金元素较多的易淬火钢材时,最易产生冷裂纹。焊缝中溶入过多的氢,也会引起冷裂纹。

(3)再热裂纹。

再热裂纹是工件焊接后,若再次加热(如消除应力热处理、多层焊或使用过程中被加热)到一定的温度而产生的裂纹。再热裂纹多发生在含 Cr、Mo、V 元素的低合金结构钢,含 Nb 元素的奥氏体不锈钢以及硬化显著的 Ni 基耐热合金材料中。常出现在粗晶区中,并沿粗大奥氏体晶粒边界扩展,且多半发生在咬边等应力集中处。可形成沿熔合线的纵向裂纹,也可形成粗晶区中垂直于熔合线的网状裂纹。其断口有被氧化的颜色。

(4)一般常用的防止裂纹的办法。

①选用含杂质少、焊接性好的钢材作为焊接结构用钢。

②对于含碳量较高或合金元素较多、焊接性不太好的钢材,焊前可进行预热(200 ~ 400 ℃),焊后保温缓冷,以降低接头冷却速度,这是防止冷裂纹的有效办法。

③选用抗裂性能好的碱性焊条,如 E5015。

④采用合理的焊接顺序,选择合适的焊接工艺参数,尽量减小焊接应力。

裂纹是最危险的一种缺陷,它除了减少承载截面之外,还会产生严重的应力集中,在使用过程中裂纹会逐步扩大,最后导致构件的破坏。所以焊接结构中一般不允许存在这种缺陷,一经发现须铲去重焊。

2. 气孔

气孔是孔穴类缺陷中最常见的一种。气孔是指焊接时,熔池中的气泡在凝固时未能逸出而残留下来所形成的空穴。

焊缝金属在高温时,吸收了过多的气体(如 H_2、N_2)或由于熔池内部冶金反应产生的气体(如 CO)在熔池冷却凝固时来不及排出,而在焊缝内部或表面形成孔穴,这就是气孔。

气孔的存在减少了焊缝有效工作截面,降低了接头承载能力。若有穿透性或连续性气孔存在,会严重影响焊件的密封性。

产生气孔的主要原因是:焊前工件坡口上的油、锈、氧化皮未清除干净;焊条受潮,药皮脱落或焊条烘干温度过高或过低;电弧过长等致使焊缝中溶入较多的气体。加之焊接电流过小或焊接速度过快,气体来不及逸出,从而形成了气孔。另外,焊接电流过大,使药皮过热分解失去了保护作用或碱性焊条极性不对时,也易产生气孔。

一般可采用下列措施来防止气孔的产生:

(1)选用抗气孔能力强的酸性焊条,如 E××03。

(2)焊前应仔细清理焊件坡口上的油、锈、氧化皮等,在采用碱性焊条时,这点尤为重要。

(3)焊条不能受潮,焊重要构件时焊前必须烘干。

(4)焊接电流和焊接速度要适中,尽量采用短弧焊。

还有一种孔穴类缺陷是弧坑缩孔,它是由于熔化金属在凝固过程中收缩而产生的,因而在熄弧时必须填满弧坑。

3. 固体夹杂

（1）夹渣。

焊后残留在焊缝中的熔渣称夹渣,是手弧焊中最常见的固体夹杂类缺陷。夹渣减少了焊缝工作截面,造成了应力集中,降低了焊缝强度和冲击韧性。

造成夹渣的原因是:焊接工艺参数不当,如焊接电流过小,焊接速度过快,使焊缝金属冷却太快,夹渣物来不及浮出;运条不正确,使熔化金属和熔渣混淆不清;工件焊前清理不好;多层焊的前一层熔渣未清除干净等。

（2）夹钨。

在进行钨极氩弧焊时,容易形成夹钨缺陷,是在进行钨极氩弧焊时,若钨极不慎与熔池接触,使钨的颗粒进入焊缝金属中而造成的。焊接镍铁合金时,则其与钨形成合金,使X射线探伤很难发现。

4. 未熔合和未焊透

（1）未熔合。

未熔合是指在焊缝金属和母材之间或焊道金属与焊道金属之间未完全熔化结合的部分。常出现在坡口的侧壁、多层焊的层间及焊缝根部,如图4-4所示。这种缺陷有时间隙很大,与熔渣难以区别;有时虽然结合紧密但未焊合,往往从未熔合区末端产生微裂纹。

（2）未焊透。

未焊透是焊接时,母材金属之间应该熔化而未焊上的部分。出现在单面焊的坡口根部及双面焊的坡口钝边,如图4-5所示。未焊透会造成较大的应力集中,往往从其末端产生裂纹。

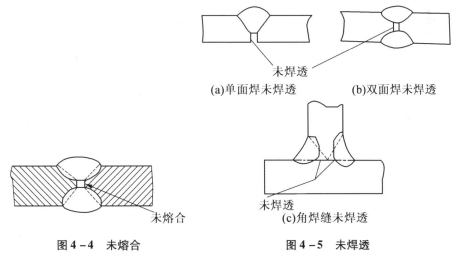

(a)单面焊未焊透　　　　　(b)双面焊未焊透

(c)角焊缝未焊透

图4-4　未熔合　　　　　　　图4-5　未焊透

5. 形状缺陷

形状缺陷是指焊缝的表面形状与原设计几何形状有偏差,如咬边、焊瘤、烧穿、焊缝尺寸不合要求和焊缝表面质量不良等均属此类缺陷。

（1）咬边。

在工件上沿焊缝边缘(在焊缝正面的称焊趾,反面的称焊根)所形成的沟槽或凹陷称为咬边,如图4-6所示,咬边可能是连续的或间断的。

咬边不仅减少了接头工作截面,而且在咬边处造成严重的应力集中。在重要的结构或受动载荷的结构中,一般不允许咬边存在。

咬边的产生,是由于工件被熔化去一定深度,而填充金属又未能及时流过去补充所致。因而在电流过大、电弧拉得太长及焊条角度不当时均会造成咬边。平焊一般不易出现;而平角焊,立、横和仰焊时,则容易产生咬边。

预防的办法是电流和焊接速度要适当;焊条角度和运条方法应正确,电流不要太大,电弧不要太长。

(2)焊瘤。

熔化金属流淌到焊缝之外未熔化的工件上,堆积形成焊瘤,它与工件没有熔合,如图4-7所示。

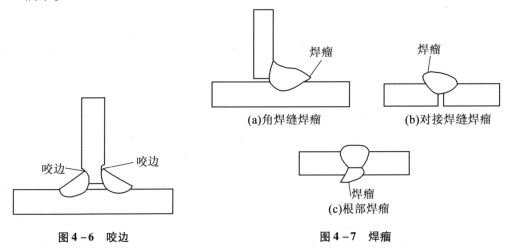

图4-6 咬边   图4-7 焊瘤

焊瘤对静载强度无影响,但会引起应力集中,使动载强度降低,故承受动载荷的焊接结构,对焊瘤大小及每米焊缝上焊瘤的长度要有一定限制。

在角焊、立焊、横焊、仰焊时容易产生焊瘤。其原因是:电弧拉得太长;焊接速度太慢;焊条角度或运条方法不正确。预防的方法是压低电弧,适当增加焊接速度,保持正确的焊条角度,注意电弧不要在一处停留太久。

平对接焊时,主要是由于电流太大,造成后半根焊条过热、熔化过快等原因,致使熔池铁水猛增而造成焊瘤。平对接焊时,只要焊接电流大小适当,一般是不会产生这种缺陷的。

(3)烧穿。

烧穿是指部分熔化金属从坡口背面流出,形成穿孔的缺陷,如图4-8所示。这种缺陷在底层焊缝和薄板焊接时最容易发生。它使接头强度降低,必须将漏出部分铲成凹槽,然后进行补焊。

产生烧穿的主要原因:焊接电流过大;焊接速度过慢或电弧在某处停留过久;装配间隙过大或钝边过小。

预防办法:除针对造成烧穿原因采取相应措施外,还可以采取一些其他的工艺措施,例如在接缝背面垫铜块;在间隙太大处,可用跳弧法或灭弧法焊上一薄层焊缝后再焊等。

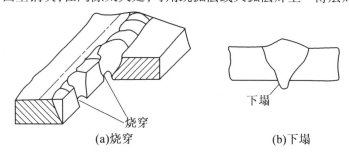

(a)烧穿 (b)下塌

图 4 - 8 烧穿和下塌

(4)错边和角变形。

两个焊件没有对正而造成板的中心线平行偏差称为错边,如图 4 - 9(a)所示。当两个焊件没有对正而造成它们的表面不平或不成预定的角度称为角变形,如图 4 - 9(b)、图 4 - 9(c)所示。

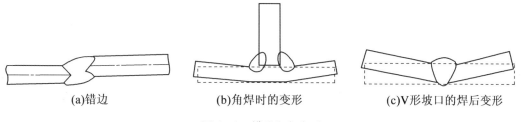

(a)错边 (b)角焊时的变形 (c)V形坡口的焊后变形

图 4 - 9 错边和角变形

(5)焊缝尺寸不合要求。

主要指焊缝宽度、余高和焊角尺寸不合技术要求,或沿焊缝长度上焊缝尺寸不均匀,这些都会降低接头强度。如焊缝余高过高,在截面过渡处造成应力集中;焊缝过宽,不但浪费焊条,而且使工件变形,并且应力也增大。图 4 - 10 为角焊缝的尺寸缺陷。

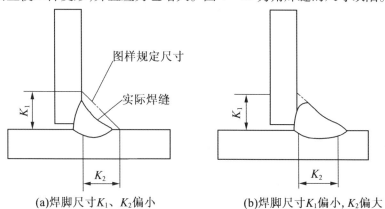

(a)焊脚尺寸K_1、K_2偏小 (b)焊脚尺寸K_1偏小,K_2偏大

图 4 - 10 角焊缝的尺寸缺陷

　　造成焊缝尺寸不合要求的原因:焊接工艺参数选用不适当或焊接操作不熟练。另外,焊缝表面过分粗糙、有缩沟和焊缝衔接处表面不规则、错边、角变形过大等均为形状缺陷。这类缺陷多存在于焊缝外表,肉眼都能发现,并可及时焊补。如果操作熟练,一般是可以避免的。

　　6. 其他缺陷

　　其他缺陷有电弧擦伤、严重飞溅、母材表面撕裂、磨凿痕、打磨过量及层间错位等,也是必须防止的。电弧擦伤是指在焊缝坡口外部引弧时产生于母材金属表面上的局部损伤。飞溅是指熔焊过程中,熔化的金属颗粒和熔渣向周围飞散的现象。

4.3　焊接无损检测

4.3.1　焊接无损检测方法概述

　　现代制造业中焊接接头无损检测主要用到的方法有射线探伤、超声波探伤、磁粉探伤和渗透探伤。四种常用检验方法的特点与应用见表4-2。

表4-2　四种常用检验方法的特点与应用

探伤方法	特点	应用
射线探伤	直观性强、准确度高、可靠性好,且底片可长期保存;但设备较复杂、成本高,并需要严密防护	金属与非金属材料的内部缺陷,如焊缝中的气孔、裂纹、夹渣等
超声波探伤	灵敏度高、设备轻巧、操作方便、检测速度快、成本低且对人无害;但无法对缺陷进行准确定性与准确定量	金属与部分非金属材料的内部缺陷,如焊缝中的气孔、裂纹、夹渣等
磁粉探伤	成本低、操作灵活、结果可靠	铁磁性材料表面或近表面缺陷,如坡口表面裂纹,焊缝表面与近表面裂纹、气孔、夹渣等
渗透探伤	设备简单、操作容易、成本低,缺陷显示直观;但探伤剂有毒,操作时需要防护	金属与非金属材料表面开口缺陷

　　产品进行探伤时所要求的条件见表4-3。

表 4 - 3　产品进行探伤时所要求的条件

探伤方法	探伤空间位置的要求	探伤表面的要求
射线探伤	要较大的空间位置,以满足射线机头的位置要求和调整焦距	表面不需机械加工,只需清除影响显示缺陷的东西,并有放置铅字码、铅箭头和透度计的位置
超声波探伤	要求较小的空间位置,只放置探头和探头移动空间	尽可能做表面加工,以利于声波耦合,并有探头移动的表面范围
磁粉探伤	要在磁化探伤部位撒放磁粉,观察缺陷的空间位置	清除影响磁粉聚积的氧化皮等污物,并有探头工作的位置
渗透探伤	要有涂布探伤剂和观察缺陷的空间	要求清除表面污物

4.3.2　射线探伤

射线探伤是利用射线可穿透物质和在物质中有衰减的特性来发现缺陷的一种探伤方法。

射线探伤按射线源种类不同,可分为 X 射线探伤、γ 射线探伤和高能射线探伤等;按显示缺陷的方法不同,可分为射线电离法探伤、射线荧光屏观察法探伤、射线照相法探伤、射线实时图像法探伤和射线计算机断层扫描技术等。射线探伤又称射线检验。

1.焊缝射线探伤的一般程序

(1)检验对象及检验要求的确定。

(2)射线照相质量等级的选用。

(3)射线源和能量的选择。

(4)胶片及增感屏的选用。

(5)象质计的选用。

(6)透照方式和几何参数的确定。

(7)贴胶片、象质计、标记的放置及屏蔽射线。

(8)射线源按几何要求放置。

(9)按曝光规范进行透照。

(10)胶片的暗室处理。

(11)底片的观察与焊缝质量的评定。

(12)整理评定记录与签发检验报告。

(13)底片及报告的存档。

2.焊缝射线底片的评定

(1)底片的质量。

(2)底片的观察。

(3)焊缝质量分级。

（4）圆形缺欠的评定。

（5）条状夹渣的分级。

（6）综合评级。

4.3.3 超声波探伤

超声波探伤是利用超声波在物体中的传播、反射和衰减等物理特性来发现缺陷的一种探伤方法。按其工作原理可分为脉冲反射法、穿透法和共振超声波探伤等。按其显示缺陷的方式分为 A 型、B 型、C 型和 3D 型显示超声波探伤等。按所使用的超声波波型可分为纵波法、横波法、表面波法和板波法超声波探伤等。按耦合的方式可分为直接接触法和液浸法超声波探伤等。

超声波是超声振动在介质中的传播，是在弹性介质中传播的机械波，与声波和次声波在弹性介质中的传播类同，区别在于超声波的频率高于 20 kHz。工业超声检测常用的工作频率为 0.5 ~ 10 MHz。较高的频率主要用于细晶材料和高灵敏度检测。较低的频率用于衰减较大和粗晶材料的检测。有些特殊要求的检测工作，首先对超声波的频率做出选择，如粗晶材料的超声检测选用 1 MHz 以下的工作频率。金属陶瓷等超细晶材料的检测，其频率选择达 10 ~ 200 MHz，甚至更高。

超声波探伤的设备如图 4 - 11 所示，超声波探伤仪、探头和试块是超声波探伤设备的主要组成部分。

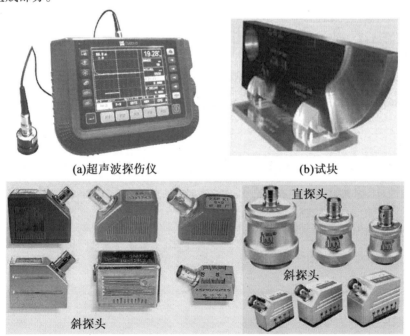

(a)超声波探伤仪　　　　　　　　(b)试块

(c)探头

图 4 - 11　超声波探伤的设备

4.3.4　磁粉探伤

磁力探伤是通过对铁磁材料进行磁化所产生的漏磁场,来发现其表面或近表面缺陷的无损检测方法。磁力探伤包括磁粉探伤、敏磁探头法和录磁法。

1. 磁粉法

在磁化后的工件表面上撒上磁粉,磁粉粒子便会吸附在缺陷区域,显示出缺陷位置、磁痕的形状和大小。磁粉有干式磁粉和悬浮液类型的湿式磁粉,应用较广。

2. 磁敏探头法

用合适的磁敏探头探测工件表面,把漏磁场转换成电信号,再经过放大、信号处理和储存,就可以用光电指示器加以显示。

常用的磁敏探头有以下几种形式:

(1)磁感线线圈。

(2)磁敏元件。

(3)磁敏探头。

3. 录磁法

录磁法也称中间存储漏磁检验法。其中以磁带记录方法为最主要的方法。

磁粉探伤法是通过对磁铁材料磁化,其表面或近表面缺欠产生的漏磁场吸附磁粉的现象而进行的无损探伤法。

磁粉探伤器材和设备如图 4 - 12 所示,主要包括磁粉、磁悬液、人工试块和试片、磁粉探伤机。

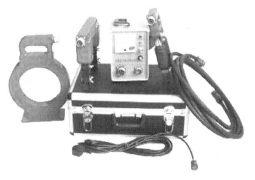

图 4 - 12　磁粉探伤器材和设备

磁粉探伤过程:

(1)工件的磁化。磁化方法包括:周向磁化、纵向磁化、复合磁化和旋转磁化。

(2)退磁。常用的退磁方法有两种,分别是交流线圈退磁法和直流退磁法。

(3)磁粉探伤检验过程。磁粉探伤过程包括:工件预处理、磁化、施加磁粉、检验、记录、退磁、填写探伤报告。

4.3.5　渗透探伤

渗透探伤的基本原理：

在被检工件表面涂覆某些渗透力较强的渗透液,在毛细作用下,渗透液被渗入到工件表面开口的缺陷中,然后去除工件表面上多余的渗透液(保留渗透到表面缺陷中的渗透液),再在工件表面涂上一层显像剂,缺陷中的渗透液在毛细作用下重新被吸到工件的表面,从而形成缺陷的痕迹。根据在黑光(荧光渗透液)或白光(着色渗透液)下观察到的缺陷显示痕迹,做出缺陷的评定。

渗透探伤基本操作过程：

(1)预清洗;(2)渗透;(3)中间清洗;(4)干燥;(5)显像;(6)观察并评定。

渗透探伤剂由渗透剂、乳化剂、清洗剂和显像剂组成,如图 4 - 13 所示。

图 4 - 13　渗透探伤剂

渗透探伤的特点：

(1)钢铁材料、有色金属材料、陶瓷材料和塑料等表面缺陷都可以用渗透探伤。

(2)即使是形状复杂的试件,只需一次探伤操作就可大致做到全面探测。

(3)即使是圆面上的缺陷,也很容易观察出显示痕迹。另外,同时存在几个方向的缺陷时,用一次探伤操作就可以完成探测。

(4)不需要大型的设备。

(5)探伤结果受试件表面光洁度和检测人员技术的影响。多孔材料探伤存在困难。

复习思考题

1.焊接检验可以分为哪几类?

2.焊接检验过程有几个环节?

3.什么是焊接缺欠? 什么是焊接缺陷?

4.焊接缺欠可以分为哪几类?

5.各种焊接缺欠的特征如何?

6.焊接检验中无损检测方法有哪几种?

7.射线探伤的操作程序有哪些?

8.什么是超声波探伤?

9.如何进行磁粉探伤的操作?

10.渗透探伤基本操作过程如何?

第5章 常见熔焊焊接方法

5.1 埋 弧 焊

埋弧焊(Submerged Arc Welding,SAW)是电弧在焊剂下燃烧以进行焊接的熔焊方法。

按照机械化程度,可以分为自动焊和半自动焊两种。两者的区别是:前者焊丝送进和电弧相对移动都是自动的,而后者仅焊丝送进是自动的,电弧移动是手动的。由于自动焊的应用远比半自动焊广泛,因此,通常所说的埋弧焊一般指的是自动埋弧焊。

5.1.1 埋弧焊原理

焊接电源的两极分别接至导电嘴和焊件。焊接时,颗粒状焊剂由焊剂漏斗经软管均匀地堆敷到焊件的待焊处,焊丝由焊丝盘经送丝机构和导电嘴送入焊接区,电弧在焊剂下面的焊丝与母材之间燃烧,如图 5-1 所示。

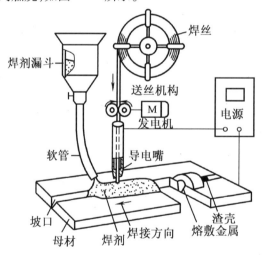

图 5-1 埋弧焊工作原理

电弧热使焊丝、焊剂及母材局部熔化和部分蒸发。金属蒸气、焊剂蒸气和冶金过程中析出的气体在电弧的周围形成一个空腔,熔化的焊剂在空腔上部形成一层熔渣膜。这层熔渣膜如同一个屏障,使电弧、液体金属与空气隔离,而且能将弧光遮蔽在空腔中。在空腔的下部,母材局部熔化形成熔池;空腔的上部,焊丝熔化形成熔滴,并以渣壁过渡的形式向熔池中过渡,只有少数熔滴采取自由过渡。随着电弧的向前移动,电弧力将液态金属推向后方并逐渐冷却凝固成焊缝,熔渣则凝固成渣壳覆盖在焊缝表面。

5.1.2　埋弧焊特点及应用

1. 埋弧焊的优点

(1)生产效率高。埋弧焊可以采用较大的焊接电流和电流密度,埋弧焊所用的焊接电流可达到 1 000 A 以上,同时因电弧加热集中,熔深增加,单丝埋弧焊可一次焊透 20 mm 以下不开坡口的钢板,而且埋弧焊的焊接速度也较焊条电弧焊快,单丝埋弧焊焊接速度可达 30~50 m/h,若采用双丝或多丝,焊接速度可提高一倍以上,因而电弧的熔深和焊丝熔敷效率都比较大。

(2)焊接质量好。一方面由于埋弧焊的焊接参数通过电弧自动调节系统的调节能够保持稳定,对焊工操作技术要求不高,因而焊缝成形好、成分稳定;另一方面也与采用熔渣进行保护,隔离空气的效果好有关。另外,焊缝表面光洁、平整、成形美观。

(3)劳动条件好。由于实现了焊接过程机械化,操作较简便,在埋弧自动焊时,没有刺眼的弧光,也不需要焊工手工操作。这既能改善作业环境,也能减轻劳动强度,同时,放出烟尘也少,因此焊工的劳动条件得到了改善。

(4)节约材料及电能。对于 25 mm 厚以下的焊件可以不开坡口焊接,这既可节省由于加工坡口而损失的金属,也可使焊缝中焊丝的填充量大大减少。同时,由于焊剂的保护,金属的烧损和飞溅也大大减少。由于埋弧焊的电弧热量能得到充分的利用,因此单位长度焊缝上所消耗的电能也大大降低。

2. 埋弧焊的缺点

(1)焊接适用的位置受到限制。由于采用颗粒状的焊剂进行焊接,因此一般只适用于平焊位置(俯位)的焊接,如平焊位置的对接接头、平焊位置和横焊位置的角接接头以及平焊位置的堆焊等。对于其他位置,则需要采用特殊的装置以保证焊剂对焊缝区的覆盖。

(2)焊接厚度受到限制。由于埋弧焊时,当焊接电流小于 100 A 时电弧的稳定性通常变差,因此不适于焊接厚度 1 mm 以下的薄板。

(3)对焊件坡口加工与装配要求较严。因为埋弧焊不能直接观察电弧与坡口的相对位置,故必须保证坡口的加工和装配精度,或者采用焊缝自动跟踪装置,才能保证不焊偏。

3. 埋弧焊的应用

埋弧焊具有生产效率高、焊缝质量好、焊接熔深大、机械化程度高等特点,广泛应用于锅炉、压力容器、船舶、桥梁、起重机械、工程机械、冶金机械、海洋结构以及核电设备等制造,特别是当用于中厚板、长焊缝的焊接时具有明显的优越性。可焊接的钢种有:碳素结构钢、低合金结构钢、不锈钢、耐热钢以及复合钢等。此外,用埋弧焊堆焊耐热、耐腐蚀合金或焊接镍基合金、铜基合金等也能获得很好的效果。

5.1.3 埋弧焊设备

1. 埋弧焊设备及分类

（1）按用途可分为专用焊机和通用焊机两种。通用焊机有小车式、龙门式、十字式等的埋弧焊机；专用焊机有埋弧角焊机、埋弧堆焊机等。

（2）按送丝方式可分为等速送丝式和变速送丝式两种。前者适用于细焊丝高电流密度条件的焊接；后者适用于粗焊丝低电流密度条件的焊接。

（3）按焊丝的数目和形状可分为单丝埋弧焊机、多丝埋弧焊机及带状电极埋弧焊机。目前应用最广的是单丝埋弧焊机。多丝埋弧焊机，常用的是双丝埋弧焊机和三丝埋弧焊机。带状电极埋弧焊机主要用于大面积堆焊。

（4）按焊机的结构形式可分为小车式、悬挂式、车床式、门架式、悬臂式等，如图5-2所示。目前，小车式、悬挂式用得较多。

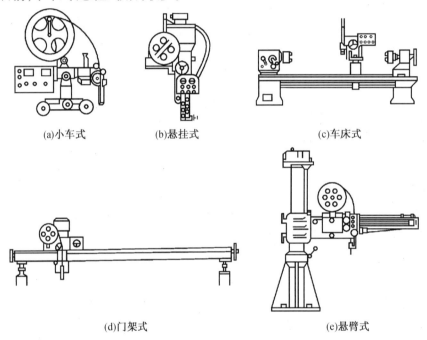

(a)小车式　　　(b)悬挂式　　　(c)车床式

(d)门架式　　　　　　　　(e)悬臂式

图5-2　常见埋弧焊设备

2. 埋弧焊机组成

埋弧焊机由焊接电源、机械系统（包括送丝机构、行走机构、导电嘴、焊丝盘、焊剂漏斗等）、控制系统（控制箱、控制盘）等部分组成。典型的小车式埋弧焊机组成如图5-3所示。

（1）焊接电源。

埋弧焊电源有交流电源和直流电源。通常直流电源适用于小电流、快速引弧、短焊缝、高速焊接及焊剂稳弧性较差、对参数稳定性要求较高的场合。交流电源多用于大电流及直流磁偏吹严重的场合。一般埋弧焊电源的额定电流为500～2 000 A，具有缓降或陡降外特性，负载持续率100%。

图 5 - 3　典型的小车式埋弧焊机组成

（2）机械系统。

送丝机构包括送丝电动机及转动系统、送丝滚轮和矫直滚轮等。它的作用是可靠地送丝并具有较宽的调节范围；行走机构包括行走电动机及转动系统、行走轮及离合器等。行走轮一般采用绝缘橡胶轮，以防焊接电流经车轮而短路；焊丝的接电是靠导电嘴实现的，对其要求是电导率高、耐磨、与焊丝接触可靠。

（3）控制系统。

埋弧焊控制系统包括：送丝控制、行走控制、引弧熄弧控制等，大型专用焊机还包括横臂升降、收缩、主轴旋转及焊剂回收等控制。一般埋弧焊机常设一控制箱来安装主要控制元件，但在采用晶闸管等电子控制电路的新型埋弧焊机中已没有单独控制箱，控制元件安装在控制盘和电源箱内。

5.1.4　埋弧焊用焊接材料

1. 焊丝和焊剂的作用及分类

埋弧焊的焊接材料是焊丝和焊剂。焊丝的作用：焊接时熔化进入熔池，起到填充和合金化的作用；尚未熔化的焊丝还起着导电的作用。焊剂的作用：焊接时，起着隔离空气、保护焊接金属不受空气侵害的作用；对熔化金属进行冶金处理的作用。

（1）焊丝。

焊接时作为填充金属同时用来导电的金属丝称为焊丝。埋弧焊的焊丝按结构不同可分为实芯焊丝和药芯焊丝两类，生产中普遍使用的是实芯焊丝，药芯焊丝只在某些特殊场合使用；埋弧焊的焊丝按被焊材料不同可分为碳素结构钢焊丝、合金结构钢焊丝、不锈钢焊丝等。常用的焊丝直径为 2、3、4、5、6 mm 等规格。

（2）焊剂。

①埋弧焊焊剂按制造方法不同分为熔炼焊剂、烧结焊剂和黏结焊剂。

熔炼焊剂是由各种矿物原料混合后，在电炉中经过熔炼，再倒入水中粒化而成的焊剂。

烧结焊剂是通过向一定比例的各种配料中加入适量的黏结剂，混合搅拌后在高温（400 ~ 1 000 ℃）下烧结而成的一种焊剂。

黏结焊剂是通过向一定比例的各种配料中加入适量的黏结剂,混合搅拌后粒化并低温(400 ℃以下)烘干而制成的一种焊剂,以前也称为陶质焊剂。

特点:

熔炼焊剂颗粒强度高,化学成分均匀,是目前应用最多的一类焊剂,其缺点是熔炼过程烧损严重,不能依靠焊剂向焊缝金属大量渗入合金元素。

非熔炼焊剂(烧结焊剂和黏结焊剂)化学成分不均匀,脱渣性好,可通过焊剂向焊缝金属中大量渗入合金元素,增大焊缝金属的合金化。非熔炼焊剂,特别是烧结焊剂现主要应用于焊接高合金钢和堆焊。

②按化学成分分有高锰焊剂、中锰焊剂、低锰焊剂和无锰焊剂等,并根据焊剂中氧化锰、二氧化硅和氟化钙的含量高低,分成不同的焊剂类型。

2. 焊丝和焊剂的选用

焊接低碳钢和强度较低的低合金高强钢时,可采用低锰或含锰焊丝,配合高锰高硅焊剂,或采用高锰焊丝配合无锰高硅或低锰高硅焊剂。

焊接低温钢、耐热钢、耐蚀钢等,以满足焊缝金属的化学成分为主,要选用相应的合金钢焊丝,配合碱度较高的中硅、低硅型焊剂。

焊接有特殊要求的合金钢,如低温钢、耐热钢、耐蚀钢、不锈钢等,以满足焊缝金属的化学成分为主,要选用相应的合金钢焊丝,配合碱性较高的中硅、低硅型焊剂。

3. 焊丝和焊剂的保管

为保证焊接质量,焊剂应正确保管和使用,存放在干燥库房内,防止受潮。焊前应对焊剂进行烘干,熔炼焊剂要求200 ~ 250 ℃下烘焙1 ~ 2 h;烧结焊剂应在300 ~ 400 ℃下烘焙1 ~ 2 h。使用回收的焊剂,应清除其中的渣壳、碎粉及其他杂物,并与新焊剂混匀后使用。

5.1.5　埋弧焊工艺

1. 埋弧焊焊接工艺的内容

埋弧焊焊接工艺应包括以下内容:

(1)焊接准备。包括选择与加工焊件坡口、焊前清理焊丝和焊件、对焊件进行装配等。

(2)选择焊接工艺方法。包括选择单丝焊或多丝焊,加焊剂衬垫或悬空焊,单面焊或双面焊,单层焊或多层多道焊等。

(3)选择焊接材料。包括选择焊剂和焊丝。

(4)选择焊接参数。包括选择焊接电流、电弧电压、焊接速度等,还包括是否采用焊前预热、焊后缓冷或后热以及焊后热处理等工艺措施,并确定相关的工艺参数。

(5)明确操作要求。包括确定所需的工艺装备、焊缝层间清理的方法等。

2. 焊前准备

(1)坡口的选择与加工。

由于埋弧焊使用的电流比较大,熔透深度比较大,当焊件的厚度在3 ~ 12 mm时可不开口。而当焊件较厚时,为保证熔透,需要按照GB/T 985.2—2008《埋弧焊的推荐坡口》中为焊件选择合适的坡口形式和尺寸。生产中坡口加工常采用刨边机、气割机和机械加工等方法进行加工。

（2）焊件的清理。

焊接前,必须将坡口及焊接部位表面的锈蚀、油污、水分、氧化皮等清除干净。方法有手工清除(如钢丝刷、风动砂轮等)、机械清除(如喷丸)等。

（3）焊丝的清理和焊剂的烘干。

焊接前,必须将焊丝表面的油污、铁锈等污物也清除干净。为防止氢侵入焊缝,对焊剂必须严格烘干,而且要求烘干后立即使用。不同类型的焊剂要求烘干的温度不同,应查阅相关的焊接材料手册。例如,HJ431 焊剂要求烘干 250 ℃,2 h;SJ101 要求烘干 300 ~ 350 ℃,2 h。

（4）焊件的装配。

焊件装配时,必须保证间隙均匀,高低平整,特别是采用单面焊双面一次成形时更应注意。定位焊的位置应在第一道焊缝的背面,长度一般应大于 30 mm。在直缝焊件装配时尚需加引弧板和熄弧板,以去除在引弧和收尾时容易产生的缺陷,如弧坑等。

3. 埋弧焊焊接参数的选择

埋弧焊的焊接参数有焊接电流、电弧电压、焊接速度、焊丝直径、焊丝伸出长度、焊丝倾角、焊件倾斜等。其中对焊缝成形和焊接质量影响最大的是焊接电流、电弧电压和焊接速度。

（1）焊接电流。

焊接时,在其他焊接参数不变的情况下,焊接电流增加,则电弧吹力增强,焊缝厚度增大,同时,焊丝的熔化速度相应加快,焊缝余高稍有增加,而焊缝宽度变化不大。电流过大,容易咬边或成形不良,使热影响区增大,甚至烧穿;电流过小,焊缝熔深减小,易产生未焊透,电弧稳定性也差,如图 5 - 4 所示。

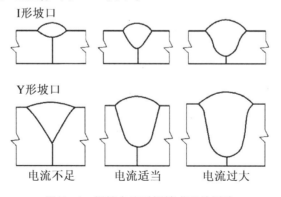

图 5 - 4　焊接电流对焊缝成形的影响

（2）电弧电压。

焊接时,在其他焊接参数不变的情况下,增加电弧长度,则电弧电压增加。随着电弧电压增加,焊缝宽度显著增大,而焊缝熔深和余高减小,如图 5 - 5 所示。

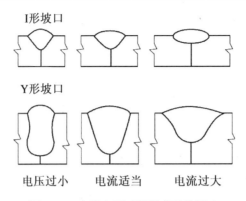

图 5 - 5　电弧电压对焊缝成形的影响

（3）焊接速度。

焊接速度对焊缝厚度和焊缝宽度有明显的影响。焊接速度增加，焊缝深度和焊缝宽度都大为下降。焊接速度过大，易形成未焊透、咬边、焊缝粗糙不平等缺陷；焊接速度过小，则会形成易裂的"蘑菇形"焊缝或产生烧穿、夹渣、焊缝不规则等缺陷，如图 5 - 6 所示。

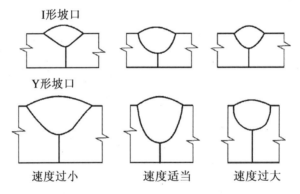

图 5 - 6　焊接速度对焊缝成形的影响

（4）焊丝直径。

焊接电流不变时，焊丝直径增大，电流密度减小，电弧吹力减弱，电弧的摆动作用加强，焊缝宽度增加，焊缝深度减小；焊丝直径减小，电流密度增大，电弧吹力增大，使焊缝深度增加。不同直径的焊丝所适用的焊接电流见表 5 - 1。

表 5 - 1　焊丝直径和焊接电流的关系

焊丝直径/mm	2.0	3.0	4.0	5.0	6.0
焊接电流/A	200 ~ 400	350 ~ 600	500 ~ 800	700 ~ 1 000	800 ~ 12 000

（5）焊丝伸出长度。

一般将导电嘴出口到焊丝端部的长度称为焊丝伸出长度。焊丝伸出长度增加，电阻热作用增大,焊丝熔化速度加快,焊缝厚度稍有减少,余高略有增加;伸出长度太短,则易烧坏导电嘴。焊丝伸出长度随焊丝直径的增大而增大,一般在 15 ~ 40 mm 之间。

(6)焊丝倾斜角。

埋弧焊的焊丝位置通常垂直于焊件,但有时也采用焊丝倾斜方式。焊丝倾角对焊缝成形的影响如图 5 - 7 所示。焊丝向焊接方向倾斜称为后倾,焊丝倾斜方向与焊接方向相反称为前倾。后倾时,电弧吹力对熔池液态金属的作用加强,有利于电弧的深入,故焊缝深度和余高增大,而焊缝宽度明显减小。焊丝前倾时,电弧对熔池前面的焊件预热作用加强,使焊缝宽度增大,而焊缝深度减小。

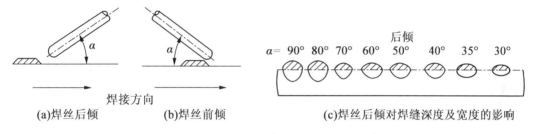

(a)焊丝后倾   (b)焊丝前倾   (c)焊丝后倾对焊缝深度及宽度的影响

图 5 - 7   焊丝倾角对焊缝成形的影响

(7)焊件倾斜。

焊件有时会处于倾斜位置,因而有上坡焊和下坡焊之分,如图 5 - 8 所示。上坡焊,焊缝深度和余高增加,焊缝宽度减小,形成窄而高的焊缝,甚至产生咬边;下坡焊,焊缝深度和余高都减小,焊缝宽度增大,易造成未焊透的缺陷。所以,无论是上坡焊或下坡焊,焊件的倾角 β 都不得超过 6° ~ 8°,否则会破坏焊缝成形或引起焊接缺陷。

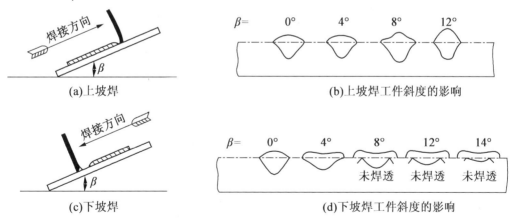

(a)上坡焊   (b)上坡焊工件斜度的影响

(c)下坡焊   (d)下坡焊工件斜度的影响

图 5 - 8   焊件倾斜对焊缝成形的影响

4.埋弧焊技术

埋弧焊主要应用于对接直焊缝焊接和对接环焊缝焊接。对接焊缝的焊接方法有两种基本类型,即单面焊和双面焊。它们又可分为有坡口和无坡口(I 形坡口),同时,根据钢板厚薄不同,又可分成单层焊和多层焊;根据防止熔池金属泄漏的不同情况,又可分为有衬垫法和无衬垫法。

①对接接头单面焊:焊剂铜衬垫法。

根据焊件的厚度预留一定的装配间隙,进行第一面的焊接时,为防止熔化金属流溢,接缝背面应衬以焊剂铜衬垫,采取措施使其在焊缝全长都与焊件贴合,并且压力均匀。如图 5 - 9 所示。

②对接接头单面焊:水冷滑块式铜垫法。

为了不使铜衬垫过热,在其两侧通常还各放一块具有同样长度的水冷铜块。缺点是水冷铜滑块易磨损。该方法适用于焊接厚度为 6 ~ 20 mm 的钢板,如图 5 - 10 所示。

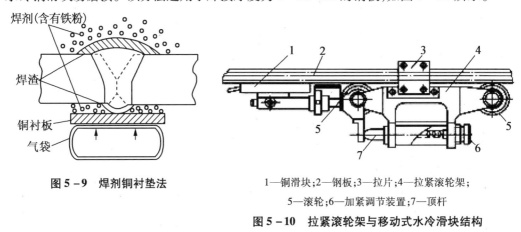

图 5 - 9　焊剂铜衬垫法

1—铜滑块;2—钢板;3—拉片;4—拉紧滚轮架;

5—滚轮;6—加紧调节装置;7—顶杆

图 5 - 10　拉紧滚轮架与移动式水冷滑块结构

③对接接头单面焊:热固化焊剂衬垫法。

该法是将热固化焊剂衬垫制成柔性板条,贴紧在焊缝背面,并用铁磁夹具将其固定在焊件上,焊接时承托熔池,帮助焊缝背面成形的方法,如图 5 - 11 所示。

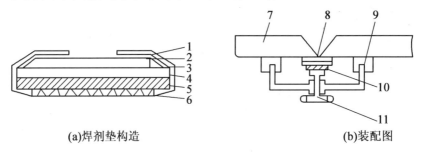

(a)焊剂垫构造　　　　　　　　(b)装配图

1—双面粘贴带;2—热收缩薄膜;3—玻璃纤维布;4—热固化焊剂;5—石棉布;6—弹性垫;

7—焊件;8—焊剂垫;9—磁铁;10—托板;11—调节螺钉

图 5 - 11　热固化焊剂垫构造和装配示意图

④对接接头双面焊:悬空双面焊法。

焊接第一面时,焊件背面不用任何衬垫或其他辅助装置。为防止液态金属从间隙中流失或引起烧穿,要求装配时不留间隙或间隙小于 1 mm。焊接第一面时所用的焊接参数稍小,通常使焊缝的熔深达到或略小于焊件厚度的一半即可;然后翻转工件,由于已有第一面焊缝作为依托,反面可采用比较大的参数焊接,使焊缝的熔深达到焊件厚度的 60% ~70%,以保证焊件焊透。

⑤对接接头双面焊:焊剂垫双面焊法。

在焊件装配时,根据焊件的厚度预留一定的装配间隙,为防止熔化金属流溢,在接缝的背面衬以焊剂垫或临时工艺垫板,如图 5 - 12 所示。

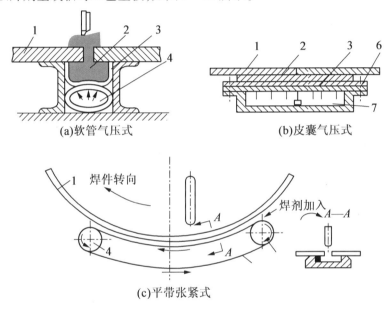

1—焊件;2—焊剂;3—帆布;4—重启软管;5—橡皮膜;6—压板;7—气室;8—平带;9—带轮

图 5 - 12　焊剂垫的结构实例

⑥对接接头双面焊:临时工艺垫板法。

平板对接接头的临时工艺垫板常用 3 ~ 4 mm,宽 30 ~50 mm 的薄钢带;也可用石棉绳或石棉板。焊完第一面时,去除临时衬垫及间隙中的渣壳,用同样的参数焊第二面。要求每一面熔深达到板厚的 60% ~70%,如图 5 - 13 所示。

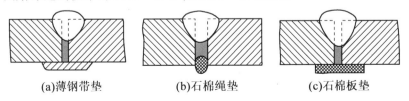

(a)薄钢带垫　　　　　　(b)石棉绳垫　　　　　　(c)石棉板垫

图 5 - 13　临时工艺垫板结构

⑦对接接头双面焊:焊条电弧焊封底双面焊法。

对于不便翻转且无法使用衬垫的焊件可以使用此方法。可根据板厚选择开或不开坡口。保证封底厚度大于 8 mm,以免埋弧焊时烧穿。

⑧对接接头双面焊:多层双面焊法。

板厚超过 40 mm 时,可采用多层焊,坡口一般多采用 V 形和双 V 形,但都必须留有 4 mm 的钝边和适当的坡口角度。

5. 角焊缝焊接技术

埋弧焊的角焊缝主要出现在 T 形接头和搭接接头中。角焊缝的自动焊一般可采取船形焊和平角焊两种形式,当焊件易于翻转时多采用船形焊,如图 5 – 14 所示,对于一些不易翻转的焊件则都使用平角焊。

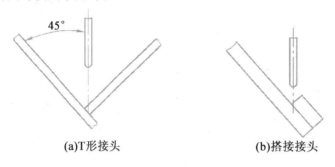

(a)T形接头　　　　　　　　　(b)搭接接头

图 5 – 14　船形焊

5.2　熔化极气体保护电弧焊

焊条电弧焊、埋弧焊是以渣保护为主的电弧焊方法。随着工业生产和科学技术的迅速发展,有各种有色金属、高合金钢、稀有金属的应用日益增多,使用气体保护的气体保护电弧焊不仅能够弥补渣保护的局限性,而且还有独特的优越性。因此,气体保护电弧焊已在国内外焊接生产中得到了广泛的应用。

5.2.1　熔化极气体保护电弧焊概述

1. 熔化极气体保护电弧焊的原理、特点及分类

(1)熔化极气体保护电弧焊的原理。

熔化极气体保护电弧焊(Gas Metal Arc Welding,GMAW)是使用熔化电极,用外加气体作为电弧介质并保护电弧和焊接区的电弧熔焊方法,如图 5 – 15 所示。

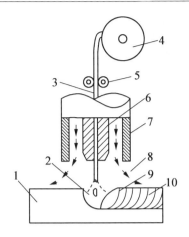

1—焊件;2—电弧;3—焊丝;4—焊丝盘;5—送丝滚轮;6—导电嘴;7—保护罩;8—保护气体;9—熔池;10—焊缝金属

图 5 – 15　熔化极气体保护电弧焊示意图

（2）熔化极气体保护电弧焊的特点。

①采用明弧焊,一般不必用焊剂,没有熔渣,熔池可见度好,便于操作。而且,保护气体是喷射的,适宜进行全位置焊接,不受空间位置的限制,有利于实现焊接过程的机械化和自动化。

②由于电弧在保护气流的压缩下热量集中,焊接熔池和热影响区很小,因此焊接变形小、焊接裂纹倾向不大,尤其适用于薄板焊接。

③采用氩、氦等惰性气体保护,焊接化学性质较活泼的金属或合金时,可获得高质量的焊接接头。

④气体保护焊不宜在有风的地方施焊,在室外作业时须有专门的防风措施,此外,电弧光的辐射较强,焊接设备较复杂。

但是,GMAW 焊也存在不足:

①保护作用易受干扰。

②焊枪较为笨重,灵活性较差。

③焊接设备较为复杂。

2.熔化极气体保护电弧焊的分类

通过图 5 – 16 所示,熔化极气体保护电弧焊按照焊丝结构分为:实心焊丝气体保护焊、药芯焊丝电弧焊。按照保护气体分为:CO_2 气体保护焊、惰性气体保护焊（Metal Inert Gas Arc Welding,MIG）、混合气体保护焊（Metal Active-Gas Arc Welding,MAG）。按照操作过程分为:半自动焊、自动焊。

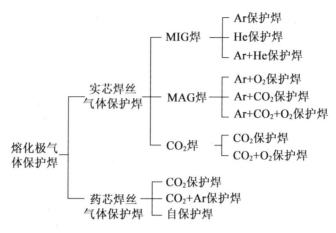

图 5 – 16   熔化极气体保护电弧焊分类

3. 熔化极气体保护电弧焊常用气体及应用

熔化极气体保护电弧焊常用的气体有氩气（Ar）、氦气（He）、氮气（N_2）、氢气（H_2）、二氧化碳（CO_2）及混合气体。常用保护气体的应用见表 5 – 2。

表 5 – 2   常用保护气体的应用

被焊材料	保护气体	混合比	化学性质	焊接方法
铝及铝合金	Ar		惰性	熔化极
	Ar + He	10% He		
铜及铜合金	Ar		惰性	熔化极
	Ar + N_2	20% N_2		熔化极
	N_2		还原性	
不锈钢	Ar + O_2	1% ~2% O_2	氧化性	熔化极
	Ar + O_2 + CO_2	2% O_2；5% CO_2		
碳钢及低合金钢	CO_2		氧化性	熔化极
	Ar + CO_2	20% ~30% CO_2		
	CO_2 + O_2	10% ~15% O_2		
钛锆及其合金	Ar		惰性	熔化极
	Ar + He	25% He		
镍基合金	Ar + He	15% He	惰性	熔化极

5.2.2 二氧化碳气体保护电弧焊

1. 二氧化碳气体保护电弧焊原理、特点及应用

（1）二氧化碳气体保护电弧焊的原理。

CO_2 气体保护焊是利用 CO_2 气作为保护气体的一种熔化极气体保护电弧焊方法，简称 CO_2 焊。其工作原理如图 5 - 17 所示，焊枪和焊件分别接在电源的两端上，由送丝机构送进焊丝，焊丝通过软管和导电嘴不断地向电弧区送给；同时，CO_2 气体以特定的压力和流量送进焊枪，通过喷嘴后，形成保护气流，使熔池和电弧不受空气的侵入。随着焊枪的移动，熔化金属冷却凝固而形成焊缝，使焊件连接在一起。

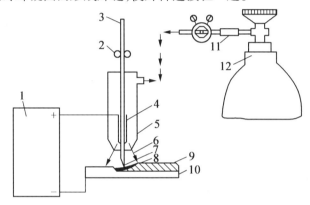

1—焊接电源；2—送丝滚轮；3—焊丝；4—导电嘴；5—喷嘴；6—CO_2 气体；7—电弧；

8—熔池；9—焊缝；10—焊件；11—预热干燥器；12—CO_2 气瓶

图 5 - 17　CO_2 气体保护电弧焊过程示意图

（2）二氧化碳气体保护电弧焊的特点。

①CO_2 焊的优点。

a. 焊接成本低，仅为埋弧焊及焊条电弧焊的30% ~50% 。

b. 生产率高，生产率比焊条电弧焊高1 ~4 倍。

c. 焊接质量高，焊缝含氢量低，抗裂性能好。

d. 焊接变形和焊接应力小，焊接应力和变形小，宜用于薄板焊接。

e. 操作性能好，明弧焊，可以看清电弧和熔池情况，便于掌握与调整，也有利于实现焊接过程的机械化和自动化。

f. 适用范围广，不仅适用焊接薄板，还常用于中、厚板的焊接，而且也用于磨损零件的修补堆焊。

②CO_2 焊的缺点。

a. 焊缝表面成形较差，飞溅较多。

b. 不能焊接容易氧化的有色金属材料。

c. 难用交流电源焊接及在有风的地方施焊。

d. 弧光较强，所产生的弧光强度及紫外线强度分别是焊条电弧焊的2 ~3 倍和20 ~

40 倍,应特别重视对操作者的劳动保护。

由于 CO_2 焊的优点显著,而其缺点随着对 CO_2 焊的设备、材料和工艺的不断改进,将逐步完善和克服,因此, CO_2 焊是一种值得推广应用的高效焊接方法。

（3）二氧化碳气体保护电弧焊的应用。

CO_2 焊从 20 世纪 50 年代初问世以后,在世界各国得到迅速推广应用。没有哪一种焊接方法能像 CO_2 焊那样在工业生产中得到这样快的发展。

CO_2 焊在机车车辆制造、汽车制造、船舶制造、金属结构及机械制造等方面应用十分普遍。既可采用小电流短路过渡方式焊接薄板,也可以用大电流自由过渡方式焊接厚板。

目前, CO_2 焊除不适于焊接容易氧化的有色金属及其合金外,还可以焊接碳钢和合金结构钢构件,甚至用于焊接不锈钢也取得了较好的效果。

2. 二氧化碳气体保护电弧焊的冶金特点

（1）合金元素的氧化与脱氧。

①合金元素氧化。 CO_2 在电弧高温作用下,易分解为一氧化碳和氧气,使电弧气氛具有很强的氧化性。其中 CO 在焊接条件下不溶于金属,也不与金属发生反应,而原子状态的氧使铁及合金元素迅速氧化。结果使铁、锰、硅等焊缝有用的合金元素大量氧化烧损,降低力学性能,同时溶入金属的 FeO 与 C 元素作用产生的 CO 气体,一方面使熔滴和熔池金属发生爆破,产生大量的飞溅;另一方面结晶时来不及逸出,导致焊缝产生气孔。

②脱氧。 CO_2 焊通常的脱氧方法是采用具有足够脱氧元素的焊丝。常用的脱氧元素是锰、硅、铝、钛等。对于低碳钢及低合金钢的焊接,主要采用锰、硅联合脱氧的方法。

（2） CO_2 焊的气孔问题。

①一氧化碳气孔。当焊丝中脱氧元素不足,使大量的 FeO 不能还原而溶于金属中,在熔池结晶时发生下列反应,生成 CO 气孔:

$$FeO + C \rightarrow Fe + CO \uparrow$$

焊丝中含有足够的脱氧元素 Mn 和 Si,并严格限制焊丝中的含碳量,就可以减小产生 CO 气孔的可能性。 CO_2 焊产生 CO 气孔的可能性不大。

②氢气孔。氢的来源主要是焊丝、焊件表面的铁锈、水分和油污及 CO_2 气体中的水分。由于 CO_2 焊的保护气体氧化性很强,所以 CO_2 焊时形成氢气孔的可能性较小。

③氮气孔。 CO_2 焊最常发生的是氮气孔,而氮主要来自于空气。所以必须加强 CO_2 气流的保护效果,这是防止 CO_2 焊的焊缝中产生气孔的重要途径。

3. 二氧化碳气体保护电弧焊的熔滴过渡

CO_2 焊的熔滴过渡主要有短路过渡和自由过渡（包括滴状过渡、喷射过渡等）两种形式。

（1）短路过渡。

CO_2 焊在采用细焊丝、小电流和低电弧电压焊接时,可获得短路过渡,如图 5 – 18 所示。短路过渡过渡频率高,电弧非常稳定,飞溅小,焊缝成形良好,同时焊接电流较小,焊接热输入低,故适宜于薄板及全位置焊缝的焊接。

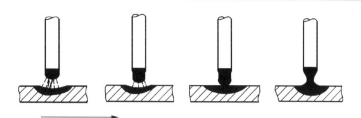

图 5 - 18　短路过渡示意图

（2）滴状过渡。

CO_2 焊采用粗焊丝、较大电流和较高电压时，会出现滴状过渡。

滴状过渡有两种形式：

一是大颗粒过渡，电流电压比短路过渡稍高，电流一般在 400 A 以下。熔滴较大且不规则，过渡频率较低，易形成偏离焊丝轴线方向的非轴向过渡，电弧不稳定，飞溅很大，成形差，在实际生产中不宜采用。

二是细滴过渡，这时焊接电流、电弧电压进一步增大，焊接电流在 400 A 以上。虽然仍为非轴向过渡，但飞溅相对较少，电弧较稳定，焊缝成形较好，故在生产中应用较广泛。粗丝 CO_2 焊滴状过渡多用于中、厚板的焊接。

4. 二氧化碳气体保护电弧焊的飞溅问题

（1）CO_2 焊飞溅的有害影响。

①CO_2 时飞溅大，降低焊丝的熔敷系数，增加焊丝及电能的消耗，降低焊接生产率和增加焊接成本。

②飞溅金属黏着到导电嘴端面和喷嘴内壁上，会使送丝不畅而影响电弧稳定性，或者降低保护气体的保护作用。焊后清理增加了焊接的辅助工时。

③焊接过程中飞溅出的金属还容易烧坏焊工的工作服，甚至烫伤皮肤，恶化劳动条件。

（2）CO_2 焊产生飞溅的原因及防止飞溅的措施。

①由冶金反应引起的飞溅，主要由 CO 气体造成。采用含有锰硅脱氧元素的焊丝，降低焊丝中的含碳量，可减少这种飞溅。

②由极点压力产生的飞溅。直流反接可减少极点压力产生的飞溅。

③熔滴短路时引起的飞溅。短路过渡过程中，当焊接电源的动特性不好时，则更显得严重。减少这种飞溅的方法，主要是通过调节焊接回路中的电感来调节短路电流增长速度。

④非轴向颗粒过渡造成的飞溅。这种飞溅是在颗粒过渡时由于电弧的斥力作用而产生的。

⑤焊接工艺参数选择不当引起的飞溅。必须正确地选择 CO_2 焊的焊接工艺参数，才会减少产生这种飞溅的可能性。

5. 二氧化碳气体保护电弧焊的焊接材料

CO_2 焊所用的焊接材料是 CO_2 气体和焊丝。

（1）CO_2 气体。

焊接用的 CO_2 一般是将其压缩成液体储存于钢瓶内。CO_2 气瓶的容量为 40 L，可装 25 kg 的液态 CO_2，占容积的 80%，满瓶压力为 5 ~ 7 MPa，气瓶外表涂铝白色，并标有黑色"液化二氧化碳"的字样。当压力降低到 0.98 MPa 时，CO_2 气体中含水量大为增加，不能继续使用。焊接用 CO_2 气体的纯度应大于 99.5% ,含水量不超过 0.05% 。

生产中提高 CO_2 气体纯度的措施有:

①倒置排水。将 CO_2 气瓶倒置 1~2 h,使水分下沉,然后打开阀门放水 2~3 次,每次放水间隔 30 min。

②正置放气。更换新气前,先将 CO_2 气瓶正立放置 2 h,打开阀门放气 2~3 min,以排出混入瓶内的空气和水分。

③使用干燥剂。在 CO_2 气路中放掉气瓶上部的气体,串接几个过滤式干燥器,用以干燥含水较多的 CO_2 气体。

(2)焊丝。

①对焊丝的要求。

a. 焊丝必须比母材含有较多的 Mn 和 Si 等脱氧元素,以防止焊缝产生气孔,减少飞溅,保证焊缝金属具有足够的力学性能。

b. 控制焊丝含碳量在 0.10% 以下,并控制 S、P 含量。

c. 焊丝表面镀铜。镀铜可防止生锈,有利于保存,并可改善焊丝的导电性及送丝的稳定性。

②焊丝型号及性能。

GB/T 8110—2008《气体保护电弧焊用碳钢、低合金钢焊丝》规定了碳钢、低合金钢气体保护电弧焊所用实芯焊丝和填充丝的化学成分和力学性能,适用于熔化极气体保护电弧焊(MIG 焊、MAG 焊及 CO_2 焊)、TIG 焊及等离子弧焊。

GB/T 8110—2008《气体保护电弧焊用碳钢、低合金钢焊丝》规定:焊丝型号由三部分组成。ER 表示焊丝。ER 后面的两位数字表示熔敷金属的最低抗拉强度。短线"-"后面的字母或数字表示焊丝化学成分代号,碳钢焊丝用一位数字表示,有 1、2、3、4、6、7 共 6 个型号;锰钼钢焊丝用字母 D 表示,它们后面数字表示同一合金系统的不同编号。如还附加其他化学成分,直接用元素符号表示,并以短线"-"与前面数字分开。型号最后加字母 L 表示含碳量低的焊丝($w(C) \leq 0.05\%$)。

目前在国内, CO_2 焊已得到广泛应用,主要用于碳钢、低合金钢的焊接,最常用的焊丝是 ER49-1 和 ER50-6。ER49-1 对应的牌号为 H08Mn2SiA,ER50-6 对应的牌号为 H11Mn2SiA。ER50-6 焊丝应用更广。

CO_2 焊所用的焊丝直径为 0.5~5 mm, CO_2 半自动焊常用的焊丝直径有 ϕ0.6 mm、ϕ0.8 mm、ϕ1.0 mm、ϕ1.2 mm 等几种。CO_2 自动焊除上述细焊丝外大多采用 ϕ2.0 mm、ϕ2.5 mm、ϕ3.0 mm、ϕ4.0 mm、ϕ5.0 mm 的焊丝。

6. 二氧化碳气体保护电弧焊的设备组成

CO_2 气体保护焊设备有半自动焊设备和自动焊设备,其中 CO_2 半自动焊在生产中应用较广。CO_2 自动焊与 CO_2 半自动焊相比仅多了焊车行走机构,两种设备组成如图5-19、图5-20 所示。主要设备包括:焊接电源、焊枪、送丝系统、供气系统和控制系统等部分。

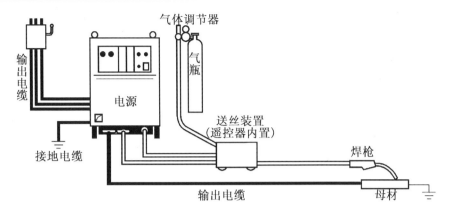

图 5 - 19　CO_2 半自动焊设备

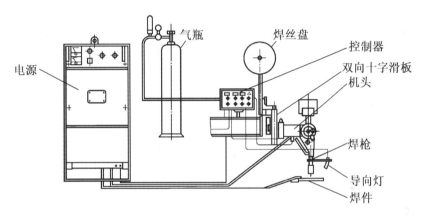

图 5 - 20　CO_2 自动焊设备

（1）焊接电源。

CO_2 焊通常选用平外特性的弧焊电源。一般采用直流反接。直流反接时，使用各种焊接电流值都能获得比较稳定的电弧，熔滴过渡平稳、飞溅小、焊缝成形好。

CO_2 焊通常不使用交流电源，有两个原因：

①在每半个周期中，随着焊接电流减少到零，电弧熄灭，如果阴极充分地冷却，则电弧再复燃困难。

②交流电弧的热惯性作用会使电弧不稳定。

（2）焊枪。

焊枪的作用是导电、导丝、导气。

焊枪常需冷却，冷却方式有空气冷却和用内循环水冷却两种。焊枪按送丝方式可分为推丝式焊枪和拉丝式焊枪；按结构可分为鹅颈式焊枪和手枪式焊枪。鹅颈式气冷焊枪应用最广，两种焊枪结构如图 5 - 21 所示。

（3）送丝系统。

送丝系统由送丝机（包括电动机、减速器、校直轮和送丝轮）、送丝软管、焊丝盘等组成。送丝方式主要有拉丝式、推丝式和推拉丝式三种，如图 5 - 22 所示。

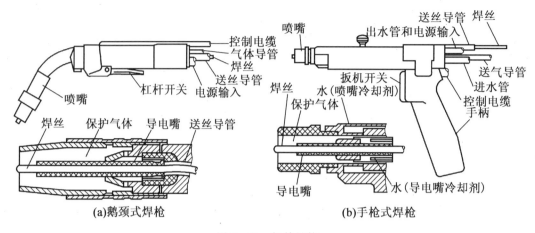

图 5 – 21　焊枪结构

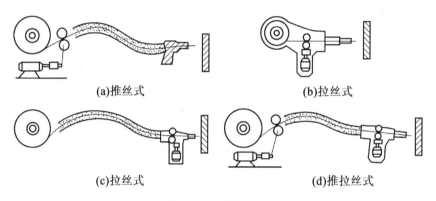

图 5 – 22　送丝方式

①拉丝式。焊丝盘、送丝机构与焊枪连接在一起。适用细焊丝(直径为 0.5 ~ 0.8 mm),操作的活动范围较大。

②推丝式。焊丝盘、送丝机构与焊枪分离。通常推丝式所用的焊丝直径宜在 0.8 mm 以上,其焊枪的操作范围在 2 ~ 4 m 以内。目前 CO_2 半自动焊多采用推丝式焊枪。

③推拉丝式。具有前两种送丝方式的优点,焊丝送给时以推丝为主,而焊枪内的送丝机构起着将焊丝拉直的作用。但焊枪及送丝机构较为复杂。

(4)供气系统。

CO_2 焊的供气系统是由气源(气瓶)、预热器、减压器、流量计和气阀组成,如气体不纯,还需串接高压和低压干燥器,如图 5 – 23 所示。

(5)控制系统。

CO_2 焊控制系统的作用是对供气、送丝和供电系统实现控制,如图 5 – 24 所示。

(6)移动装置。

当使用 CO_2 自动焊时,可将焊枪装夹在移动装置上,如焊接操作机、移动小车等移动装置,使焊丝的移动变成自动。

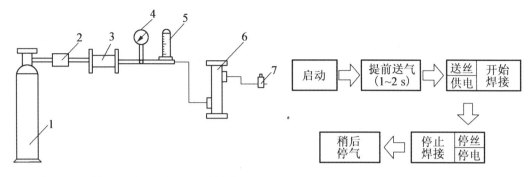

1—气源;2—预热器;3—高压干燥器;4—气体减压阀;
5—气体流量计;6—低压干燥器;7—气阀

图 5 − 23　CO₂ 焊供气系统示意图

图 5 − 24　CO₂ 半自动焊的控制程序图

7. 二氧化碳气体保护电弧焊工艺

（1）焊前准备。

①坡口加工和装配。根据被焊材料的板厚,选择合适的坡口形式。

②坡口附近杂质清理。可选用机械和化学等方法进行焊前的坡口清理。

（2）焊接参数的选择。

①焊丝直径。根据焊件的厚度及熔滴过渡形式来选择;短路过渡 CO_2 焊一般采用细丝,以提高过渡频率。通常采用的焊丝直径有 1.0 mm、1.2 mm 及 1.6 mm 三种。细颗粒过渡 CO_2 焊通常采用的焊丝直径有 1.6 mm 和 2.0 mm 等。

②焊接电流。焊接电流的大小应根据焊件厚度、焊丝直径、焊接位置及熔滴过渡形式来确定。焊接电流越大,焊缝深度、焊缝宽度及余高都相应增加。通常直径 0.8～1.6 mm 的焊丝,在短路过渡时,焊接电流在 50～230 A 内选择。细滴过渡时,焊接电流在 250～500 A 之间。

③电弧电压。短路过渡时,电弧电压在 16～24 V 范围内。细滴过渡焊接时,直径为 1.2～3.0 mm 的焊丝,电弧电压可在 25～36 V 范围内选择。

④焊接速度。焊接速度增加,焊缝宽度与焊缝深度减小。焊接速度过快,保护效果变差,可能出现气孔,而且还易产生咬边及未熔合等缺陷;但焊接速度过慢,则焊接生产率降低,焊接变形增大。一般 CO_2 半自动焊时的焊接速度为 15～40 m/h。

⑤焊丝伸出长度。焊丝伸出长度取决于焊丝直径,一般约等于焊丝直径的 10 倍,且不超过 15 mm。

⑥CO_2 气体流量。CO_2 气体流量应根据焊接电流、焊接速度、焊丝伸出长度及喷嘴直径等选择。细丝 CO_2 焊气体流量为 8～15 L/min;粗丝 CO_2 焊气体流量为 15～25 L/min。

⑦焊接回路电感。焊接回路电感主要用于调节电流的动特性,以获得合适的短路电流增长速度,从而减少飞溅;并调节短路频率和燃烧时间,以控制电弧热量和熔透深度。

5.2.3　熔化极惰性气体保护焊(MIG、MAG)

熔化极惰性气体保护焊一般是采用氩气或氩气和氦气的混合气体作为保护进行焊接的。所以熔化极惰性气体保护焊通常指的是熔化极氩弧焊。

1. 熔化极氩弧焊的原理、特点及应用

(1)熔化极氩弧焊的原理。

熔化极氩弧焊采用焊丝作为电极,在氩气保护下,电弧在焊丝与焊件之间燃烧。焊丝连续送给并不断熔化,而熔化的熔滴也不断向熔池过渡,与液态的焊件金属熔合,经冷却凝固后形成焊缝。

当保护气体是惰性气体 Ar 或 Ar + He 时,通常称为熔化极惰性气体保护电弧焊,简称 MIG 焊;当保护气体以 Ar 为主,加入少量活性气体如 O_2 或 CO_2,或 $O_2 + CO_2$ 等时,通常称为熔化极活性气体保护电弧焊,简称 MAG 焊。

(2)熔化极氩弧焊的特点。

优点:

①电弧空间无氧化性,能避免氧化,焊接中不产生熔渣,在焊丝中不需要加入脱氧剂,可以使用与母材同等成分的焊丝进行焊接。

②与 CO_2 电弧焊相比较,熔化极氩弧焊电弧稳定,熔滴过渡稳定,焊接飞溅少,焊缝成形美观。

③与钨极氩弧焊相比较,焊丝和电弧的电流密度大,焊丝熔化速度快,熔敷效率高,母材熔深大,焊接变形小,焊接生产率高。

④MIG 焊采用焊丝为正的直流电弧焊接铝及铝合金时,对母材表面的氧化膜有良好的阴极清理作用。

缺点:

①氩气及混合气体比 CO_2 气体的售价高,熔化极氩弧焊的焊接成本比 CO_2 电弧焊的焊接成本高。

②MIG 焊对工件、焊丝的焊前清理要求较高,即焊接过程对油、锈等污染比较敏感。

(3)熔化极氩弧焊的应用。

MIG 焊几乎可以焊接所有的金属材料,主要用于焊接铝、镁、铜、钛及其合金,以及不锈钢;MAG 焊可以焊接碳钢和某些低合金钢,在要求不高的情况下也可以焊接不锈钢,不能焊接铝、镁、铜、钛等容易氧化的金属及其合金,广泛应用于汽车制造、工程机械、化工设备、矿山设备、机车车辆、船舶制造、电站锅炉等行业。

2. 熔化极氩弧焊的熔滴过渡

采用短路过渡或颗粒状过渡焊接时,由于飞溅较严重,电弧复燃困难,焊件金属熔化不良及容易产生焊缝缺陷,所以熔化极氩弧焊一般不采用短路过渡或滴状过渡形式而多采用喷射过渡的形式。

3. 熔化极氩弧焊的设备

熔化极氩弧焊设备与 CO_2 焊基本相同,主要是由焊接电源、供气系统、送丝机构、控制系统、半自动焊枪和冷却系统等部分组成。熔化极自动氩弧焊设备与半自动焊设备相比,多了一套行走机构,并且通常将送丝机构与焊枪安装在焊接小车或专用的焊接机头上,这样可使送丝机构更为简单可靠。

熔化极半自动氩弧焊机多用细焊丝施焊,所以采用等速送丝式系统配用平外特性电源。熔化极自动氩弧焊机自动调节工作原理与埋弧焊基本相同。选用细焊丝时采用等速送丝系统,配用缓降外特性的焊接电源;选用粗焊丝时,采用变速送丝系统,配用陡降外特性的焊接电源。熔化极自动氩弧焊大多采用粗焊丝。

对于 MAG 或 MIG 焊,为了保证焊接时使用的混合气体组分配比正确、可靠和均匀,必须使用合适的混合气体配比装置。对于集中供气系统,则由整个系统的完善来保证;但对于单台焊机使用混合气体作为保护气体时,则必须使用专门的混合气体配比器。现在市场上已有瓶装的 Ar、CO_2 混合气体供应,使用起来十分方便。

4. 熔化极氩弧焊工艺参数

熔化极氩弧焊焊接工艺参数有焊丝直径、焊接电流、电弧电压、焊接速度、喷嘴直径、氩气流量、焊丝伸出长度等。

5.3　钨极惰性气体保护焊

钨极惰性气体保护焊(Tungsten Inert Gas Arc Welding,TIG)是使用纯钨或活化钨(钍钨、铈钨等)作为电极的惰性气体保护焊。TIG 焊一般采用氩气作为保护气体,故称钨极氩弧焊。由于钨极本身不熔化,只起发射电子产生电弧的作用,故也称非熔化极氩弧焊。

5.3.1　TIG 概述

1. TIG 焊的工作原理

TIG 焊是利用钨极与焊件之间产生的电弧热来熔化填充焊丝和母材,形成熔池,凝固后形成焊缝。焊接时,氩气流从焊枪喷嘴中以一定的压力和流量喷出,在电弧区形成严密的保护气层,将空气隔离,保护电极和液态熔池,冷却凝固后形成优质的焊接接头。TIG 焊的工作原理如图 5-25 所示。

2. TIG 焊的特点

(1)优点。

①能够实现高品质焊接,得到优良的焊缝。这是由于电弧在惰性气氛中极为稳定,保护气体对电弧及熔池的保护很可靠,能有效地排除氧气、氮气、氢气等气体对焊接金属的侵害。

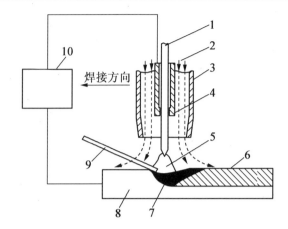

1—钨极;2—惰性气体;3—喷嘴;4—电极夹;5—电弧;6—焊缝;7—熔池;8—母材;9—填充焊丝;10—焊接电源

图 5 – 25　TIG 焊工作原理

②焊接过程中钨电极是不熔化的,故易于保持恒定的电弧长度,不变的焊接电流,稳定的焊接过程,使焊缝美观、平滑、均匀。

③焊接电流的使用范围通常为 5～500 A。即使电流小于 10 A,仍能正常焊接,因此特别适合于薄板焊接。如果采用脉冲电流焊接,可以更方便地对焊接热输入进行调节控制。

④在薄板焊接时无须添加焊丝。在厚板焊接时,由于填充焊丝不通过焊接电流,所以不会产生因熔滴过渡引起电弧电压和电流变化而产生的飞溅现象,为获得光滑的焊缝表面提供了良好条件。

⑤钨极氩弧焊时的电弧是各种电弧焊方法中稳定性最好的电弧之一。

(2)缺点。

①焊接效率低于其他方法。由于钨极承载电流能力有限,且电弧较易扩展而不集中,TIG 焊的功率密度受到制约,致使焊缝熔深浅、熔敷速度小、焊接速度不高和生产率低。

②氩气没有脱氧或去氢作用,所以焊前对除油、去锈、去水等准备工作要求严格,否则易产生气孔,影响焊缝的质量。

③焊接时钨极有少量的熔化蒸发,钨微粒如果进入熔池会造成夹钨,影响焊缝质量,电流过大时尤为明显。

④由于生产效率较低和惰性气体的价格较高,生产成本比焊条电弧焊、埋弧焊和 CO_2 气体保护焊都要高。

3. TIG 焊的应用

TIG 焊可以用于几乎所有金属和合金的焊接,特别是对铝、镁、钛、铜等有色金属及其合金、不锈钢、耐热钢、高温合金和钼、铌、锆等难熔金属等的焊接最具优势。TIG 焊有手工焊和自动焊两种方式。它适用于各种长度焊缝的焊接;既可以焊接薄件,也可以用来焊接厚件;既可以在平焊位置焊接,也可以在各种空间位置焊接。通常被用于焊接厚度为 6 mm 以下的焊件。如果采用脉冲钨极氩弧焊,焊接厚度可以降到 0.8 mm 以下。对于大厚度的重要结构(如压力容器、管道等),利用 TIG 焊进行打底焊。

5.3.2　TIG 焊的焊接材料

1. 钨极

TIG 焊时,钨极的作用是传导电流、引燃电弧和维持电弧正常燃烧,要求钨极具有较大的许用电流,熔点高、损耗小,引弧和稳弧性能好等特性。常用的钨极有纯钨极、钍钨极和铈钨极三种。

为了使用方便,钨极的一端常涂有颜色,以便识别。钍钨极涂红色,铈钨极涂灰色,纯钨极涂绿色。常用的钨极直径为 ϕ0.5 mm、ϕ1.0 mm、ϕ1.6 mm、ϕ2.0 mm、ϕ2.5 mm、ϕ3.2 mm、ϕ4.0 mm、ϕ5.0 mm 等规格。

2. 焊丝

焊丝选用的原则是熔敷金属化学成分或力学性能与被焊材料相当。薄板 TIG 焊可以不加填充金属,厚板的 TIG 焊须开坡口焊接时需用填充金属。氩弧焊用焊丝主要分为以下几类:(1)碳、低合金钢焊丝;(2)不锈钢焊丝;(3)铝及铝合金焊丝;(4)铜及铜合金焊丝;(5)镍及镍合金焊丝;(6)钛及钛合金焊丝。

手工 TIG 焊用的填充金属是直棒(条),其直径范围为 0.8 ~ 6 mm,长度 1 m 以内。自动焊用的是盘状焊丝,其直径最细 0.5 mm,大电流或堆焊用的焊丝直径可达 5 mm,一般要求其化学成分与母材相同。

3. 保护气体

TIG 焊的保护气体大致有氩气、氦气及氩 – 氢和氩 – 氦的混合气体四种,使用最广的是氩气。氩的电离能较高,引燃电弧较困难,故需采用高频引弧及稳弧装置。但氩弧一旦引燃,燃烧就很稳定。在常用的保护气体中,氩弧的稳定性最好。

5.3.3　TIG 焊设备

手工 TIG 焊设备包括焊机、焊枪、供气系统、冷却系统、控制系统等部分,如图 5 – 26 所示。自动 TIG 焊设备除上述几部分外,还有送丝装置及焊接小车行走机构。

1. 焊机

焊机包括焊接电源及高频振荡器、脉冲稳弧器、消除直流分量装置等控制装置。若采用焊条电弧焊的电源,则应配用单独的控制箱。直流 TIG 焊的焊机较为简单,直流焊接电源附加高频振荡器即可。

(1)焊接电源。

TIG 焊电弧静特性曲线工作在水平段,选用具有陡降外特性的电源。一般焊条电弧焊的电源(如弧焊变压器、弧焊整流器等)都可作为手工 TIG 焊电源。

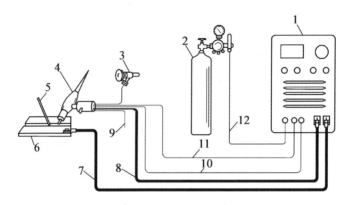

1—焊接电源及控制系统;2—供气系统;3—供水系统;4—焊枪 5—焊丝;6—工件;7—工件电缆;
8—焊枪电缆;9—出水管;10—开关线;11—焊枪气管;12—供气气管

图 5-26 手工钨极气体保护焊设备

（2）引弧及稳弧装置。

TIG 焊使用高频振荡器引弧。交流电源还需使用脉冲稳弧器，以保证重复引燃电弧，并稳弧。高频振荡器是 TIG 焊设备的专用引弧装置，是在钨极和工件之间加入约3 000 V高频电压，这种焊接电源空载电压只要 65 V 左右即可达到钨极与焊件非接触而点燃电弧的目的。高频振荡器供焊接时初次引弧，不用于稳弧，引弧后马上切断。脉冲稳弧器是施加一个高压脉冲而迅速引弧，并保持电弧连续燃烧，从而起到稳定电弧的作用。

（3）直流分量。

①直流分量产生原因。交流电焊接，正极性时，钨极为负极，焊接电流较大，电弧电压较低；反极性时，焊件为负极，焊接电流较小，电弧电压较高。这种正负半波不对称的电流，可以看成是由两部分组成，一部分是真正的交流电，另一部分是叠加在交流部分上的直流电，这部分直流电被称为直流分量。

②直流分量的影响。直流分量的存在，首先会使阴极清理作用减弱，其次会使焊接变压器铁芯相应产生直流磁通，可使变压器达到磁饱和状态，从而导致变压器激磁电流大大增加。这样，一方面变压器的铁损和铜损增加，效率降低，温升提高，甚至烧毁变压器；另一方面会使焊接电流波形严重畸变，降低功率因数。这些都会给电弧的稳定燃烧带来不利影响。

③消除直流分量装置。在焊接回路中串联电容，是交流 TIG 焊消除直流分量的常用方法。在焊接回路中串联电容，使用方便，维护简单，应用最广，是交流 TIG 消除直流分量最常用的方法，由于电容对交流电的阻抗很少，可允许交流电通过，而使直流电不能通过，因此隔断了直流电，从而消除直流分量。

2. 焊枪

钨极氩弧焊炬是钨极氩弧焊机的关键组成部件之一。它的作用是夹持钨极、传导焊接电流和输送并喷出保护气体。

　　TIG 焊焊枪分为气冷式焊枪和水冷式焊枪。气冷式焊枪使用方便,但限于小电流(150 A 以内)焊接使用,如图 5 - 27 所示;水冷式焊枪适宜大电流和自动焊接使用,如图5 - 28 所示。

　　焊枪一般由枪体、喷嘴、电极夹持机构、电缆、氩气输入管、水管和开关及按钮组成。其中喷嘴是决定氩气保护性能优劣的重要部件,常见喷嘴形式如图 5 - 29 所示。圆柱带锥形和圆柱带球形的喷嘴保护效果最佳,氩气流速均匀,容易保持层流,是生产中常用的一种形式。圆锥形的喷嘴,因氩气流速变快,气体挺度虽好一些,但容易造成紊流,保护效果较差,但操作方便,便于观察熔池,也经常使用。

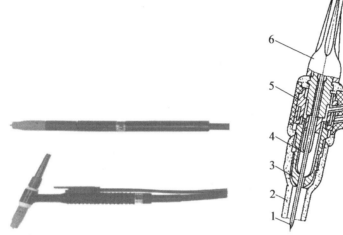

图 5 - 27　气冷式氩弧焊枪

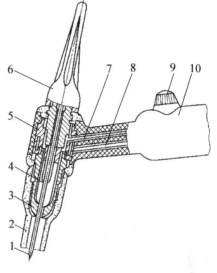

1—钨电极;2—陶瓷喷嘴;3—导气套管;4—电极夹头;
5—枪体;6—电极帽;7—进气管;8—冷却水管;
9—控制开关;10—焊枪手柄

图 5 - 28　水冷式 TIG 焊焊枪结构

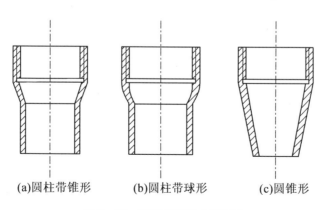

(a)圆柱带锥形　　　(b)圆柱带球形　　　(c)圆锥形

图 5 - 29　常见喷嘴形式示意图

3. 供气系统

TIG焊的供气系统由氩气瓶、减压器、流量计和电磁阀组成。减压器用以减压和调压。流量计用来调节和测量氩气流量的大小，通常将减压器与流量计制成一体，称为氩气流量调节器，如图5-30所示。电磁气阀是控制气体通断装置。

图5-30　氩气流量调节器

4. 冷却系统

一般选用的焊接电流在150 A以上，必须通水来冷却焊枪和电极。冷却水接通并有一定压力后，才能启动焊接设备，通常在TIG焊设备中用水压开关或手动来控制水流量。

5. 控制系统

TIG焊的控制系统是通过控制线路，对供电、供气、引弧与稳弧等各个阶段的动作程序实现控制的，控制提前送气、滞后停气、引弧、电流通断、电流衰减、冷却水流通断等。图5-31为交流手工TIG焊的控制程序方框图。

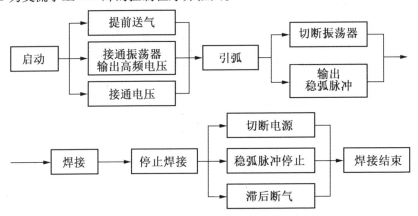

图5-31　交流手工TIG焊的控制程序方框图

5.3.4　TIG 焊工艺

1. 焊前准备

（1）焊前清理。

焊前清理的常用方法有：机械清理、化学清理和化学 – 机械清理方法。

（2）接头及坡口选择。

TIG 的接头形式有对接、搭接、角接、T 形接和端接五种基本类型。其中最常见的应用是板材对接。

（3）保护措施选择。

TIG 焊的对象主要是化学性质活泼的金属和合金，因此在一些情况下，有必要采取一些加强保护效果的措施。

①加挡板。对接接头和角接接头，采用加临时挡板的方法加强保护效果，如图 5 – 32 所示。

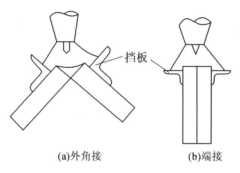

(a)外角接　　　　　　　　(b)端接

图 5 – 32　加临时挡板加强保护

②焊枪后面附加拖罩。该方法是在焊枪喷嘴后面安装附加喷嘴，又称拖罩。附加喷嘴可另外供气，也可不另外供气，如图 5 – 33 所示。附加喷嘴可延长对高温金属的保护时间，适合散热慢、高温停留时间长的高合金材料的焊接。

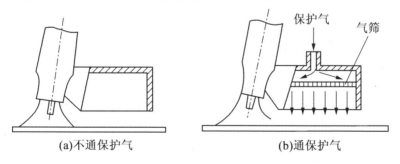

(a)不通保护气　　　　　　　　(b)通保护气

图 5 – 33　安装附加拖罩保护

③背面通气保护。该方法是在焊缝背面采用可通保护气的垫板，如图 5 – 34（a）所示；反面充气罩如图 5 – 34（b）所示，这样同时对正面和反面进行保护。

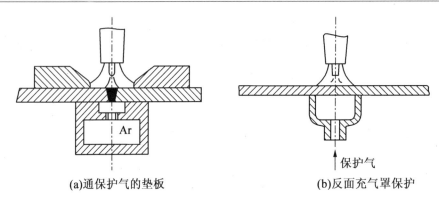

(a)通保护气的垫板　　　　　　　　　　(b)反面充气罩保护

图 5 - 34　背面通气保护

2. TIG 焊的焊接参数

TIG 焊焊接参数有:焊接电流、电弧电压(电弧长度)、焊接速度、保护气体流量、钨极伸出长度、填丝速度等。选择合适的焊接参数可获得优良的焊接质量。

(1)电源种类和极性。

TIG 焊可以使用直流电,也可以使用交流电。电流种类和极性可根据焊件材质进行选择。

①直流反接。TIG 焊采用直流反接时(即钨极为正极、焊件为负极),钨极容易过热而烧损,许用电流小,同时焊缝厚度较浅,焊接生产率低,所以很少采用。

直流反接有一种去除氧化膜的作用,对焊接铝、镁及其合金有利。因为铝、镁及其合金焊接时,极易氧化,形成熔点很高的氧化膜(如 Al_2O_3 的熔点为 2 050 ℃)覆盖在熔池表面,阻碍基本金属和填充金属的熔合,造成未熔合、夹渣、焊缝表面形成皱皮及内部气孔等缺陷。

直流反接时,电弧空间的正离子,由钨极的阳极区飞向焊件的阴极区,撞击金属熔池表面,将致密难熔的氧化膜击碎,以达到清理氧化膜的目的,这种作用称为"阴极破碎"作用。铝、镁及其合金一般不采用此法,而使用交流电来焊接。

②直流正接。TIG 焊直流正接(即钨极为负极、焊件为正极),焊件的焊缝厚度增加,焊接生产率高,钨极不易过热与烧损,电弧燃烧稳定。但没有"阴极破碎"作用,故适合于焊接表面无致密氧化膜的金属材料。

③交流 TIG 焊。在交流正极性的半周波中(钨极为负极),钨极可以得到冷却减小烧损。而在交流负极性的半周波中(焊件为负极)有"阴极破碎"作用,可以清除熔池表面的氧化膜。交流 TIG 焊是焊接铝、镁及其合金的最佳方法。

(2)焊接电流。焊接电流决定焊缝熔深的最主要参数,要按照焊件材料、厚度、接头形式、焊接位置等因素来选定,一般先确定电流类型和极性,然后确定电流的大小。

(3)氩气流量和喷嘴直径。

氩气流量过大,不仅浪费,而且容易形成紊流,对焊接区的保护作用不利,同时带走电弧区的热量多,影响电弧稳定燃烧。流量过小,气流挺度差,容易受到外界气流的干扰,降低气体保护效果。通常氩气流量在 3 ~ 20 L/min 范围内。喷嘴直径随着氩气流量的增加而增加,一般为 $\phi5 \sim 14$ mm。

(4)焊接速度。在一定的钨极直径、焊接电流和氩气流量条件下,焊接速度过大,会使保护气流偏离钨极与熔池,影响气体保护效果,易产生未焊透等缺陷;焊接速度过慢时,焊缝易咬边和烧穿。因此 TIG 焊时应选择合适的焊接速度。

(5)喷嘴与焊件间的距离。

喷嘴与焊件间的距离以 $5 \sim 15$ mm 为宜。距离过大,气体保护效果差;距离过小,能观察的范围和保护区域变小。距离是否合适,可通过测定氩气有效保护区域的直径来判断。

(6)钨极伸出长度。

为了防止电弧热烧坏喷嘴,钨极端部应凸出喷嘴以外,其伸出长度对接焊时一般为 $3 \sim 6$ mm,角焊缝时为 $7 \sim 8$ mm。

5.4　电　渣　焊

电渣焊(Electroslag Welding,ESW)是利用电流通过液体熔渣所产生的电阻热进行焊接的方法。

5.4.1　电渣焊的原理及特点

1. 电渣焊的原理

焊接开始时,先在电极和引弧板之间引燃电弧,电弧熔化焊剂形成渣池。当渣池达到一定深度后,电弧熄灭,这一过程称为引弧造渣阶段。随后进入正常焊接阶段,这时电流经过电极并通过渣池传到焊件。由于渣池中的液态熔渣电阻较大,因此通过电流时就产生大量的电阻热,将渣池加热到很高温度($1\,700 \sim 2\,000$ ℃),使电极及焊件熔化,并下沉到底部形成金属熔池,而密度较熔化金属小的熔渣始终浮于金属熔池上部起保护作用。随着焊接过程的连续进行,熔池金属的温度逐渐降低,在冷却滑块的作用下,强迫凝固形成焊缝。最后是引出阶段,即在焊件上部装有引出板,以便将渣池和收尾部分的焊缝引出焊件,以保证焊缝质量。图 5-35 为电渣焊原理图。

2. 电渣焊的特点

(1)生产率高。

对于大厚度的焊件,可以一次焊好,且不必开坡口。因此,电渣焊要比电弧焊的生产效率高得多。

(2)经济效果好。

电渣焊的焊缝准备工作简单,大厚度焊件不需要进行坡口加工,即可进行焊接,因而可以节约大量金属和加工时间。此外,由于在加热过程中,几乎全部电能都经渣池转换成热能,因此电能的消耗量小。

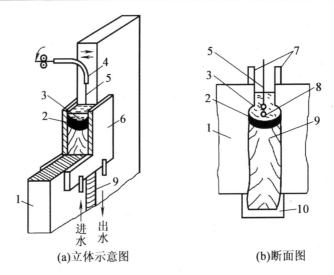

(a)立体示意图　　　　　　(b)断面图

1—焊件;2—金属熔池;3—渣池;4—导电嘴;5—焊丝;6—强迫成形装置;

7—引出板;8—金属熔滴;9—焊缝;10—引弧板(槽形)

图 5 – 35　电渣焊原理示意图

(3)宜在垂直位置焊接。

当焊缝中心线处于垂直位置时,电渣焊形成熔池及焊缝成形条件最好,一般适合于垂直位置焊缝的焊接。

(4)焊缝缺陷少。

渣池在整个焊接过程中总是覆盖在焊缝上面,一定深度的渣池使液态金属得到良好的保护,焊缝不易产生气孔、夹渣及裂纹等缺陷。

(5)焊接接头晶粒粗大。

这是电渣的主要缺点。焊后必须热处理。

5.4.2　电渣焊的类型及应用

1. 电渣焊的类型

电渣焊根据所用的电极形状不同可分为丝极电渣焊、板极电渣焊、熔嘴电渣焊等。

(1)丝极电渣焊。

采用焊丝作为电极,焊丝通过导电嘴送入渣池,导电嘴和焊接机头随金属熔池的上升同步向上提升。丝极电渣焊适合于环焊缝焊接和高碳钢、合金钢对接接头及 T 形接头的焊接,常用于焊接厚度为 40~50 mm 和焊缝较长的焊件。

(2)板极电渣焊。

电极为板条状,通过送进机构将板极不断向熔池中送进。根据被焊件厚度的不同可采用一块或数块金属板条进行焊接,板极电渣焊多用于模具和轧辊的堆焊等。

(3)熔嘴电渣焊。

电极由固定在接头间隙中的熔嘴(通常由钢板和钢管点焊而成)和从熔嘴的特制孔道中不断向熔池中送进的焊丝构成。焊接时,熔嘴和焊丝同时熔化,成为焊缝金属的一部分。熔嘴也可以做成各种曲线或曲面形状,也可采用多个熔嘴。熔嘴电渣焊适合于大截面结构的焊接以及曲线及曲面焊缝的焊接。

2.电渣焊的应用

电渣焊适宜于大厚壁、大断面的各类箱型、筒型等重型结构焊接,生产效率比埋弧焊效率提高四倍,并可大幅度降低成本,克服大型铸件易产生缺欠的弊端。

5.4.3　电渣焊工艺

1.电渣焊焊接材料

(1)电渣焊焊剂。

目前常用的电渣焊焊剂有 HJ360、HJ170,HJ360 是中锰高硅中氟焊剂,常用于焊接大型低碳钢和某些低合金结构。HJ170 固态时具有导电性,用于电渣焊开始时形成渣池。除上述两种专用焊剂外,焊剂 431 也广泛用于电渣焊焊接。

(2)电渣焊的电极材料。

电渣焊时,由于渣池的温度较低,熔渣与金属冶金反应较弱,焊剂的消耗量又少,故难以通过焊剂向焊缝渗合金,主要靠电极直接向焊缝渗合金。

生产中多采用低合金结构钢焊丝或材料作为电极,常用焊丝有 H08MnA、H08Mn2SiA、H10Mn2 等,板极和熔嘴板的材料通常为 Q295(09Mn2)等,熔嘴管为 20 号无缝钢管。

2.电渣焊焊接参数

电渣焊的工艺参数较多,但对于焊缝成形影响比较大的主要是焊接电流、焊接电压、装配间隙、渣池深度。

(1)焊接电流和焊接电压。

焊接电流、焊接电压增大,则渣池热量增多,焊缝宽度增大。但焊接电流过大,焊丝熔化加快,使渣池上升速度增加,反而会使焊缝宽度减小;焊接电压过大会破坏电渣过程的稳定性。

(2)装配间隙。

装配间隙增大,则渣池上升速度渐慢,焊件受热增大,故焊缝宽度加大。但装配间隙过大会降低焊接生产率和提高成本;装配间隙过小,会给操作带来困难。

(3)渣池深度。

渣池深度增加,电极预热部分加长,熔化速度便增加,此时还由于电流分流的增加,降低了渣池温度,使焊件边缘的受热量减小,故焊缝宽度减小。但渣池过浅,易于产生电弧,而破坏电渣过程。

上述参数不仅对焊缝宽度有影响,而且对熔池形状也有明显的影响。

5.5　等离子弧焊

等离子弧焊(Plasma Arc Welding,PAW)是利用等离子弧焊枪,将阴极(如钨极)和阳极之间的自由电弧压缩成高温、高电离度及高能量密度的电弧作为焊接热源的熔焊方法。

5.5.1　等离子弧基础知识

1.等离子弧的形成

(1)等离子弧。

对自由电弧的弧柱进行强迫"压缩",就能获得导电截面较小而能量更加集中,弧柱中的气体几乎达到全部电离状态的电弧,这种电弧称为等离子弧。

(2)等离子弧的形成原理。

目前广泛应用的压缩电弧的方法是将钨极缩入喷嘴内部,并在水冷喷嘴中通以一定压力和流量的离子气,强迫电弧通过喷嘴孔道,以形成高温、高能量密度的等离子弧。等离子弧的形成如图 5 – 36 所示。此时电弧受到如下三种压缩作用:

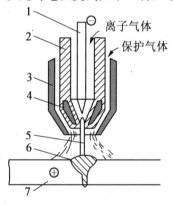

1—钨极;2—水冷喷嘴;3—保护罩;4—冷却水;5—等离子弧;6—焊缝;7—工件(母材)

图 5 – 36　等离子弧的形成

①机械压缩作用。电弧弧柱被强迫通过细孔道的喷嘴,使弧柱截面压缩变细,而不能自由扩大。

②热收缩作用。电弧通过水冷却的喷嘴,同时又受到外部不断送来的高速冷却气流(氮气、氩气等)的冷却作用,电弧弧柱进一步被压缩。

③磁收缩作用。带电粒子在弧柱内的运动,可看成是电流在一束平行的"导线"内移动,这些"导线"自身磁场所产生的电磁力,使这些"导线"相互吸引,从而产生磁收缩效应。

电弧在以上三种压缩作用下,弧柱截面很细,温度极高,弧柱内气体也得到了高度的电离,从而形成稳定的等离子弧。

2.等离子弧的特性

与自由钨弧相比,等离子弧有如下特性:

（1）等离子弧的能量特性。由于弧柱被强烈压缩,电场强度明显增大,因而,等离子弧的最大电压降是在弧柱区里,即等离子弧焊主要是利用弧柱等离子体热来加热金属。等离子弧能量密度可达 $10^5 \sim 10^6$ W/cm^2,比自由钨弧(约 10^4 W/cm^2 以下)高。其温度可达 18 000 ~ 24 000 K,高于自由钨弧(5 000 ~ 8 000 K)很多。

（2）等离子弧的静特性。其静特性曲线接近于 U 形。与自由钨弧比较,最大的区别是电弧电压比自由钨弧高,且在小电流时,电弧电压随电流的增加是缓慢下降或平的,则易于电源外特性曲线相交建立稳定的工作点。

（3）等离子弧的形态。等离子弧呈圆柱形,扩散角为 5°(自由钨弧为 45°左右),焊接时,当弧长发生变化时,母材的加热面积不会发生明显变化。

（4）等离子弧的挺直度。挺直度好,焰流速度大,可达 300 m/s 以上,因而指向性好,喷射有力,熔透能力强。

3. 等离子弧的类型

按电源连接方式和形成等离子弧的过程不同,等离子弧有非转移型、转移型和联合型三种类型,如图 5 – 37 所示。

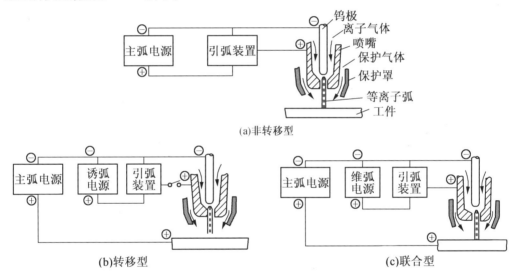

图 5 – 37　等离子弧的类型

（1）非转移型等离子弧(图 5 – 37(a))。电源接于钨极与喷嘴之间,在离子气流压送下,弧焰从喷嘴中喷出,形成等离子焰,工件本身并不通电,而是被间接加热。因此,热的有效利用率不高,为 10% ~ 20%,故此弧主要用于焊接金属薄板、喷涂和许多非金属材料的切割和焊接。

（2）转移型等离子弧(图 5 – 37(b))。电源接于钨极和工件之间,因该弧难以形成,须在喷嘴上也接入正极,先在钨极与喷嘴之间引燃电流较小的等离子弧(又称诱导弧),为工件和钨极之间提供足够的电离度,然后迅速接通钨极和工件之间的电路,使该电弧转移到钨极和工件之间直接燃烧,随即切断喷嘴和钨极之间的电路。在正常情况下,喷嘴保持不带电。转移型等离子弧的热效率大为提高,可达 60% ~ 75%,焊接与切割均采用此弧。

（3）联合型等离子弧（图 5 - 37（c））。联合型等离子弧是非转移型等离子弧和转移型等离子弧在工作过程中同时并存，前者在工作中起补充加热和稳定电弧作用，故又称维弧；后者用于焊接。联合型等离子弧主要用于小电流（微束）等离子弧焊接和粉末堆焊。

图 5 - 38 为等离子弧加工实景。

(a)等离子弧焊　　　　　　(b)阀门等离子弧堆焊　　　　　(c)空气等离子弧切割

图 5 - 38　等离子弧加工实景

5.5.2　等离子弧焊概述

1. 等离子弧焊的原理

等离子弧焊焊接是借助水冷喷嘴对电弧的拘束作用，获得较高能量密度的等离子弧进行焊接的一种方法。它是利用特殊构造的等离子焊枪所产生的高温等离子弧，并在保护气体的保护下，来熔化金属实行焊接的，如图 5 - 39 所示。

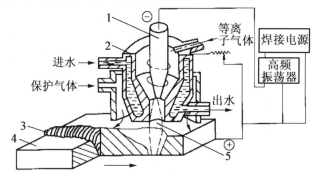

1—钨极；2—喷嘴；3—焊缝；4—焊件；5—等离子弧

图 5 - 39　等离子焊焊接示意图

2. 等离子弧焊的特点

（1）等离子弧的温度高，能量密度大，熔透能力强，对于 8 mm 或更厚的金属焊接可不开坡口，不加填充金属，提高了焊接生产率，减小热影响区宽度和焊接变形。

（2）离子弧的形态近似于圆柱形，挺直性好，几乎在整个弧长上都具有高温。对焊缝成形的影响较小，容易得到均匀的焊缝成形。

（3）等离子弧的稳定性好，特别是联合型等离子弧，可使用很小（大于 0.1 A）的焊接电流，可焊超薄的工件。

（4）钨极内缩在喷嘴里面,不会与工件接触,可减少钨极损耗及产生夹钨等缺陷。

3. 等离子弧焊的应用

（1）能焊接大多数金属,如碳钢、低合金钢、不锈钢、铜合金、铝及其合金、钛及其合金等。低熔点和低沸点的金属如铅、锌等不适于等离子弧焊接。

（2）手工等离子弧焊可全位置焊接;自动等离子弧焊通常是在平焊和横焊位置上进行。

（3）等离子弧焊很适于焊接薄板,不开坡口,背面不加衬垫,单面焊一次能焊透金属。最薄的可焊 0.01 mm 金属薄片。从经济上考虑,超过 8 mm 厚度的金属不宜用等离子弧焊。

（4）等离子弧焊适于手工和自动两种操作,可以连续或断续焊缝,焊接时可添加或不添加填充金属。

4. 等离子弧焊设备

和 TIG 焊相似,手工等离子弧焊设备由焊接电源、焊枪、控制系统、气路和水路系统等部分组成,如图 5 - 40 所示。

除等离子弧焊接铝、镁及其合金采用交流电源外,通常都采用直流电源,采用脉冲直流电源是为了更好地控制焊接工艺参数。凡具有下降外特性的电源都可供等离子弧焊使用,空载电压视所用等离子气体而定,一般在 80 ~ 120 V。

电弧引燃通常采用非接触式,可在焊接回路中叠加一个高频振荡器或小功率高压脉冲引弧装置,靠高频高压或高压脉冲使钨极与喷嘴之间引燃非转移弧。

焊枪是等离子弧焊设备中关键组成部分,需通过焊枪产生高能量密度的等离子弧。图 5 - 41 是 300 A 等离子弧焊用焊枪的典型结构。

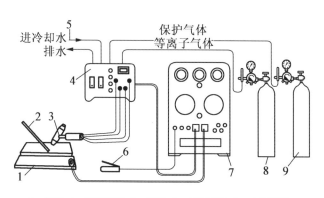

1—焊件;2—填充焊丝;3—焊枪;4—控制系统;5—水冷系统;
6—启动开关(常安在焊枪上);7—焊接电源;8、9—供气系统

图 5 - 40　手工等离子弧焊设备

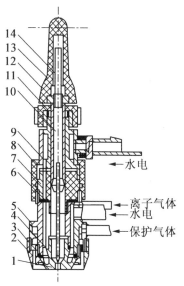

1—喷嘴;2—保护套外环;3、4、6—密封垫圈;
5—下枪体;7—绝缘柱;8—绝缘套;
9—上枪体;10—电极夹头;11—套管;
12—小螺母;13—胶木套;14—钨极

图 5 - 41　等离子弧焊枪

5.6 电子束焊

5.6.1 电子束焊的工作原理

利用加速和聚焦的电子束轰击置于真空或非真空中的焊件所产生的热能进行焊接的方法称电子束焊。它属于高能密束熔焊的一种。

如图 5 - 42 所示,电子的产生、加速和会聚成束是由电子枪完成。图 5 - 42 中阴极又称为发射极,是灯丝,被加热后以热发射和场致发射方式逸出电子,在电场作用下,将沿着电场强度的反方向运动。通常在阴极与阳极之间加上几十到几百千伏高电压(即加速电压),电子在离开阴极后被加速(到 0.3 ~ 0.7 倍光速)飞向阳极,穿过阳极中心小孔后借助惯性到达工件。途经空间因空间电荷效应而导致电子束流发散,为此利用电磁透镜(即磁聚焦线圈)把发射后的电子束重新会聚了电子束,并增长了焦距。为了防止高电压击穿和减小电子束流的散射及能量损失,电子枪内的真空度须保持在 0.1 Pa 以上。

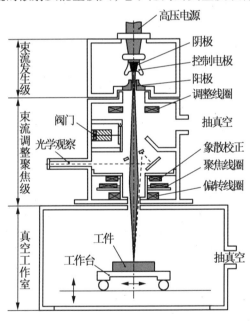

图 5 - 42 电子束焊接工作原理

当高速电子束撞到工件表面,电子的动能就转变为热能,使金属迅速熔化和蒸发。在高压金属蒸气的作用下熔化的金属被排开,电子束就能继续撞击深处的固体金属,很快在被焊的工件上"钻"出一个深熔的小孔。小孔的周围被液体金属包围,随着电子束与工件的相对运动,液体金属沿小孔周围流向熔池后部逐渐冷却,凝固形成了深宽比很大的焊缝。

电子束焊可分为高真空电子束焊、低真空电子束焊和非真空电子束焊三类。

5.6.2　电子束焊的特点

功率密度高。电子束焊接时,加速电压范围为 30～150 kV,电子束流为 20～1 000 mA,电子束焦点直径为 0.1～1 mm,这样的电子束其功率密度可达 10^6 W/cm^2 以上。

精确、快速和可控。由于电子具有极小的质量(9.1×10^{-31} kg)和一定的负电荷 1.6×10^{-19} C(C——电荷(量)法定单位库仑。1 A·h = 3.6 kC),其荷质比高达 1.76×10^{11} C/kg。通过电场、磁场对电子束可以做快速而精确的控制。

基于上述特点,真空电子束焊接有下列优缺点:

1. 优点

(1)可获得窄而深的穿透型熔化焊缝,其深宽比可达 50:1。焊接厚板时可以不开坡口,不加填充丝,实现一次焊成,比电弧焊可节省辅助材料,减少能源消耗。

(2)焊接速度快,对材料热输入少,故热影响区窄,焊接变形小。

(3)在真空中进行焊接可以使氢气、氧气、氮气等有害气体对金属污染程度降至最低,且有利于焊缝金属的除气和净化。适于焊接活泼金属,也可用于内部保持真空度和密封件焊接。

(4)电子束在真空中可以传到较远(约 500 mm)的位置上进行焊接,因而可以焊接难以接近部位的焊缝。

(5)可以准确地控制焊接参数,以保持焊接的重现性和实现复杂接缝的保质自动焊接。

(6)利用电子束的穿透性,对多层薄板可进行叠合一次焊成。

2. 缺点

(1)设备较复杂,价格昂贵。

(2)电子束对接缝的对中十分关键,为此,焊前对接头的加工、装配要求严格,必须保证接头位置精确,间隙小而且均匀。

(3)焊接工件的尺寸和形状受到焊接室空间限制。

(4)电子束易受杂散电磁场干扰,影响焊接质量,所用的焊接夹具必须用非磁性材料制作。

(5)电子束焊接时产生的 X 射线对人体有害,必须严加防护。

(6)焊接时,其真空容积随焊件尺寸增大而增大,抽真空时间也增长,降低了生产率。

(7)非真空电子束焊接时,电子枪体下端至焊件间的有效工作距离不能太大,目前达 50 mm,其熔深也有限,可达 30 mm。

5.6.3　电子束焊的设备

典型的真空电子束焊是由电子枪、高压电源系统、控制系统、真空系统、工作台及传动系统等部分组成,如图 5 - 43 所示。

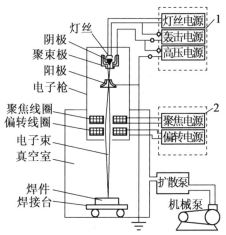

1—高压电源系统;2—控制系统

图 5 - 43　真空电子束焊机的组成

5.6.4　电子束焊的适用范围

1. 可焊接的材料

除含有大量的高蒸气压元素的材料外,一般熔焊能焊的金属,都可以采用电子束焊。如铁、铜、镍、铝、钛及其合金等。此外,还能焊接稀有金属、活性金属、难熔金属和非金属陶瓷等。可以焊接熔点、热导率和溶解度相差很大的异种金属。可以焊接热处理强化或冷作硬化的材料,而不改变接头的力学性能。

2. 可焊接的结构形状和尺寸

一般可以单道焊接厚度超过 100 mm 的碳钢,而不需要开坡口和填充金属,或厚度超过 400 mm 的铝板。可焊薄件的厚度小于 2.5 mm,薄至 0.025 mm。也可焊厚薄相差悬殊的焊件。

真空电子束焊件的形状和尺寸只能在焊接室容积允许的范围内进行;非真空电子束焊不受此限制,但必须保证电子枪底面出口至焊件上表面的距离,一般在 12 ~ 50 mm 之间。可焊厚度在单面焊时,一般很少超过 10 mm,虽然可以焊厚 25 mm 以上,但须降低焊接速度,从而增加制造成本。

3. 可以焊接有特殊要求或特殊结构的焊件

如焊接内部需保持真空度的密封件;靠近热敏元件的焊件;形状复杂而精密的零、部件;可以同时施焊具有两层或多层接头的焊件(层间可以有几十毫米的空间间隔)。

图 5 - 44 是真空电子束焊实景,图 5 - 45 是真空电子束焊部分焊件。

图 5 – 44　真空电子束焊

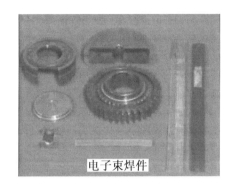

电子束焊件

图 5 – 45　电子束焊件

5.7　激　光　焊

5.7.1　激光基础知识

激光是受激发射光,是利用辐射激发光放大原理,使工作物质受激而产生一种单色性高、方向性好及亮度大的光,经透镜和反射镜高度聚焦后,供给焊接、切割或材料表面处理等所需的高功率密度热源。

激光的特点:

(1)方向性好。激光束具有很小的发散角,导致激光具有良好的方向性,微小的发散角可使聚焦后的束斑直径很小。

(2)亮度高。比普通光源的亮度高百万倍,脉冲激光器的光脉冲时间越短,则其亮度越高。

(3)单色性强。单色性是指光波的频率宽度很小,或说波长的变化范围很小。激光的单色性比普通光源好万倍以上。

(4)相干性好。相干性是指不同的空间点上以及不同的时刻光波场相位的相关性。上述特性使激光能量在空间和时间上高度集中,因而是进行焊接和切割的理想热源。

5.7.2　激光焊概述

激光焊是以聚焦的激光束作为能源轰击焊件接缝所产生的热量进行焊接的方法。

1.激光焊特点及应用

与一般焊接方法相比,激光焊具有如下特点:

(1)聚焦后的激光,其光斑直径可小到 0.01 mm,具有很高的功率密度(高达 10^{13} W/m^2),

焊接多以深熔方式进行。

（2）激光加热范围小（<1 mm），在相同功率和焊件厚度条件下，其焊接速度高，板越薄，焊接速度越高，可达 10 m/min 以上。

（3）焊接输入能量少，故焊缝和热影响区窄，焊接残余应力和变形小，可以焊接精密零件和结构，焊后不必矫正和机械加工。

（4）激光能反射、透射，能在空间传播相当距离而衰减很小。因此，可以通过光导纤维、棱镜等光学方法弯曲传输、偏转或聚焦。只要焊缝在视线之内，就可以进行远距离或一些难以接近部位的焊接。由于激光能穿透玻璃等透明体，适合于在玻璃的密封容器里焊接铍合金等剧毒材料。

（5）可以焊接一般焊接方法难以焊接的材料，如高熔点金属，甚至可用于非金属材料的焊接，如陶瓷、有机玻璃等。

（6）一台激光器可供多个工作台进行不同的工作，还可以进行合金化和热处理，一机多用。

（7）与电子束焊相比，激光焊不需要真空室，不产生 X 射线，光束不受电磁场作用，其可焊厚度比电子束焊要小。

（8）激光的电光转换及整体运行效率都很低。此外，激光会被光滑金属表面部分反射或折射，影响能量向工件传输。所以焊接一些高反射率的金属还比较困难。

（9）设备投资大，特别是高功率连续激光器的价格昂贵。此外，对待焊零件的加工和组装精度要求高；工装夹具也必须精密，只有高生产率才能显示其经济性。

2. 激光焊的分类

激光焊按输出功率分为：低功率（<1 kW）、中功率（1.5～10 kW）和高功率（>10 kW）三类；按激光器的工作方式分为：脉冲激光焊和连续激光焊两类。前者焊接时形成一个个圆形焊点，后者在焊接过程中形成一条连续焊缝。

3. 激光焊设备

激光焊设备主要由激光器、光束传输和聚焦系统、焊枪、工作台、电源及控制装置、气源和水源、操作盘和数控装置等组成。

焊接和切割常用的激光器是固体激光器和二氧化碳激光器。固体激光器中常用的是红宝石、YAG 或钕玻璃棒等激光器，主要用于点焊和打孔。二氧化碳激光器的主要特点是能产生连续波能量，输出功率大，用作焊接、切割和表面处理。图 5 – 46 是激光焊接与切割实景图。

图 5 – 46　激光焊接与切割

5.8　螺　柱　焊

　　将金属螺柱或类似的其他金属紧固件(栓、钉等)焊到工件(一般为板件)上去的方法称为螺柱焊。它广泛应用于汽车、造船、机车、航空、机械、锅炉、化工设备、变压器及大型建筑结构等行业。

　　实现螺柱焊的方法有电阻焊、摩擦焊、爆炸焊及电弧焊等多种,而常用的是电弧法螺柱焊。

　　电弧法螺柱焊根据其所用的电源不同可分为稳定电弧螺柱焊、不稳定电弧螺柱焊及短周期螺柱焊三种形式:

　　1.稳定电弧螺柱焊(又称标准螺柱焊)

　　稳定电弧螺柱焊的电弧放电是持续而稳定的电弧过程,焊接电流不经过调制,焊接过程中焊接电流基本上是恒定的。此法使用的电源一般是弧焊整流器。

　　电弧螺柱焊焊接过程:电弧螺柱焊电弧的发生与焊条电弧焊时焊条的引弧原理是相同的,都是短路提升引弧。不同的是螺柱被夹持在焊枪的夹头上,操作者将焊枪的支撑架定位螺柱与工件短路点。焊枪中的磁力提升机构使螺柱上升引弧。当提升机构的电磁铁释放时,弹簧加压时螺柱浸入熔池,断电冷却形成接头。螺柱提升高度即螺柱的行程是在焊枪中焊前调定的。电弧螺柱焊的焊接过程如图 5 - 47 所示。作业中加套陶瓷环(保护套环)的目的除了防止在焊接过程中的空气侵入焊接区之外,还可以产生热量集中的效果及有助于接头在各种空间位置成形。保护瓷环是一次性消耗,焊后自然破碎清除即可。

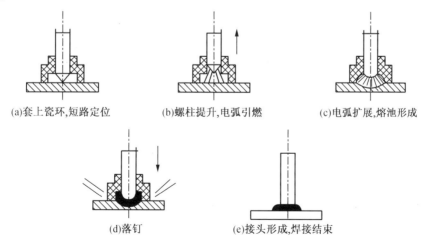

　　　(a)套上瓷环,短路定位　　　　(b)螺柱提升,电弧引燃　　　　(c)电弧扩展,熔池形成

　　　　　(d)落钉　　　　　　　(e)接头形成,焊接结束

图 5 - 47　电弧螺柱焊的焊接过程

2. 不稳定电弧螺柱焊（又称电容放电螺柱焊、电容储能螺柱焊、尖端放电螺柱焊）

不稳定电弧螺柱焊的供电电源是电容器组,电容器在螺柱端部与工件表面件的快速放电产生的电弧作为热源的电弧法螺柱焊。其放电过程是不稳定的电弧过程,即电弧电压与电弧电流瞬时在变化着,焊接过程是不可控的。

电容放电螺柱焊焊接过程:

(1)预接触式。

①螺柱凸起与工件接触(图 5 - 48(a))。

②按下焊枪上的开关,使电容器储存的能量瞬时通过螺柱端部凸起释放,凸起熔化气化产生电弧后,在焊枪中的弹簧压力作用下螺柱向下运动(图 5 - 48(b))。

③电弧热使螺柱法兰端部及工件表面形成薄薄的熔化层,螺柱继续向下运动(图 5 - 48(c))。

④螺柱插入熔池,电弧熄灭,在压力下螺柱法兰端部与工件形成接头(图 5 - 48(d))。

⑤焊接结束(图 5 - 48(e))。

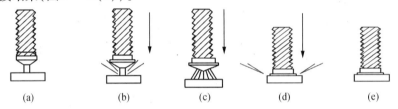

(a)　　　　(b)　　　　(c)　　　　(d)　　　　(e)

图 5 - 48　预接触式焊接过程

(2)预留间隙式(又称直冲式)。

①启动焊枪凸轮开关,焊枪中提升机构(如凸轮)将螺柱从工件表面提升一个距离(预留间隙)(图 5 - 49(a))。

②螺柱在弹簧压力下向下运动,同时电容器放电开关接通,在螺柱与工件间加上一个放电电压(150 V 左右)(图 5 - 49(b))。

③在螺柱带电向下运动过程中,法兰端部凸起与工件接触电容放电将小凸起熔化发生电弧,螺柱继续下落,电弧热使螺柱法兰整个端面与工件相应部分形成熔化层,电弧长度逐渐缩短(图 5 - 49(c),图 5 - 49(d))。

④螺柱浸入熔池,电弧熄灭(图 5 - 49(e))。

⑤焊接结束(图 5 - 49(f))。

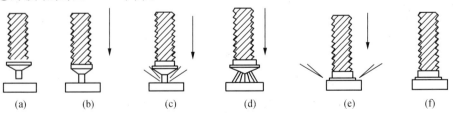

(a)　　　(b)　　　(c)　　　(d)　　　(e)　　　(f)

图 5 - 49　预留间隙式电容放电螺柱焊焊接过程

以上过程仅仅几个毫秒,其中电弧燃烧时间只有 1～2 ms,比预热接触式电容放电螺柱焊接过程还要短。

3.拉弧式电容放电螺柱焊

拉弧式电容放电螺柱焊原理与电弧螺柱焊相似,但焊接时的电弧由先导电弧与焊接电弧两部分组成。先导电弧是由整流电源供电,焊接电弧由电容器组供电。所以这种方法既可以归类于电容放电螺柱焊又可归类于短周期螺柱焊。焊接过程同预热接触式电容放电螺柱焊相似,如图 5 -50 所示。

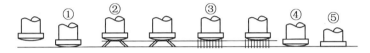

图 5 -50　短周期螺柱焊焊接过程

拉弧式电容放电螺柱焊焊接过程:

(1)螺柱接触工件并且垂直后启动焊枪开关,整流电电源供电(图 5 -51a)。

(2)螺柱提升,电弧发生,此时的电弧称作小电弧或先导电弧(先导电弧电流 I_p 为 30～100 A),先导电弧清扫工件表面及螺柱端部,先导电弧约维持 40～100 ms(图 5 -51b)。

(3)焊枪中的电磁铁释放,弹簧压力使螺柱开始下落,弧柱缩短,在下落过程中,电容器组向作为负载的小电弧放电,引发大电弧,这个大电弧称作焊接电弧(图 5 -51c、图 5 -51d)。

(4)螺柱继续下落,焊接电弧维持 4～6 ms,焊接电弧使工件表面形成熔池,螺柱端部形成熔化层(图 5 -51d)。

(5)螺柱浸入熔池,焊枪中弹簧继续压在螺柱上,焊接电流尚未结束,形成所谓有电顶锻,维持 3～5 ms 后才断电,焊枪抬起,接头形成,焊接结束(图 5 -51e)。

整个焊接过程大约 100 ms,其中电容放电产生的焊接电弧燃烧时间为 4～6 ms。

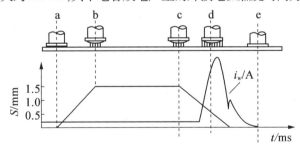

图 5 -51　拉弧式电容放电螺柱焊焊接过程及其时序图

4.短周期螺柱焊(又称短时间螺柱焊、行程式螺柱焊)

短周期螺柱焊是电弧电流经过波形控制的电弧螺柱焊。这种螺柱焊的电源一般情况下是两个并联的电源先后给电弧供电,可以是两个弧焊整流器,也可以是整流器加电容器组,只有用逆变器作为电源时可以不用双电源。短周期螺柱焊焊接过程如图 5 - 50 所示。

(1)螺柱下落与工件定位短路,启动焊枪开关,螺柱与工件间通路。

(2)螺柱提升,引燃小电弧,此时电弧电流为 I_p,小电弧清扫螺柱端面与工件表面。

(3)延时数十毫秒后大电流自动接通,大电流(焊接电弧)发生,工件形成熔池。螺柱端部形成熔化层。

(4)螺柱端部浸入熔池,电弧熄灭。同时焊枪的电磁铁释放弹簧压力压在螺柱上。

(5)接头形成,焊接结束,整个过程不超过 100 ms。

如图 5 - 52 所示,正在进行螺柱焊。

图 5 -52　螺柱焊

复习思考题

1. 埋弧焊与焊条电弧焊有何区别,它的应用范围如何?

2. 常见的气体保护焊有几种,它们的应用范围如何?

3. 电渣焊与电弧焊的本质上有何区别? 电渣焊有几种形式? 它应用于什么场合?

4. 等离子弧与自由电弧有何不同,它是靠什么途径得到压缩的? 等离子弧焊可用于何种场合?

5. 电子束焊与激光焊有什么特点,各用于什么场合?

6. 试述螺柱焊焊接过程。

第6章 常见压焊方法

6.1 电 阻 焊

电阻焊(Resistance Welding,RW)是工件组合后通过电极施加压力,利用电流通过接头的接触面及邻近区域产生的电阻热进行焊接的方法,属于压焊。

电阻焊过程的物理本质,是利用焊接区本身的电阻热和大量塑性变形能量,使两个分离表面的金属原子之间接近到晶格距离,形成金属键,在结合面上产生足够量的共同晶粒而得到焊点、焊缝或对接接头。电阻焊是一种焊接质量稳定,生产效率高,易于实现机械化、自动化的连接方法,广泛应用在汽车、航空航天电子、家用电器等领域。据统计,目前电阻焊方法已占整个焊接工作量的1/4左右,并有继续增加的趋势。

电阻焊方法主要有:点焊、凸焊、缝焊、对焊、高频对接缝焊(又称高频焊)。按焊件的接头形式、工艺方法和采用电源种类的不同,电阻焊可分为多种具体形式,见表6-1。

表6-1 电阻焊分类

电源种类		接头形式					
		搭接			对接		
		点焊	凸焊	缝焊	对焊		对接缝焊
					电阻对焊	闪光对焊	
电阻焊变压器一次交变馈电	工频(50 或 60 Hz)	●	●	●	●	●	●
	中频(100 ~ 600 Hz)			●		●①	
	高频(10 ~ 500 kHz)						●
	低频(3 ~ 10 Hz)	●	●	●		●	
	二次整流(50 或 60 Hz)	●	●	●	●	●	
	逆变式(600 ~ 1 600 Hz)	●	●	●		●	
电阻焊变压器一次单向馈电	电容放电	●	●	●	●	●②	
	直流冲击波	●		●			

注:●——表示采用;①指矩形波闪光对爆;②指冲击闪光爆。

6.1.1　点焊

电阻点焊(Resistance Spot Welding,RSW)简称点焊,是焊件装配成搭接接头,并压紧在两电极之间,利用电阻热熔化母材金属,形成焊点的电阻焊方法。

点焊是一种高速、经济的重要连接方法,适用于制造可以采用搭接、接头不要求气密、厚度小于 3 mm 的冲压、轧制的薄板构件。当然,它也可焊接厚度达 6 mm 或更厚的金属构件,但这时其综合技术经济指标将不如某些熔焊方法。

1.点焊接头的形成

电阻点焊原理和接头形成如图 6 - 1 所示。可简述为:将焊件 3 压紧在两电极 2 之间,施加电极压力后,阻焊变压器 1 向焊接区通过强大的焊接电流,在焊件接触面上形成真实的物理接触点,并随着通电加热的进行而不断扩大。塑变能与热能使接触点的原子不断激活,接触面消失了,继续加热形成熔化核心 4,简称熔核。熔核中的液态金属在电动力作用下发生强烈搅拌,熔核内的金属成分均匀化,结合界面迅速消失。加热停止后,核心液态金属以自由能最低的熔核边界半熔化晶粒表面为晶核开始结晶,然后沿与散热相反方向不断以枝晶形式向中间延伸。

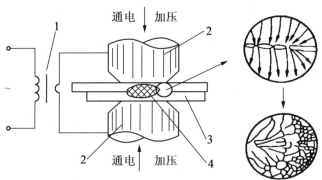

1—阻焊变压器;2—电极;3—焊件;4—熔核

图 6 - 1　电阻点焊原理

2.点焊的热源及加热特点

(1)点焊的热源。

电阻点焊的热源是电流通过焊接产生的电阻热。根据焦耳定律,总析热量 Q 为

$$Q = \int_0^t i^2 (r_c + 2r_{ew} + 2r_w)\, \mathrm{d}t \tag{6-1}$$

式中　i——焊接电流的瞬时值,是时间的函数;

　　　r_c——焊件间接触电阻的动态电阻值,是时间的函数;

　　　r_{ew}——电极与焊件间接触电阻的动态电阻值,是时间的函数;

　　　r_w——焊件内部电阻的动态电阻值,是时间的函数;

　　　t——通过焊接电流的时间。

（2）电流对点焊加热的影响。

焊接电流是产生内部热源——电阻热的外部条件。从式（6-1）可知,电流对析热的影响比电阻和时间两者都大,它通过如下途径对点焊的加热过程施加影响。

调节焊接电流有效值的大小会使内部热源的析热量发生显著变化,影响加热过程。另外,薄件点焊时,电流波形特征对加热效果亦有影响。例如,根据热时间常数概念,低碳钢在 0.4 mm + 0.4 mm 以下点焊时,使用工频交流电的有效值就不如使用电流脉冲幅值更能表征加热效果。焊接电流有效值 I 与其脉冲幅值 I_M 之间有如下关系:

当电容式焊机或工频交流焊机在全相导通下焊接时,其焊接电流脉冲幅值为

$$I_M = \sqrt{2}\,I \tag{6-2}$$

当直流式焊机焊接时,其焊接电流脉冲幅值为

$$I_M = \frac{I}{\sqrt{1 - \left[(3/2) a_i t \right]}} \tag{6-3}$$

式中　a_i——指数值,与电路的时间常数有关。

3. 点焊方法

根据点焊时电极向焊接区馈电方式,分为双面点焊和单面点焊。同时,又根据在同一个点焊焊接循环中所能形成的焊点数,将其进一步细分。

双面点焊应用最广,尤其图 6-2（a）是最常用的方式;图 6-2（c）常用于装饰性面板点焊,装饰面因处于大面积的导电板电极一侧,会得到浅压痕或无压痕的焊点;图 6-3（d）因采用多个变压器单独双面馈电,其点焊质量明显优于图 6-2（b）。

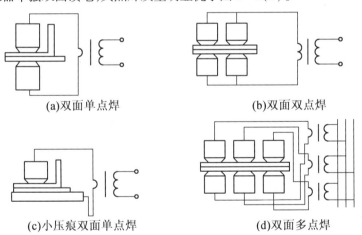

　　　　(a)双面单点焊　　　　　　　　　　　　　　(b)双面双点焊

　　　　(c)小压痕双面单点焊　　　　　　　　　　(d)双面多点焊

图 6-2　不同形式的双面点焊

4. 常见金属的点焊

（1）低碳钢的点焊。

含碳量 $w(C) \leqslant 0.25\%$ 的低碳钢和碳当量 CE $\leqslant 0.3\%$ 的低合金钢,其点焊焊接性良好,采用普通工频交流点焊机,简单焊接循环,无须特别的工艺措施,即可获得满意的焊接质量。

点焊技术要点：

①焊前冷轧板表面可不必清理,热轧板应去掉氧化皮、锈。

②建议采用硬规范点焊,CE 大者会产生一定的淬硬现象,但一般不影响使用。

③焊厚板(δ>3 mm)时建议选用带锻压力的压力曲线,带预热电流脉冲或断续通电的多脉冲点焊方式,选用三相低频焊机焊接等。

④低碳钢属铁磁性材料,当焊件尺寸大时应考虑分段调整焊接参数,以弥补因焊件伸入焊接回路过多而引起的焊接电流减弱。

⑤焊接参数参见表6－2。

表6－2　低碳钢板的点焊焊接参数

板厚 /mm	电极头端面直径 /mm	A			B			C		
		焊接电流 /A	焊接时间 /s	电扳压力 /N	焊接电流 /A	焊接时间 /s	电极压力 /N	焊接电流 /A	焊接时间 /s	电极压力 /N
0.4	3.2	5 200	0.08	1 150	4 500	0.16	750	3 500	0.34	400
0.5	4.8	6 000	0.10	1 350	5 000	0.18	900	4 000	0.40	450
0.6	4.8	6 600	0.12	1 500	5 500	0.22	1 000	4 300	0.44	500
0.8	4.8	7 800	0.14	1 900	6 500	0.26	1 250	5 000	0.50	600
1.0	6.4	8 800	0.16	2 250	7 200	0.34	1 500	5 600	0.60	750
1.2	6.4	9 800	0.20	2 700	7 700	0.38	1 750	6 100	0.66	850
1.6	6.4	11 500	0.26	3 600	9 100	0.50	2 400	7 000	0.86	1 150

典型低碳钢点焊优质焊缝金相组织形貌如图6－3所示。

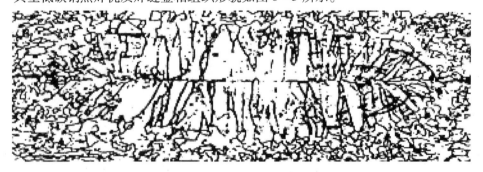

图6－3　低碳钢点焊焊接接头金相组织形貌

(2)可淬硬钢的点焊。

可淬硬钢如45、30CrMnSiA、1Cr13、65Mn 等,其点焊焊接性差,点焊接头极易产生缩松、缩孔、脆性组织、过烧组织和裂纹等缺陷。缩松与缩孔缺陷均产生于熔核凝固过程的后期,分布在贴合面附近,使点焊接头力学性能变坏,尤其引发裂纹后会显著降低焊点持久强度极限;脆性组织马氏体产生在熔核凝固后的接头继续冷却过程中,当随机回火热处理不适当时,在接头高应力区的板缝附近仍可存在并引发冷裂纹;由于点焊接头的搭接结构特点和当前点焊质量控制技术水平所限,高应力区(残留)淬硬问题很难完全避免;过烧组织产生在熔核与工件表面之间,是多脉冲回火热处理点焊工艺必须重视的一种缺陷,它不仅使接头抗疲劳性能显著降低,而且使接头的耐蚀性下降;熔核内裂纹严重时可贯穿贴合面而与板缝相通,它与热影响区产生的冷裂纹一样均是最危险的缺陷,但由于往往是由缩松或缩孔所引发,因而较易解决。

点焊技术要点:

①电极压力和焊接电流选择在保证熔核直径条件下,焊接电流脉冲值应选择偏小,以使熔核焊透率接近设计值下限(50% ~60% 为宜),电极压力值应选择较大,为相同板厚低碳钢点焊时的 1.5 ~1.7 倍,或采用可予调制的焊接电流脉冲波形(即用热量递增控制以减轻或避免初期内喷溅)。

②双脉冲点焊工艺。双脉冲点焊工艺为焊接电流脉冲加 1 个回火热处理脉冲,配合适当会得到高强度的点焊接头,撕破试验时接头呈韧性断裂,可撕出圆孔。这里应注意,两脉冲之间的间隔时间一定要保证使焊点冷却到马氏体转变点 Ms 温度以下。同时,回火电流脉冲幅值要适当,以避免焊接区金属加热重新超过奥氏体相变点而引起二次淬火。

双脉冲点焊焊接参数可参见表 6 - 3。

表 6 - 3　30CrMnSiA 钢带回火双脉冲点焊的焊接参数

板厚 /mm	电极工作面 直径/mm	电极压力 /kN	焊接脉冲		间隔时间 /s	回火脉冲	
			焊接电流/kA	时间/s		回火电流/kA	时间/s
1.0	5 ~5.5	1 ~1.8	5 ~5.6	0.44 ~0.64	0.5 ~0.6	2.5 ~4.5	1.2 ~1.4
1.5	6 ~6.5	1.8 ~2.5	6 ~7.2	0.48 ~0.70	0.5 ~0.6	3.0 ~5.0	1.2 ~1.6
2.0	6.5 ~7	2 ~2.8	6.5 ~8.0	0.50 ~0.74	0.5 ~0.6	3.5 ~6.0	1.2 ~1.7
2.5	7 ~7.5	2.2 ~3.2	7.0 ~9.0	0.60 ~0.80	0.6 ~0.7	4.0 ~7.0	1.3 ~1.8

③多脉冲回火热处理工艺。多脉冲回火热处理工艺为焊接电流脉冲加多个回火热处理脉冲,许多研究和生产实践表明,传统的双脉冲点焊工艺难以稳定保证接头组织的充分回火及合理分布,在高应力区马氏体仍有存在,出现脆性断口形貌,力学性能不高;而采用多脉冲回火点焊工艺能有效而稳定地对接头显微组织分布予以控制,使高应力区获得充分回火,得到韧性断口形貌,使力学性能,尤其是疲劳性能获得显著提高。同时,由于增加了回火参数的调整精度,降低了对点焊控制设备精度的要求。

目前,多脉冲回火点焊工艺正在进一步试验和推广中。典型可淬硬钢点焊优质接头金相组织形貌如图 6 - 4 所示。

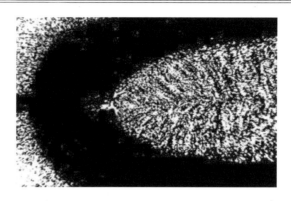

图 6 - 4　可淬硬钢(30CrMnSiA)点焊接头金相组织形貌

(3)不锈钢的点焊。

按钢的组织可将不锈钢分为奥氏体型、铁素体型、奥氏体－铁素体型、马氏体型和沉淀硬化型等。其中马氏体不锈钢由于可淬硬、有磁性,其点焊焊接性与前述可淬硬钢相近,故点焊技术可参阅可淬硬钢的点焊所述,考虑到该型钢具有较大的晶粒长大倾向,焊接时间参数一般应选择小些,参见表 6 - 4。

表 6 - 4　马氏体型不锈钢(2Cr13、1Cr1Ni2W2MoVA)的带回火双脉冲点焊焊接参数

厚度 /mm	电极 压力/kN	焊接参数		间隔时间 /s	回火参数	
		电流/kA	时间/s		焊接电流/kA	时间/s
0.3	1.5 ~ 2.0	4.0 ~ 5.0	0. 06 ~ 0.08	0.08 ~ 0.18	2.5 ~ 3.5	0.08 ~ 0.10
0.5	2.5 ~ 3.0	4.5 ~ 5.0	0. 08 ~ 0.12	0.08 ~ 0.20	2.5 ~ 3.7	0.10 ~ 0.16
0.8	3.0 ~ 4.0	4.5 ~ 5.0	0. 12 ~ 0.16	0.10 ~ 0.24	2.5 ~ 3.7	0.14 ~ 0.20
1.0	3.5 ~ 4.5	5.0 ~ 5.7	0. 16 ~ 0.18	0.12 ~ 0.28	3.0 ~ 4.3	0.18 ~ 0.24
1.2	4.5 ~ 5.5	5.5 ~ 6.0	0. 18 ~ 0.20	0.18 ~ 0.32	3.2 ~ 4.5	0.22 ~ 0.26
1.5	5.0 ~ 6.5	6.0 ~ 7.5	0. 20 ~ 0.24	0.20 ~ 0.42	4.0 ~ 5.2	0.20 ~ 0.30
2.0	8.0 ~ 9.0	7.5 ~ 8.5	0.26 ~ 0.30	0.24 ~ 0.42	4.5 ~ 6.4	0.30 ~ 0.34
2.5	10.0 ~ 11.0	9.0 ~ 10.0	0.30 ~ 0.34	0.28 ~ 0.46	5.8 ~ 7.5	0.34 ~ 0.44
3.0	12.0 ~ 14.0	10.0 ~ 11.0	0.34 ~ 0.38	0.30 ~ 0.50	6.5 ~ 9.0	0.42 ~ 0.50

奥氏体不锈钢、奥氏体－铁素体不锈钢点焊焊接性良好,尤其是电阻率高(为低碳钢的 5 ~ 6 倍),热导率低(为低碳钢的 1/3)以及不存在淬硬倾向和不带磁性(奥氏体－铁素体不锈钢有磁性),因此无须特殊的工艺措施,采用普通交流点焊机、简单焊接循环即可获得满意的焊接质量。

点焊技术要点:

①可用酸洗、砂布打磨或毡轮抛光等方法进行焊前表面清理,但对用铅锌或铝锌模成形的焊件必须采用酸洗方法。

②采用硬规范、强烈的内部和外部水冷,可显著提高生产率和焊接质量。

③由于高温强度大、塑性变形困难,应选用较高的电极压力,以避免产生喷溅和缩孔、裂纹等缺陷。

④板厚大于 3 mm 时,常采用多脉冲焊接电流来改善电极工作状况,其脉冲较点焊等厚低碳钢时要短且稀。这种多脉冲措施亦可用后热处理。

⑤焊接参数参见表 6 - 5。

表 6 - 5　不锈钢厚板的多脉冲点焊焊接参数

板厚 /mm	电极工作 面直径 /mm	最小 点距 /mm	电极压力 /kN	最小搭边量 /mm	脉冲数(0.25 s 通电 0.18 s 断电)	焊接电流/kA 母材/MPa		每焊点的剪切力/kN 母材/MPa	
						≤1 050	>1 050	≤1 050	>1 050
4	13	48	17.8	31	4	20.7	17.5	33.8	44.5
4.7	13	50	22.2	38	5	21.5	18.5	43.4	54.7
5	16	54	24.5	41	6	22	19	47.2	57.8
6.3	16	60	31.1	45	7	22.5	20	60	75.6

注:原表采用 60 Hz 电源。

(4)高温合金的点焊。

高温合金又称耐热合金,目前生产中主要用于点焊的是固溶强化型高温合金,对时效沉淀强化型耐热合金的点焊也有应用。

高温合金点焊焊接性一般,其中沉淀强化型高温合金焊接性比固溶强化型高温合金差,铁基固溶强化合金的焊接性又比镍基固溶强化合金差。由于高温合金比不锈钢具有更大的电阻率、更小的热导率和更大的高温强度,故可用较小的焊接电流,但需更大的电极压力。

点焊技术要点:

①电极可选用高温强度好的材质,如 BeCoCu 合金。

②注意焊前应仔细去除焊件表面油污、氧化膜,最好是酸洗处理,清理不良时会产生结合线伸入缺陷。

③采用软规范、大电极压力,板厚大于 2 mm 时最好施加缓冷脉冲和锻压力。这种规范特点有助于减小喷溅倾向,保证焊接区所必需的塑性变形,避免熔核中疏松、缩孔及裂纹等内部缺陷的产生。

④加强冷却和尽量避免重复加热焊接区,否则易产生熔核中的结晶偏析、热影响区胡须组织和局部熔化等缺陷。

⑤推荐采用球面电极,尤其在板厚较大时。

(5)钛合金的点焊。

钛及钛合金是一种优良的金属材料,点焊结构中主要用 α 型钛合金(TA7 等)和 α + β 型钛合金(TC4 等),由于其热物理性能与奥氏体不锈钢近似,故点焊焊接性良好,点焊时亦不需要保护气体。

点焊技术要点：

①一般可不进行表面清理，当表面氧化膜较厚时可进行化学清理：KNO_3 45%、HF 20%、H_2O 35% 混合液，或 HF 20%、H_2SO_4 30%、H_2O 50% 混合液中（室温）浸蚀 2～3 min，然后用流动冷水冲洗干净。

②电极应选用 CrZrCu、BeCoCu、NiSiCrCu 合金，球面形工作端面，内部水冷和必要时附加外部水冷。

③采用硬规范并配以较低的电极压力，以避免产生凸肩、深压痕等外部缺陷。

④点焊时冷却速度高，会产生针状马氏体（α' 相）组织，使硬度提高、韧性下降。因此对 α 型钛合金建议采用焊后退火处理，对 $\alpha + \beta$ 型钛合金可采用带回火双脉冲点焊工艺。

⑤焊接参数参见表 6 - 6。

表 6 - 6　钛合金的点焊焊接参数

板厚/mm	电极工作端面半径/mm	球面电极球半径/mm	电极压力/kN	焊接电流/kA	通电时间/s
0.8	4～5	50	2.2～2.5	5～6	0.10～0.16
1.0	4.5～5.5	75	2.5～3.0	6～7	0.16～0.20
1.2	5～5.5	75	3.2～3.5	6.5～7.5	0.20～0.26
1.5	5.5～6	100	4.0～5.0	8～8.5	0.26～0.30
2.0	6～7	100	5.0～6.0	9～10	0.28～0.32
2.5	7～8	150	6.0～7.0	11～12	0.30～0.40

典型钛合金点焊优质接头金相组织形貌如图 6 - 5 所示。

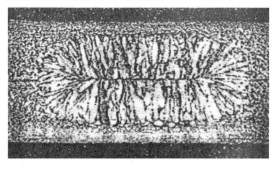

图 6 - 5　钛合金（TA7）点焊接头金相组织形貌

（6）铜合金的点焊。

铜及铜合金可分为纯铜、黄铜、青铜及白铜等，其中纯铜、无氧铜和磷脱氧铜点焊焊接性很差（不推荐），黄铜一般，青铜较好，白铜较优良。

点焊技术要点：

①铜和高电导率的铜合金点焊时必须采用防止大量散热的电极，一般推荐用钨、钼镶嵌型或铜钨烧结型电极（嵌块直径通常为 3～4 mm），有时也可采用在电极与工件表面

加工艺垫片的措施;相对电导率小于纯铜30%的铜合金点焊时,可采用CdCu合金电极。

②应采用直流冲击波和电容放电型点焊电源进行焊接。

③注意减小分流(如加大点距和搭边宽度等)、喷溅和防止电极表面粘结并及时修整。

④焊接参数参见表6-7。

表6-7　铜合金的点焊焊接参数比较表

合金名称	焊接电流/kA	焊接时间/s	电极压力/kN
$w(Zn)$15% 黄铜	25	0.1	1.8
$w(Zn)$20% 黄铜	24	0.1	1.8
$w(Zn)$30% 黄铜	25	0.06	1.8
$w(Zn)$35% 黄铜	24	0.06	1.8
$w(Zn)$40% 黄铜	21	0.06	1.8
$w(Sn)$8% , $w(P)$0.3%青铜	19.5	0.1	2.3
$w(Si)$1.5%青铜	16.5	0.1	1.8
$w(Mn)$1.2% , $w(Zn)$28% 黄铜	22	0.1	1.8

注:1. 板厚0.9 mm。

2. 锥台型 Ca - Cu 合金电极端面直径 ϕ4.8 mm。

典型铜合金点焊优质接头金相组织形貌如图6-6所示。

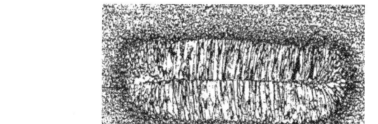

图6-6　铜合金(H62)点焊接头金相组织形貌

(7)镁合金的点焊。

镁合金由于具有密度低、比强度及比刚度高、导热性和电磁屏蔽性好、阻尼性能优秀、可以回收利用等优点,被认为是21世纪最有应用潜力的"绿色材料"。目前,在点焊结构中实际应用的主要是变形镁合金(MB2等)。

镁合金点焊焊接要点基本与铝合金相同,在用工频交流点焊机点焊时焊接参数参见表6-8。

表 6 – 8　镁合金(MB2)点焊焊接参数(选用单相交流电阻焊机)

板厚/mm	电极直径/mm	电极端部半径/mm	电极压力/N	通电时间/s	焊接电流/kA	焊核直径/mm	最小拉剪力/N
0.4 + 0.4	6.5	50	1 372	0.05	16 ~ 17	2 ~ 2.5	313.6 ~ 617.4
0.5 + 0.5			1 372 ~ 1 568		18 ~ 20	3 ~ 3.5	421.4 ~ 784
0.65 + 0.65	10	75	1 568 ~ 1 764	0.05 ~ 0.07	22 ~ 24	3.5 ~ 4.0	578.29 ~ 960.4
0.8 + 0.8			1 764 ~ 1 960	0.07 ~ 0.09	24 ~ 26	4 ~ 4.5	784 ~ 1 195.6
1.0 + 1.0			1 960 ~ 2 254	0.09 ~ 0.1	26 ~ 28	4.5 ~ 5.0	980 ~ 1 519
1.3 + 1.3	13	100	2 254 ~ 2 450	0.09 ~ 0.12	29 ~ 30	5.3 ~ 5.8	1 323 ~ 1 911
1.6 + 1.6			2 450 ~ 2 646	0.1 ~ 0.14	31 ~ 32	6.1 ~ 6.9	1 695.4 ~ 2 401

典型镁合金点焊优质接头金相组织形貌如图 6 – 7 所示。

6.1.2　缝焊

缝焊(seam welding)是焊件装配成搭接或对接接头并置于滚轮电极之间,滚轮电极加压焊件并转动,连续或断续送电,形成一条连续焊缝的电阻焊方法。也可以说,缝焊是点焊的一种演变,原理图如图 6 – 8 所示。

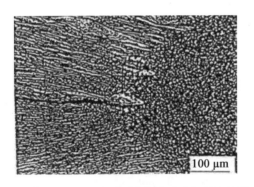

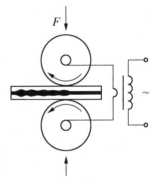

图 6 – 7　镁合金(AZ31B)点焊接头金相组织形貌　　图 6 – 8　缝焊原理图

缝焊广泛地应用在要求密封性的接头制造上,有时也用来连接普通非密封性的钣金件,被焊金属材料的厚度通常在 0.1 ~ 2.5 mm。

1. 缝焊基本特点

(1)缝焊与点焊一样是热 – 力联合作用的焊接过程。相比较而言,其力的作用在焊接过程中是不充分的(步进缝焊除外),焊接速度越快表现越明显。

焊缝是由相互搭接一部分的焊点所组成,因此焊接时的分流要比点焊严重得多,这给高电导率铝合金及镁合金的厚板焊接带来困难。滚轮电极表面易发生黏损而使焊缝表面质量变坏,因此对电极的修整是特别值得注意的问题。

(2)由于缝焊焊缝的截面积通常是母材纵截面积的 2 倍以上(板越薄这个比率越

大),破坏必然发生在母材热影响区。因此,对缝焊结构很少强调接头强度,主要要求其具有良好的密封性和耐蚀性。

(3)焊件有刚性固定,且固相焊时加热温度较低,故焊件不易变形,这点对较薄铝合金结构(如船舱板、小板拼成大板)的焊接极为有利,是熔焊方法难以做到的。

(4)安全、无污染、无熔化、无飞溅、无烟尘、无辐射、无噪声、没有严重的电磁干扰及有害物质的产生,是一种环保型连接方法。

2. 缝焊接头形成过程

(断续)缝焊时,每一焊点同样要经过预压、通电加热和冷却结晶三个阶段。但由于缝焊时滚轮电极与焊件间相对位置的迅速变化,此三阶段不像点焊时区分得那样明显。可以认为:

(1)在滚轮电极直接压紧下,正被通电加热的金属,系处于"通电加热阶段"。

(2)即将进入滚轮电极下面的邻近金属,受到一定的预热和滚轮电极部分压力作用,系处在"预压阶段"。

(3)刚从滚轮电极下面出来的邻近金属,一方面开始冷却,同时尚受到滚轮电极部分压力作用,系处在"冷却结晶阶段"。

因此,正处于滚轮电极下的焊接区和邻近它的两边金属材料,在同一时刻将分别处于不同阶段。而对于焊缝上的任一焊点来说,从滚轮下通过的过程也就是经历"预压—通电加热—冷却结晶"三阶段的过程。由于该过程是在动态下进行的,预压和冷却结晶阶段时的压力作用不够充分,使缝焊接头质量一般,比点焊时差,易出现裂纹、缩孔等缺陷。

3. 缝焊工艺特点

如前所述,由于通常缝焊接头是在动态过程中(即滚轮电极旋转)形成的,往往表现出压力作用不充分和表面温度比点焊高及表面黏附严重等。因此,应注意:

(1)焊前焊件表面必须认真全部或局部(沿焊缝宽约 20 mm)清理;滚轮电极必须经常修整,在某些镀层板密封焊缝的焊接中,应使用专设的修整刀。

(2)不等厚度和不同材料缝焊时,可采用与点焊类似的工艺措施,改善熔核偏移。

(3)缝焊前必须采用点焊定位,定位点回距为 75～150 mm,并注意点固焊的位置和表面质量:环形焊件点固后的间隙应沿圆周均布并不得过大。

(4)长缝焊接时要注意分段调节焊接参数和焊序(例如从中间向两端施焊),这主要指有磁性的焊件在工频交流焊机上施焊。

4. 缝焊接头设计

为保证缝焊接头质量,需参考推荐缝焊接头尺寸。但在压平缝焊时搭接量要小得多,为板厚的 1～1.5 倍,焊后接头厚度为板厚的 1.2～1.5 倍;在垫箔对接缝焊中,所输送的两条箔带厚度一般为 0.2～0.3 mm,宽度为 6 mm;在镀锡薄板的铜线缝焊中,铜线可为圆形或扁平形,焊后一般不回收处理等。

在设计容器类工件时,设计上应尽可能选用便于缝焊的结构,图 6 - 9(a)～(g)是按进行焊接的困难程度由易到难排列的。

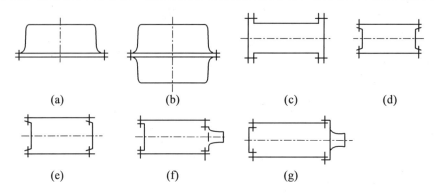

图6-9　薄壁容器缝焊结构形式

5. 缝焊焊接参数选择

工频交流断续缝焊在缝焊中应用最广,其主要焊接参数有:焊接电流、电流脉冲时间、脉冲间隔时间、电极压力、焊接速度及滚轮电极端面尺寸。

(1)焊接电流 I。

考虑缝焊时的分流,焊接电流 I 应比点焊时增加 $20\% \sim 60\%$,具体数值视材料的导电性、厚度和重叠量(或点距)而定。

随着焊接电流的增大,焊透率及重叠量增加。应该注意,当 I 值满足接头强度要求后,继续增大 I 虽可以获得更大的焊透率和重叠量,但却不能提高接头强度(因为接头强度受板厚限制),因而是不经济的。同时,由于 I 过大,可能产生过深的压痕和烧穿,使接头质量反而降低。

(2)电流脉冲时间 t 和脉冲间隔时间 t_0。

缝焊时,可通过电流脉冲时间 t 来控制熔核尺寸,调整脉冲间隔时间 t_0 来控制焊点的重叠量,因此,二者应有适当的配合。一般说,在用较低焊接速度缝焊时,$t/t_0 = 1.25 \sim 2$ 可获良好结果。而随着焊接速度增大将引起点距加大、重叠量降低,为保证焊缝的密封性,必将提高 t/t_0 值。因此,在采用较高焊接速度缝焊时 $t/t_0 \approx 3$ 或更高。

随着脉冲间隔时间 t_0 的增加,焊透率及重叠量均下降。

(3)电极压力 F_w。

考虑缝焊时压力作用不充分,电极压力 F_w 应比点焊时增加 $20\% \sim 50\%$,具体数值视材料的高温塑性而定。在焊接电流较小时,随着电极压力的增大,将使熔核宽度显著增加、重叠量下降(熔核宽度与重叠量有一定关系:熔核宽度增加引起点距加大、质量降低),破坏了焊缝的密封性;在焊接电流较大时电极压力可以在较宽广的范围内变化,其熔核宽度(代表了重叠量)、焊透率变化较小并能符合要求。即此时电极压力的影响不像点焊时那样大。

电极压力对焊透率的影响较小。当焊接电流更大些时,尽管电极压力发生很大的变化,但熔核宽度、焊透率均波动很小。但是,不能选择这一更大的电流,理由正如前所述,不仅不能提高接头强度,反而使接头质量降低。

(4)焊接速度 v。

焊接速度是影响缝焊过程的最重要参数之一。低碳钢缝焊时,随着焊接速度 v 的增大,接头强度降低,当所用焊接电流较小时,下降的趋势更严重。同时,为使焊接区获得足够热量而试图提高焊接电流时,将很快出现焊件表面过烧和电极黏损现象,即使增大水冷也很难改善。因此,在缝焊时试图用加大焊接电流来提高焊接速度进而获得高生产率是困难的。研究表明,随着板厚的增加缝焊焊接速度必须减慢。

(5)滚轮电极端面尺寸 H 或 R。

滚轮电极端面是缝焊时与焊件表面相接触的部分。其中 H 为 F 型(扁平形)、SB 型(单倒角形)、PB 型(双倒角形)滚轮电极工作端宽度,R 为 R 型(球面形)滚轮电极球面半径(图 6 – 10)。

滚轮电极直径 D 一般在 50 ~ 600 mm,常用尺寸是 $D = 180 ~ 250$ mm;滚轮电极端面尺寸 $H \leqslant 20$ mm,$R = 25 ~ 200$ mm。为提高滚轮电极散热效果、减小电极黏损倾向,在焊件结构尺寸允许条件下,滚轮电极直径应尽可能大。经验指出,上滚轮电极直径最好能做到 $D \geqslant 250$ mm,使用后不小于 150 mm。

滚轮电极端面尺寸的变化对接头质量的影响与点焊时电极头端面尺寸的影响相似,由于缝焊的加热特点使这种影响比点焊时更为严量,因此,对端面尺寸变化的限制比点焊时更为严格,即在使用中规定,端面尺寸的变化 $\Delta H < 10\% H$、$\Delta R < 15\% R$,修整最好用专用工具或在车床上进行。

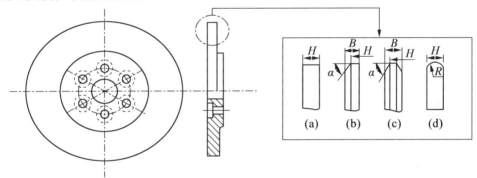

图 6 – 10　常用滚轮电极形式

6. 常用金属材料的缝焊

金属材料的缝焊焊接性比其点焊焊接性差,其原因主要是缝焊过程及规范参数复杂、力的作用不充分,以及缝焊接头的密封性和耐蚀性要求使其对缺陷的敏感性增大。但是,缝焊接头仍然是在热 – 力联合作用下形成的,这就使缝焊与点焊并无实质上的不同。一般认为,判断金属材料点焊焊接性的主要标志对缝焊也是适用的;金属材料点焊焊接性指标及对焊接参数的一般要求、各金属材料的点焊技术要点均可作为缝焊时的主要参考。

下面表 6 – 9 列出低碳钢缝焊焊接参数表,供实际应用中参考。

表 6-9　低碳钢缝焊焊接参数（气密性接头）

板厚 /mm	滚轮尺寸/mm			电极压力 /kN		最小搭接量 /mm		高速焊接				中速焊接				低速焊接			
	最小	标准	最大	最小	标准	最小	标准	焊接时间 /cyc	休止时间 /cyc	焊接电流 /kA	焊接速度 /(cm·min⁻¹)	焊接时间 /cyc	休止时间 /cyc	焊接电流 /kA	焊接速度 /(cm·min⁻¹)	焊接时间 /cyc	休止时间 /cyc	焊接电流 /kA	焊接速度 /(cm·min⁻¹)
0.4	3.7	5.3	11	2.0	2.2	7	10	2	1	12.0	280	2	2	9.5	200	3	3	8.5	120
0.6	4.2	5.9	12	2.2	2.8	8	11	2	1	13.5	270	2	2	11.5	190	3	3	10.0	110
0.8	4.7	6.5	13	2.5	3.3	9	12	2	1	15.5	260	3	2	13.0	180	2	4	11.5	110
1.0	5.1	7.1	14	2.8	4.0	10	13	2	2	18.0	250	3	3	14.5	180	2	4	13.0	100
1.2	5.4	7.7	14	3.0	4.7	11	14	2	2	19.0	240	4	3	16.0	170	3	4	14.0	90
1.6	6.0	8.8	16	3.6	6.0	12	16	3	1	21.0	230	5	4	18.0	150	4	4	15.5	80
2.0	6.6	10	17	4.1	7.2	13	17	3	1	22.0	220	5	5	19.0	140	6	6	16.5	70
2.3	7.0	11	17	4.5	8.0	14	19	4	2	23.0	210	7	6	20.0	130	6	6	17.0	70
3.2	8.0	13	20	5.7	10	16	20	4	2	27.5	170	11	7	22.0	110	6	6	20.0	60

6.1.3　对焊

对焊(Butt Resistance Welding,BRW)是把两工件端部相对放置,利用焊接电流加热,然后加压完成焊接的电阻焊方法。对焊包括电阻对焊及闪光对焊两种。

对焊主要用于型材的接长(钢轨等)、闭合零件的拼口(轮圈等)、异种金属对焊(刀具等)、部件的组焊(后桥壳体等),由于生产率高、质量可靠、易于实现自动化,因而获得广泛应用。目前电阻焊可焊接 250 mm² 截面以下的金属型材;连续闪光对焊主要用于截面 1 000 mm² 左右闭合零件的拼口;预热闪光对焊可焊接 5 000 ~ 10 000 mm² 大型截面黑色金属零件;新发展的脉冲闪光对焊已可焊接 100 000 mm² 截面的输气管道。

1.闪光对焊

闪光对焊(Flash Butt Welding,FBW)是焊件装配成对接接头,接通电源,并使其端面逐渐移近达到局部接触,利用电阻热加热这些接触点(产生闪光),使端面金属熔化,直至焊件端部在一定深度范围内达到预定温度时,迅速施加顶锻力完成焊接的方法。闪光对焊又可分为连续闪光对焊和预热闪光对焊。

(1)闪光对焊基本原理。

闪光对焊原理和接头形成如图 6 – 11 所示。可简述为,将焊件 1 夹紧于夹钳电极 2中,接通阻焊变压器 3,移动动夹钳并使两工件端面轻微接触,形成许多接触点。电流通过时,接触点熔化,成为连接两端面的液体金属过梁。过梁中的电流密度极高,使过梁中的液体金属蒸发,过梁爆破。随着动夹钳的缓慢推进,过梁也不断产生与爆破。在蒸气压力和电磁力的作用下,液态金属微粒不断从对口间喷射出来,形成火花急流——闪光。在此过程中焊件逐渐缩短,端头温度也逐渐升高,过梁的爆破速度将加快,动夹钳的推进速度也必须逐渐加大。在闪光过程结束前必须使整个端面形成一层液态金属层,并沿工件一定深度上达到塑性变形温度。此时,动夹钳突然加速,对焊件施加足够的顶锻力,对口间隙迅速减小,过梁停止爆破,随即切断电源,封闭焊件端面的间隙和过梁爆破后留下的火口。同时,挤出端面的液态金属及氧化夹杂,使洁净的塑性金属紧密接触,并使接头区产生一定的塑性变形,以促进再结晶的进行,形成共同晶粒,获得牢固的接头。闪光对焊时,在加热过程中虽有熔化金属,但实质上是塑性状态下的固相焊接。

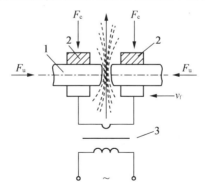

1—焊件;2—夹钳电极;3—阻焊变压器;F_c—夹紧;F_u—顶锻力;v_f—闪光速度

图 6 – 11　闪光对焊原理

（2）常用金属材料的闪光对焊。

判断金属材料闪光对焊焊接性的主要标志：①电导率小而热导率大的金属材料，其焊接性较差；②高温屈服强度大的金属材料，其焊接性较差；③对热循环较敏感，即易生成与热循环作用有关缺陷（淬硬、裂纹、软化和氧化夹杂等）的材料，其焊接性较差；④液－固相线温度区间宽的材料，其焊接性较差，因为结晶温度区间宽使半熔化区增大，即液体金属层下固相表面不平度大，需要较大的 F_u 和 Δu，否则在对口中易残留凝固组织、缩松和裂纹；⑤在对口端面可生成高熔点氧化物的材料，其焊接性较差，这些氧化物主要是 Cr、Al 的氧化物。

当然，评定某一金属材料闪光对焊焊接性时，应综合、全面地考虑以上诸因素。

①低碳钢的闪光对焊。

低碳钢闪光对焊焊接性良好。对焊接头中会存在不同程度的过热，产生的魏氏体组织将使接头塑性有所降低，但在一般使用条件下是允许的；严重过热时，可通过常化或退火处理消除。焊接参数不当时会在接头中产生过烧，这是低碳钢对焊时应予避免的缺陷，因为它使接头塑性急剧降低，又无法通过焊后热处理来改善。低碳钢板材闪光对焊接头中有时会有片状或棒状的氧化物夹杂。管材闪光对焊接头中氧化物夹杂常呈大面积的覆盖层。氧化物夹杂虽然对接头强度无显著影响，但却使塑性指标显著降低，调整焊接参数会使氧化物夹杂减少，甚至消除。

低碳钢等闪光对焊主要焊接参数参见表 6 – 10。

表 6 – 10　各类钢闪光对焊主要焊接参数

类别	平均闪光速度/(mm · s⁻¹)		最大闪光速度 /(mm · s⁻¹)	顶锻速度 /(mm · s⁻¹)	顶锻压力/MPa		焊后 热处理
	预热闪光	连续闪光			预热闪光	连续闪光	
低碳钢	1. 5～2.5	0.8～1.5	4～5	15～30	40～60	60～80	不需要
低碳钢及低合金钢	1.5～2.5	0.8～1.5	4～5	≥30	40～60	100～110	缓冷，回火
高碳钢	≤1.5～2.5	≤0.8～1.5	4～5	15～30	40～60	110～120	缓冷，回火
珠光体高合金钢	3.5～4.5	2.5～3.5	5～10	30～150	60～80	110～180	回火，正火
奥氏体钢	3.5～4.5	2.5～3.5	5～8	50～160	100～140	150～220	一般不需要

Q235 钢筋闪光对焊接头金相组织如图 6 – 12 所示。

②可淬硬钢的闪光对焊。

可淬硬钢闪光对焊焊接性较差，可分为两种情况。

a. 中碳钢和高碳钢。这类可淬硬钢闪光对焊焊接性稍好，因为氧化物 FeO 熔点低于母材，顶锻时易被排出等。但在对焊接头中会出现白带（贫碳层）而使对口软化，在采用长时间热处理后可改善或消除脱碳区。

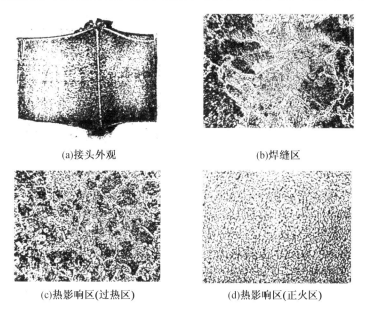

(a)接头外观　　　　　　　　　　(b)焊缝区

(c)热影响区(过热区)　　　　　　(d)热影响区(正火区)

图 6－12　钢筋(Q235)闪光对焊接头金相组织形貌

b.合金钢。这类可淬硬钢闪光对焊焊接性较差,并随着合金元素含量的增加,淬硬倾向增大,接头中难熔氧化夹杂增加;另外,高温强度大,结晶温度区间宽,将使塑性下变形困难和易于生成疏松等。

可淬硬钢常采用预热闪光对焊,并应提高闪光速度和顶锻速度,焊后进行局部或整体热处理。

可淬硬钢闪光对焊主要焊接参数参见表 6－10。

③铝合金的闪光对焊。铝及其合金由于具有导电导热性好、易氧化和氧化物(Al_2O_3)熔点高等特点,闪光对焊焊接性较差。在焊接参数不当时,接头中易形成氧化夹杂、残留铸态组织、疏松和层状撕裂等缺陷,将使接头塑性急剧降低。一般来说,冷作强化型铝合金、退火态的热处理强化型铝合金,闪光对焊焊接性稍好;而淬火态热处理强化铝合金焊接性则较差,必须采用较高的闪光速度和强制成形的顶锻模式(图 6－13),并且焊后要进行淬火和时效处理。铝合金推荐选用矩形波电源闪光对焊。

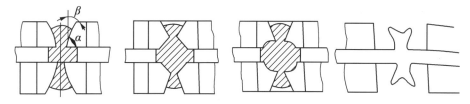

图 6－13　顶锻模式示意图

闪光对焊还可以焊接奥氏体钢、铜及铜合金、异种材料、钛合金等几乎所有金属材料。但应注意,要获得闪光对焊优质接头,除正确选用对焊机、优化焊接参数外,有时还要采取必要的工艺措施,这里不再赘述。

2. 电阻对焊

电阻对焊(Upset Butt Welding,UBW)是将焊件装配成对接接头,使其端面紧密接触,利用电阻热加热至塑性状态,然后迅速加顶锻力来完成焊接的方法。

电阻对焊虽有接头光滑、毛刺小、焊接过程简单等优点,但其接头的力学性能较低,对焊件端面的准备工作要求高,因此仅用于小断面(250 mm² 以下)金属型材的对接,适用范围有限,其与应用广泛的闪光对焊全面对比,结果见表 6-11。

表 6-11   电阻对焊和闪光对焊比较

对焊方法	电阻对焊	闪光对焊
接头形式	对接	对接
电源接通时刻	焊件端面压紧后,接通电源	接通电源后,再使焊件端面局部接触
加热最高温度	低于材料熔点	高于材料熔点
加热区宽度	宽	窄
顶锻前端面状态	高温塑性状态	熔化状态,形成一层较厚的液态金属
接头形成过程	预压、加热(无闪光)、顶锻	闪光、顶锻(连续闪光焊);预热、闪光、顶锻(预热闪光焊)
接头形成实质	高温塑性状态下的固相连接	高温塑性状态下的固相连接(顶锻时液态金属全部被挤出)
优缺点	接头光滑、毛刺小、焊接过程简单;力学性能低,对焊件准备工作要求高	焊接质量高,焊前端面准备要求低;毛刺较大,有时需用专门的刀具切除
应用范围	小断面金属型材焊接(丝材、棒材、板条和厚壁管的接长)	应用广,主要用于中大断面焊件焊接(各种环形件、刀具、钢轨等)

电阻对焊主要注意以下特点:

(1)电阻对焊过程中电阻及其变化。

(2)电阻对焊加热结束时,工件沿轴向的温度分布与闪光对焊时相比如图 6-14 所示。

(3)电阻对焊时有两种焊接循环:等压式和加大锻压力式。前者加压机构简单而易于实现,但后者有利于提高对焊接头质量。

(4)焊接参数主要有调伸长度 l、焊接电流 I_w、焊接时间 t、焊接压力 F_w 与顶锻力 F_u,有时也给出焊接留量(焊件缩短量)。常用于低碳钢棒材电阻对焊、小直径链环电阻对焊的焊接等。

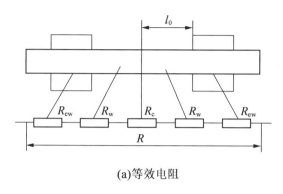

(a)等效电阻

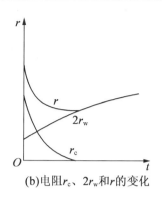

(b)电阻r_c、$2r_w$和r的变化

图 6－14　电阻对焊焊缝区

6.2　摩　擦　焊

摩擦焊是利用焊件相对摩擦运动产生的热量来实现材料可靠连接的一种压力焊方法。其焊接过程是在压力的作用下,相对运动的待焊材料之间产生摩擦,使界面及其附近温度升高并达到热塑性状态,随着顶锻力的作用界面氧化膜破碎,材料发生塑性变形与流动,通过界面元素扩散及再结晶冶金反应而形成接头。

摩擦焊的方法很多,一般根据焊件的相对运动和工艺特点进行分类。在实际生产中,连续驱动摩擦焊、相位控制摩擦焊、惯性摩擦焊和搅拌摩擦焊应用比较普遍。

通常所说的摩擦焊主要是指连续驱动摩擦焊、相位控制摩擦焊、惯性摩擦焊和轨道摩擦焊,统称为传统摩擦焊,它们的共同特点是靠两个待焊件之间的相对摩擦运动产生热能。而搅拌摩擦焊、嵌入摩擦焊、第三体摩擦焊和摩擦堆焊是靠搅拌头与待焊件之间的相对摩擦运动产生热量而实现焊接。

6.2.1　摩擦焊原理

1. 连续驱动摩擦焊

连续驱动摩擦焊原理如图 6－15 所示,是在摩擦压力的作用下被焊界面相互接触,通过相对运动进行摩擦,使机械能转变为热能,利用摩擦热去除界面的氧化物,在顶锻力的作用下形成可靠接头。该过程所产生的摩擦加热功率为

$$P = \mu N p v \tag{6-4}$$

式中　P——摩擦加热功率;

　　　μ——摩擦系数;

　　　N——系数;

　　　p——摩擦压力;

　　　v——摩擦相对运动速度。

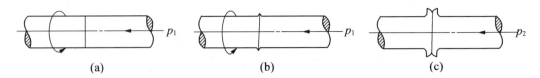

图 6 – 15　连续驱动摩擦焊原理示意图

连续驱动摩擦焊基本原理：连续驱动摩擦焊接时，通常将待焊工件两端分别固定在旋转夹具和移动夹具内，工件被夹紧后，位于滑台上的移动夹具随滑台一起向旋转端移动，移动至一定距离后，旋转端工件开始旋转，工件接触后开始摩擦加热。此后，则可进行不同的控制，如时间控制或摩擦缩短量（又称摩擦变形量）控制。当达到设定值时，旋转停止，顶锻开始，通常施加较大的顶锻力并维持一段时间，然后，旋转夹具松开，滑台后退，当滑台退到原位置时，移动夹具松开，取出工件，至此，焊接过程结束。

对于直径为 16 mm 的 45 钢，在转速 2 000 r/min、摩擦压力 8.6 MPa、摩擦时间 0.7 s 和顶锻压力 161 MPa 下，整个摩擦焊接过程如图 6 – 15 所示。由图 6 – 15 可知，摩擦焊接过程的一个周期可分成摩擦加热过程和顶锻焊接过程两部分。摩擦加热过程又可以分成四个阶段，即初始摩擦、不稳定摩擦、稳定摩擦和停车阶段。顶锻焊接过程也可以分为纯顶锻和顶锻维持两个阶段。

2. 惯性摩擦焊

图 6 – 16 是惯性摩擦焊接示意图，工件的旋转端被夹持在飞轮里，惯性摩擦焊焊接过程的主要特点是恒压和变速，它将连续驱动摩擦焊的加热和顶锻结合在一起。在实际生产中，可通过更换飞轮或不同尺寸飞轮的组合来改变飞轮的转动惯量，从而改变加热功率。

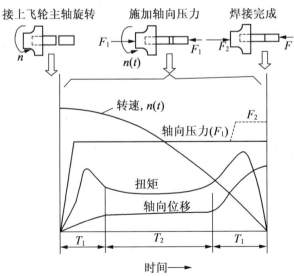

图 6 – 16　惯性摩擦焊原理图

3. 相位摩擦焊

相位摩擦焊主要用于相对位置有要求的工件,如六方钢、八方钢、汽车操纵杆等,要求工件焊后棱边对齐、方向对正或相位满足要求。在实际应用中,主要有机械同步相位摩擦焊、插销配合摩擦焊和同步驱动摩擦焊。

(1)机械同步相位摩擦焊。

如图 6 – 17 所示,焊接前压紧校正凸轮,调整两工件的相位并夹持工件,将静止主轴制动后松开并校正凸轮,然后开始进行摩擦焊接。摩擦结束时,切断电源并对驱动主轴制动,在主轴接近停止转动前松开制动器,此时立即压紧校正凸轮,工件间的相位得到保证,然后进行顶锻。

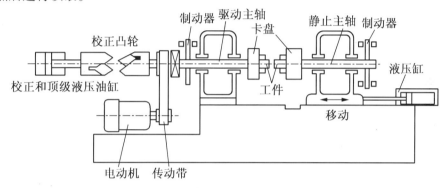

图 6 – 17　机械同步相位摩擦焊示意图

(2)插销配合摩擦焊。

相位确定机构由插销、插销孔和控制系统组成。插销位于尾座主轴上,尾座主轴可自由转动,在摩擦加热过程中制动器 B 将其固定。加热过程结束时,使主轴制动,当计算机检测到主轴则进入搅拌摩擦焊。

4. 摩擦堆焊

摩擦堆焊的原理如图 6 – 18 所示。堆焊时,堆焊金属圆棒 1 以高速 n_1 旋转,堆焊件(母材)也同时以转速 n_2 旋转,在压力 p 的作用下圆棒与母材摩擦生热。由于待堆焊的母材体积大,导热性好,冷却速度快,因此堆焊金属过渡到母材上,当母材相对于堆焊金属圆棒转动或移动时形成堆焊焊缝。

5. 线性摩擦焊

线性摩擦焊原理如图 6 – 19 所示。待焊的两个工件一个固定,另一个以一定的速度做往复运动,或两个工件做相对往复运动,在压力 p 的作用下两工件的界面摩擦产生热量,从而实现焊接。该方法的主要优点是不管工件是否对称,均可进行焊接。近年来,线性摩擦焊的研究较多,主要用于飞机发动机涡轮盘与叶片的焊接,还用于大型塑料管道的现场焊接安装。

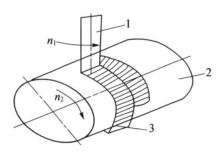

1—堆焊金属圆棒;2—堆焊件;3—堆焊焊缝

图 6 - 18   摩擦堆焊示意图

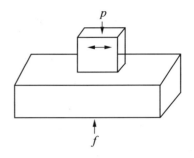

图 6 - 19   线性摩擦焊示意图

6. 典型材料的摩擦焊接

(1)45 钢的接头组织和性能。

45 钢的摩擦焊接接头的金属组织可以分为正火区、不完全正火区和回火区。正火区是接头金属被加热到 850 ℃以上的区域,又称高温区,主要包括未被挤出的高速摩擦塑性变形金属以及在高温产生塑性变形的母材。该区组织通常是力学性能良好的索氏体,但接头加热时间太短或太长时,也可能产生硬度很高的马氏体组织或晶粒粗大的过热组织。不完全正火区是接头金属被加热到 723 ~ 850 ℃之间的区域,通常这个区域的金相组织都是索氏体和铁素体组织。但是,当接头的加热和冷却速度太快时,也可能产生马氏体组织。回火区是接头金属被加热至 723 ℃以下的区域。由于加热时间很短,其金相组织不产生明显的变化。

对上述规范下摩擦焊接头的质量检验表明,在焊缝中没有产生未焊透、夹杂、气孔、裂缝和金属过热等缺陷,接头的加热区很窄,拉伸试验断裂在母材,弯曲试验可达 180°,韧性高,焊接质量好。

(2)铝 - 铜过渡接头的焊接。

对于 ϕ8 ~ 50 mm 铝 - 铜过渡接头,为了防止铝在焊接过程中的流失,以及铝、铜试件由于受压失去稳定而产生弯曲变形,采用模子对铝、铜进行封闭加热。接头的力学性能表明,静载拉伸大多断裂在铝母材一侧,并可以弯曲成 180°。但是,如果焊接加热温度过高或焊接加热时间过长,摩擦焊接表面的温度超过铝 - 铜共晶温度(548 ℃),甚至达到铝的熔点,在高温下容易形成大量的脆性化合物层,使接头发生脆性断裂。

为了获得优质接头,可采用低温摩擦焊工艺。该工艺的特点是转速低,顶锻压力大。为了增大后峰的摩擦扭矩,应增加接头的变形量,以达到破坏摩擦表面上的脆性合金薄层和氧化膜的目的。低温摩擦焊工艺可以控制摩擦表面的温度在 460 ~ 480 ℃范围内,保证摩擦表面金属能充分发生塑性变形,促进铝 - 铜原子之间的充分扩散,不产生脆性金属间化合物。

6.2.2 搅拌摩擦焊

搅拌摩擦焊(Friction Stir Welding,FSW)是英国焊接研究所(The Welding Institute,

TWI)于 1991 年发明的一种用于低熔点合金板材焊接的固态连接技术。它是由摩擦焊派生发展起来的。由于这种工艺能进行板材的对接,并具有固相焊接接头独特的优点,因而在焊接高强度铝合金板材方面获得成功应用。

搅拌摩擦焊的工作原理如图 6 - 20 所示,将一个耐高温硬质材料制成的一定形状的搅拌针旋转深入到两被焊材料连接的边缘处,搅拌头高速旋转,在两焊件连接边缘产生大量的摩擦热,从而在连接处产生金属塑性软化区,该塑性软化区在搅拌头的作用下受到搅拌、挤压,并随着搅拌头的旋转沿焊缝向后流动,形成塑性金属流,并不搅拌头离开后的冷却过程中,受到挤压而形成焊接接头的方法。

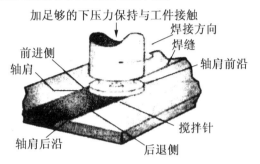

图 6 - 20 搅拌摩擦焊原理示意图

搅拌摩擦焊接在飞机制造、机车车辆和船舶制造中已经得到应用,主要用于铝合金、镁合金、铜合金、钛合金和铝基复合材料的焊接,钛合金和钢的焊接也有研究。

1. 接头形成及组织

搅拌摩擦焊接时,由于轴肩与焊件上表面紧密接触,因而焊缝通常呈 V 形,接头一般形成三个组织明显不同的区域,如图 6 - 21、图 6 - 22 所示。焊核区(Weld Nugget Zone,WNZ)位于焊缝中心靠近搅拌针扎入的位置,一般由细小的等轴再结晶组织构成;热机影响区(Thermal - Mechanically Affected Zone,TMAZ)位于焊核区两侧,该区域的材料发生程度较小的变形;热影响区(Heat - Affected Zone,HAZ)是在焊接过程中仅受到热循环作用,而未受到搅拌头搅拌作用的影响。不同区域所形成的最终组织与焊接过程中的局部热、机械搅拌的循环历史有关,并且经历了差异较大的塑性流动和热载荷,导致应变、应变率和温度存在较大的差异。

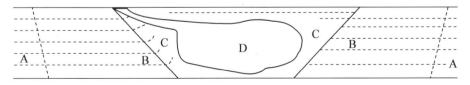

A—母材;B—热影响区;C—热力影响区;D—焊接区

图 6 - 21 搅拌摩擦焊接头

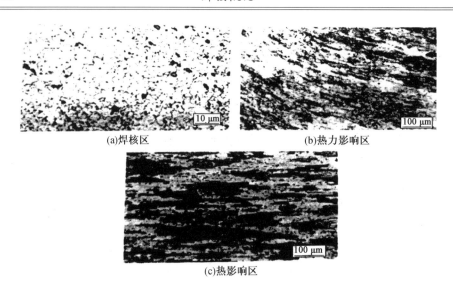

(a)焊核区　　(b)热力影响区

(c)热影响区

图 6 – 22　搅拌摩擦焊接头各区金相微观组织形貌

2. 搅拌摩擦焊工艺

与传统摩擦焊及其他焊接方法相比,搅拌摩擦焊有以下优点:

(1)焊接接头质量高,不易产生缺陷。焊缝是在塑性状态下受挤压完成的,属于固相焊接,避免了熔焊时熔池凝固过程中产生裂纹、气孔等缺陷,这对裂纹敏感性强的 7000、2000 系列铝合金的高质量连接十分有利。

(2)不受轴类零件的限制,可进行平板的对接和搭接,可焊接直焊缝、角焊缝及环焊缝,可进行大型框架结构及大型筒体制造、大型平板对接等。

(3)便于机械化、自动化操作,质量比较稳定,重复性高。

(4)焊接成本较低,不用填充材料,也不用保护气体。厚焊接件边缘不用加工坡口。焊接铝材工件不用去氧化膜,只需去除油污即可。对接时允许留一定间隙,不苛求装配精度。

3. 典型材料的搅拌摩擦焊

铝合金利用搅拌摩擦焊技术,可以克服熔焊时产生气孔、裂纹等缺陷。特别是高强铝合金,熔化焊接的强度系数比较低,采用搅拌摩擦焊接可以大大提高接头强度。图6 – 23给出了铝合金熔焊与搅拌摩擦焊的焊接性比较,搅拌摩擦焊可以焊接所有系列的铝合金。

表6 – 12 给出了铝合金搅拌摩擦焊焊接参数。通过研究焊接速度、搅拌头转速、轴向压力、搅拌头仰角以及焊具几何参数对接头性能的影响规律,并进行参数优化,可以找到最佳的焊接参数匹配区间。当以这个区间内的参数进行 FSW 时,可以获得最佳性能的FSW 接头。

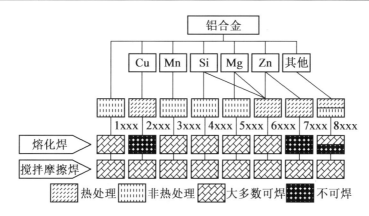

图 6 - 23 铝合金熔化焊与搅拌摩擦焊焊接性比较

表 6 - 12 铝合金搅拌摩擦焊焊接参数

材料	板厚 /mm	焊接参数		
		转速/(r · min⁻¹)	焊接速度/(mm · min⁻¹)	仰角/(°)
1050	6.3	400	—	—
	5	560 ~ 1 840	155	
2024 - T6	6.5	400 ~ 1 200	60	—
2024 - T3	6		80	
	6.4	215 ~ 360	77 ~ 267	—
2095	1.6	1 000	246	—
2195	5.8	200 ~ 250	1.59	—
5052	2	2 000	40	—
5083	3	—	100 ~ 200	2
	8	—	100	
		500	70 ~ 200	2.5
5182	1.5		100	
6061 - T6	6.3	800	120	
	6.5	400 ~ 1 200	60	
	4	600	—	
AA6081 - T4(美国)	5.8	1 000	350	
6061 铝基复合材料	4	1 500	500	
6082	4	2 200 ~ 2 500	700 ~ 1 400	—
7018 - T79	6	—	600	
7075 - T6	4	1 000	300	
2024	4	2 000	37.5	—

6.3　扩散连接

扩散连接(Diffusion Bonding Diffusion Welding)是指相互接触的材料表面,在温度和压力的作用下相互靠近,局部发生塑性变形,原子间产生相互扩散,在界面处形成了新的扩散层,从而实现可靠连接。

扩散连接特别适合异种金属材料、陶瓷、金属间化合物、非晶态及单晶合金等新材料的接合,广泛应用于航空、航天、仪表及电子等国防部门,并逐步扩展到机械、化工及汽车制造等领域。

扩散连接可以分为直接扩散连接和添加中间层的扩散连接;从是否产生液相的角度又可分为固相扩散连接和液相扩散连接;从连接环境上,还可分为真空扩散连接和保护气氛环境下的扩散连接。

1.固相扩散连接基本原理

(1)接头形成过程。

扩散连接过程可大致分为物理接触、接触表面的激活、扩散及形成接头三个阶段。第一阶段为物理接触阶段,高温下微观不平的表面,在外加压力的作用下,总有一些点首先达到塑性变形,在持续压力的作用下,接触面积逐渐扩大而最终达到整个面的可靠接触。第二阶段是相互扩散和反应阶段。在温度和压力作用下,紧密接触的界面上发生元素扩散、晶界迁移和化学反应等过程,使微孔消除形成新的反应相,并在界面形成牢固的结合层。第三阶段是接合层的成长阶,主要是结合层逐渐向体积方向发展,气孔消除并形成可靠的连接接头。图6-24是扩散连接的三阶段模型示意图。

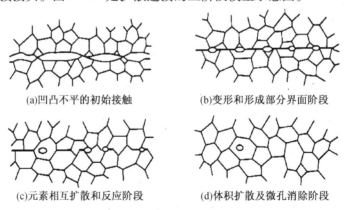

(a)凹凸不平的初始接触　　　　　(b)变形和形成部分界面阶段

(c)元素相互扩散和反应阶段　　　　(d)体积扩散及微孔消除阶段

图6-24　扩散连接的三阶段模型

上述过程相互交叉进行,最终在连接界面处由于扩散、再结晶等生成固溶体及共晶体,有时生成金属间化合物,形成可靠的连接接头。该过程不但应考虑扩散过程,同时应考虑界面生成物的性质,如性能差别较大的两种金属,在高温长时间扩散时界面极易生成脆性金属间化合物,而使接头性能变差。

（2）材料连接时的物理接触过程。

材料的扩散连接表面应达到一定的表面粗糙度,以实现表面良好接触及克服表面氧化膜对扩散连接的影响。在扩散连接的第一阶段,必须从被连接界面上清除掉吸附层和氧化膜,才能形成实际的接触。在扩散连接加热的条件下,Ag、Cu、Ni 等金属的物理接触及氧化膜去除被连接面在真空中加热时,油脂逐渐分解和挥发,吸附的蒸气和各种气体分子被解吸下来。化学吸附气体和氧化膜一般难以从表面上清除,但在扩散连接的条件下,由于产生解吸、升华、溶解和还原作用,很容易将氧化膜清除掉。

2. 扩散连接工艺

（1）扩散连接的工艺特点。

与其他焊接方法相比,扩散连接技术有以下几方面的优点:

①接合区域无凝固（铸造）组织,不生成气孔、宏观裂纹等熔焊时的缺陷。

②同种材料接合时,可获得与母材性能相同的接头,几乎不存在残余应力。

③对于塑性差或熔点高的同种材料、互相不溶解或在熔焊时会产生脆性金属间化合物的异种材料（包括金属与陶瓷）,扩散连接是可靠的连接方法之一。

④精度高,变形小,精密接合。

⑤可以进行大面积板及圆柱的连接。

⑥采用中间层可减少残余应力。

（2）扩散连接的缺点。

①无法进行连续式批量生产。

②时间长,成本高。

③对接合表面要求严格。

④设备一次性投资较大,且连接工件的尺寸受到设备的限制。

3. 接头形式设计

（1）接头的基本形式。

扩散连接的接头形式比熔化焊类型多,可进行复杂形状的接合,如平板、圆管、管、中空、T 形及蜂窝结构均可进行扩散连接。

（2）扩散连接制造复合材料。

在纤维强化复合材料的制造过程中,常用的加工方法之一是扩散连接。表 6 - 13 为典型扩散连接结构件举例。

表 6 - 13　典型扩散连接结构件

结构种类	几何参数	连接压力/MPa	扩散连接方法
蜂窝壁板	$H/\delta = 200$ $H = 10 \sim 80$ mm $\delta_0 = 0.5 \sim 2$ mm $\delta_3 = 0.1$ mm	0.5	真空加压

表 6 – 13（续）

结构种类	几何参数	连接压力/MPa	扩散连接方法
带长桁壁板	$H/\delta = 5 \sim 200$ $H = 50 \sim 100$ mm $\delta_p = 5 \sim 15$ mm $\delta_0 = 10 \sim 20$ mm	$2 \sim 20$	隔膜加压

4.常用材料的扩散连接——钛合金的扩散连接

纯钛是一种银白色的金属,密度为 4.5 g/cm³,是铁的 57%。钛合金可在 723 ~ 773 K (450 ~ 500 ℃)温度下工作,耐蚀性好,在 300 ~ 500 ℃的工作温度下耐蚀性能与不锈钢相当。钛合金在航空航天领域常用来制造压力容器、贮箱、发动机壳体、卫星壳体、构架、发动机喷管延伸段。阿波罗号登月飞船上的压力容器,70%以上是用钛合金制造的。

钛合金扩散连接时,Ti 表面的氧化膜在高温下可以溶解在母材中,在 5 MPa 的气压下,可以溶解 TiO_2 达 30%,故氧化膜不妨碍扩散连接的进行。因此,在相同成分的钛及其合金扩散连接的接头组织中没有原始界面的痕迹。

钛合金能吸收大量的 O_2、H_2 和 N_2 等气体,故不宜在 H_2 和 N_2 气氛中进行扩散连接,应在真空状态或氩气保护下进行。连接温度应选取比钛合金 β 相转变温度(1 269 K)低 50 K,优选的温度范围为 1 123 ~ 1 273 K,连接时间以 15 ~ 30 min 为宜,连接压力可选 2 ~ 30 MPa。对于大面积钛合金扩散连接,可采用加中间层进行扩散钎焊,中间层主要采用 Ag 基钎料、Ag – Cu 钎料、Ti 基钎料。由于 Cu 基钎料和 Ni 基钎料容易和 Ti 发生反应形成金属间化合物,一般不作为中间层或钎料使用。

复习思考题

1.叙述电阻点焊原理和接头形成。

2.点焊的热源及加热有何特点?

3.结合实例叙述不锈钢点焊工艺流程及技术要点。

4.缝焊焊接参数有哪些? 应该如何选择?

5.简要叙述缝焊的工艺特点。

6.闪光对焊的基本原理是什么?

7.电阻对焊的原理、应用和主要特点是什么?

8.摩擦焊有哪些分类? 适用于什么金属材料焊接?

9.搅拌摩擦焊有哪些优点?

10.扩散焊的适用材料和应用领域有哪些?

第7章 钎 焊

7.1 钎焊知识概述

钎焊与熔焊和压焊一起构成了现代焊接技术的三个重要组成部分。与熔焊、压焊相比,钎焊与其虽有一些共同之处,但却存在着本质的差异。

7.1.1 钎焊定义

钎焊是借助于比母材熔点低的液态钎料填满固态母材间的间隙并相互扩散形成结合的一类连接材料的方法。

由上可见,钎焊特征是:

(1)钎料熔点低于母材,钎焊时母材不熔化,即钎焊时,"母材不化钎料化"。

(2)钎料与母材的成分有很大差别。

(3)熔化的钎料靠润湿和毛细作用吸入并保持在母材间隙内。

(4)依靠液态钎料与固体母材的相互扩散而形成冶金结合。

7.1.2 钎焊方法的分类

1. 按照钎料的熔点分类

钎料熔点(或液相线)低于450 ℃时,称为软钎焊;高于450 ℃时,称为硬钎焊。

2. 按照钎焊温度的高低分类

可以分为:高温钎焊、中温钎焊和低温钎焊,但这种划分是相对于母材的熔点而言的,并且其温度分界标准也不是十分明确的。如对钢等熔点较高的母材金属来说,加热温度高于800 ℃称为高温钎焊,加热温度在550～800 ℃之间时称为中温钎焊,加热温度低于550 ℃时称为低温钎焊;但对于铝合金来说,加热温度高于450 ℃称为高温钎焊,加热温度在300～450 ℃之间时称为中温钎焊,加热温度低于300 ℃时称为低温钎焊。

3. 按照热源种类和加热方式分类

可分为:烙铁钎焊、火焰钎焊、炉中钎焊、感应钎焊、电阻钎焊、电弧钎焊、浸渍钎焊、红外钎焊、激光钎焊、气相钎焊等。

4. 按照环境介质的差异及去除母材表面氧化膜的方式分类

可分为:钎剂钎焊、无钎剂钎焊、自钎剂钎焊、刮擦钎焊、气体保护钎焊及真空钎焊等。

此外,还有以被连接的母材种类来区分钎焊方法,如铝钎焊、不锈钢钎焊、陶瓷钎焊、复合材料钎焊等。

7.2　钎焊接头的形成原理

钎焊的根本问题是如何能够得到一个优质的接头,这样的接头只有在液态钎料能充分地流入并致密地填满全部钎缝间隙,又与钎焊金属很好地相互作用的前提下才可能获得。显然,钎焊包含着两个过程:一是钎料填满钎缝的过程;二是钎料同钎焊金属相互作用的过程。为了保证钎焊接头的质量,有必要了解和研究这些过程的规律性。

7.2.1　钎料的润湿与铺展

钎焊时,熔化的钎料以液态与固态钎焊金属接触。液态钎料必须很好地润湿钎焊金属表面才能填满钎缝。

从化学热力学角度来看,所谓润湿,是指由固－液相界面来取代固－气相界面,从而使体系的自由能降低的过程。换言之,也就是液态钎料在与固态母材接触时,钎料将母材表面处的气体排开,沿着母材铺展,形成新的固体与液体界面的过程。

从物理化学得知,将某液滴置于固体表面,若液－固体系通过液滴和固体界面的变化能使其自由能降低,则液滴沿固体表面会自动流开铺平,呈图7－1所示的状态,这种现象称为铺展。图7－1中θ称为润湿角;σ_{sg}、σ_{lg}、σ_{sl}分别表示固－气、液－气、液－固界面间的界面张力。铺展终了时,在O点处这几个力应该平衡,即

$$\sigma_{sg} = \sigma_{sl} + \sigma_{lg} \cdot \cos \theta \tag{7-1}$$

润湿系数

$$\cos \theta = \frac{\sigma_{sg} - \sigma_{sl}}{\sigma_{lg}} \tag{7-2}$$

由式(7－2)可见,润湿角θ的大小与各界面张力的数值有关。θ大于还是小于90°,须视σ_{sg}与σ_{sl}的大小而定。若$\sigma_{sg} > \sigma_{sl}$,则$\cos \theta > 0$,即$0° < \theta < 90°$,此时认为液体能润湿固体,如水对于玻璃;若$\sigma_{sg} < \sigma_{sl}$,则$\cos \theta < 0$,即$180° > \theta > 90°$,这种情况称为液体不能润湿固体,水银在玻璃上就是如此。这两种状态的极限情况是:$\theta = 0°$,称为完全润湿;$\theta = 180°$,为完全不润湿,如图7－2所示。因此,润湿角是液体对固体润湿程度的量度。钎焊时希望钎料的润湿角小于20°。

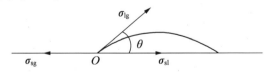

图7－1　气－液－固相界面示意图

$\theta=0°$完全润湿　　　$0°<\theta<90°$润湿　　$90°<\theta<180°$润湿　　$\theta=180°$完全不润湿

图 7-2　润湿形式示意图

7.2.2　钎料的毛细流动

钎焊时,对液态钎料的要求主要不是沿固态钎焊金属表面的自由铺展,而是填满钎缝的全部间隙。通常钎缝间隙很小,如同毛细管。钎料是依靠毛细作用在钎缝间隙内流动的。因此,钎料能否填满钎缝取决于它对钎焊金属的毛细作用。

液体对固体的毛细作用表现为如下的现象:把间隙很小的两平行板插入液体中时,液体在平行板的间隙内会自动上升到高于液面的一定高度,但也可能下降到低于液面,如图 7-3 所示。液体在两平行板的间隙中上升或下降的高度 h 为

$$h=\frac{2(\sigma_{lg}\cos\theta)}{a\rho g}=\frac{2(\sigma_{sg}-\sigma_{sl})}{a\rho g} \tag{7-3}$$

式中　θ——润湿角;

　　　a——平行板的间隙,钎焊时即为钎缝间隙;

　　　ρ——液体的密度;

　　　g——重力加速度。

当 h 为正值时表示液体在间隙中上升,h 为负值表示液体下降。

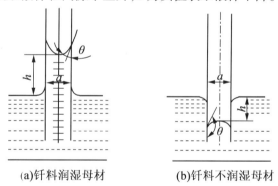

(a)钎料润湿母材　　　　　(b)钎料不润湿母材

图 7-3　平行板间液体的毛细作用

由式(7-3)可以看出:

(1)当 $\theta<90°$、$\cos\theta>0$ 时,$h>0$,液体沿间隙上升;若 $\theta>90°$,$\cos\theta<0$,则 $h<0$,液体沿着间隙下降。

因此,钎料填充间隙的好坏取决于它对钎焊金属的润湿性。显然,钎焊时只有在液态钎料能充分润湿钎焊金属的条件下,钎料才能填满钎缝。

(2)液体沿着间隙上升的高度 h 与间隙大小成反比。随着间隙的减小,液体的上升高度增大。图 7-4 是铜或黄铜板间钎料的填缝高度同间隙的关系。从上升高度看,是以小间隙为佳。因此,钎焊时为使液态钎料能填满间隙,必须在接头设计和装配时保证

小的间隙。

若钎料是预先安放在钎缝间隙内的(图7－5(a)),润湿性和毛细作用仍有重要意义。当润湿性良好时,钎料填满间隙并在钎缝四周形成圆滑的圆角(图7－5(b));若润湿性不好,钎缝填充不良,且外部不能形成良好的圆角,在不润湿的情况下液态钎料甚至会流出间隙,聚集成球状钎料珠(图7－5(c))。

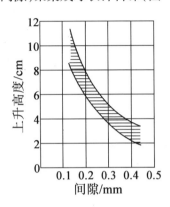

图7－4　钎料上升高度与间隙大小的关系

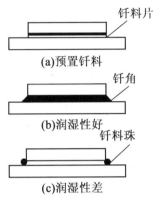

图7－5　钎料预先安置在间隙内的润湿情况

液态钎料在毛细作用下的流动速度 v 表示为

$$v = \frac{\sigma_{lg} a \cos \theta}{4 \eta h} \tag{7－4}$$

式中　η——液体的黏度。

从式(7－4)可以看出:润湿角越小,即 $\cos \theta$ 越大,流动速度越大。所以从迅速填满间隙考虑,也以润湿性好为佳;其次液体的黏度越大,流速越慢。最后流速 v 又与 h 成反比,亦即液体在间隙内刚上升时流动快,以后随 h 增大而逐渐变慢。因此,为了使钎料能填满全部间隙,应保证足够的钎焊加热保温时间。

需要指出的是,上述规律是在液体与固体没有相互作用的条件下得到的。其实,在钎焊过程中,液态钎料与钎焊金属或多或少地存在相互扩散,致使液态钎料的成分、密度、黏度和熔点等发生了变化,从而使得毛细填缝现象复杂化。甚至出现这种情况,在钎焊金属表面铺展得很好的液态钎料竟不能流入间隙,这往往是由于在毛细间隙外钎料已被钎焊金属饱和而失去了流动能力。

7.2.3　钎焊金属向钎料的溶解

钎焊时一般都发生钎焊金属向液态钎料的溶解过程。钎焊金属向钎料的适量溶解,可使钎料成分合金化,有利于提高接头的强度。但是,钎焊金属的过度溶解会使液态钎料的熔点和黏度提高、流动性变坏,往往导致不能填满钎缝间隙。同时也可能使钎焊金属表面出现溶蚀缺陷(图7－6(a)),即加钎料处或圆角处的钎焊金属因过分溶解而产生凹陷。严重时甚至出现溶穿(图7－6(b))。

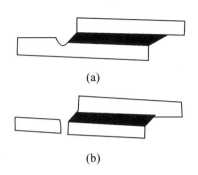

(a)

(b)

图 7 - 6 溶蚀缺陷

钎焊金属向钎料溶解的具体过程,有些人认为是:液态金属与固态金属接触时,首先固态金属晶格内的原子结合被破坏,它们同液态金属的原子形成新的键,发生溶解;然后交界面旁的液态金属同其他部分的液态金属间发生扩散。另有人认为:液态金属与固态金属接触时,液体的组分首先向固体表面扩散,在厚度约 10^{-7} mm 的表面层内(液相稳定成核尺寸)达到饱和溶解度,此时固体表面层不需耗费能量即可向液相溶解。

钎焊金属在液态钎料中的溶解量 G 为

$$G = \rho_y C_y \frac{V_y}{S} (1 - e^{-\frac{aSt}{V_y}}) \tag{7-5}$$

式中 　G——单位面积钎焊金属的溶解量;

　　　ρ_y——液态钎料的密度;

　　　C_y——钎焊金属在液态钎料中的极限溶解度;

　　　V_y——液态钎料的体积;

　　　S——液、固相的接触面积;

　　　a——钎焊金属的原子在液态钎料中的溶解系数;

　　　t——接触时间。

由式(7-5)可见:随着液态钎料数量的增多,钎焊温度的提高、钎焊保温时间的延长以及钎焊金属在钎料中极限溶解度的增大,钎焊金属在液态钎料中的溶解量都将增多。

7.2.4 钎料组分向钎焊金属的扩散

钎焊时钎料组分向钎焊金属的扩散量可按扩散定律确定:

$$dm = -DS \frac{dc}{dx} dt \tag{7-6}$$

式中 　dm——钎料组分的扩散量;

　　　D——扩散系数;

　　　S——扩散面积;

　　　dc/dx——在扩散方向扩散组分的浓度梯度;

　　dt——扩散时间。

　　由式(7-6)可见,扩散量与浓度梯度、扩散系数、扩散面积和扩散时间有关。扩散均自高浓度向低浓度方向进行,当钎料中某组分的含量比钎焊金属中高时,由于存在浓度梯度,就会发生组分向钎焊金属的扩散,浓度梯度越大,扩散量将越多。元素扩散量同扩散系数有关,扩散系数越大,扩散量也越多。扩散系数 D 为

$$D = Ae^{-\frac{Q}{RT}} \tag{7-7}$$

式中　A——系数,主要取决于晶体点阵类型;

　　　　R——气体常数,1.987 Cal/℃;

　　　　T——进行扩散时的温度,K;

　　　　Q——扩散激活能。

　　扩散系数同晶体结构有关。元素在体心立方点阵中的扩散系数比在面心立方点阵中的大,可能是由于体心立方点阵的紧密度较小,因此扩散原子有较大的活动性所致。扩散原子的直径对扩散系数有影响。表7-1列举了几种元素 285 ℃时在铅中的扩散系数。

表7-1　一些元素的原子直径及扩散系数

扩散元素	原子直径/Å	扩散系数/(cm² · s⁻¹)
Ag	1.44	9.1×10^{-8}
Cd	1.52	2.0×10^{-9}
Sb	1.61	6.4×10^{-10}
Sn	1.68	1.6×10^{-10}

　　原子直径越小,扩散系数越大。第三元素的存在对元素的扩散系数具有各不相同的影响:对扩散元素亲和力比基体金属大的第三元素可能使扩散系数减小,而对扩散元素的亲和力小于基体金属对扩散元素的亲和力的第三元素则可能使扩散系数变大。对扩散系数影响最大的是温度,温度升高将使扩散系增大。钎焊时的高温给扩散过程的进行创造了有利条件。表7-2列举了一些元素的扩散系数。

表7-2　一些元素的扩散系数

基体金属	扩散元素	温度/℃	扩散系数/(cm² · s⁻¹)
	B	950	2.6×10^{-7}
	Ni	1 200	9.3×10^{-11}
Fe	Si	1 150	1.45×10^{-8}
	W	1 280	2.4×10^{-9}
	Sn	1 000	2.0×10^{-9}

表 7 - 2(续)

基体金属	扩散元素	温度/℃	扩散系数/(cm² · s⁻¹)
	Mn	850	1.3×10^{-10}
Cu	Ni	950	2.1×10^{-10}
	Pd	860	1.3×10^{-10}
	Zn	880	5.6×10^{-10}
Ni	Cu	890	$(1.9 \sim 2.4) \times 10^{-10}$
	Cu	497	3.52×10^{-10}
Al	Si	500	9.85×10^{-10}
	Zn	507	2.04×10^{-9}

　　用 Al - 28Cu - 6Si 钎料钎焊铝合金时,可发现钎料组分向铝中扩散的现象(图 7 - 7)。在钎焊接头的金相组织中靠近交界处的钎焊金属上,可以看到一条与钎缝平行的明亮条纹,它是钎焊时液态钎料中的硅和铜向铝中扩散而形成的固溶体。

　　用铜钎焊铁时,同样发生液态铜向铁中扩散的情况。图 7 - 8 是 1 100 ℃时以铜钎焊铁,铜在铁中的分布。随着保温时间延长,不但铜的扩散深度增大,扩散层的含铜量也增加。

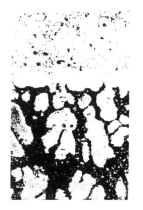

图 7 - 7　用 Al - 28Cu - 6Si 钎料钎焊铝
合金时的金相组织形貌

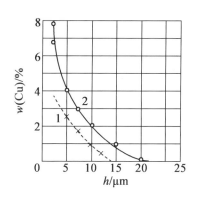

1—保温 1 min;2—保温 60 min

图 7 - 8　铜钎焊铁时,铜在扩散区中的分布

　　上述扩散现象均为体积扩散。如果扩散入钎焊金属的钎料组分浓度在饱和溶解度内,则形成固溶体组织,对接头性能没有不良影响。若冷却时扩散区发生相变,则组织将产生相应的变化。

　　钎焊时有时会发现钎料组分向钎焊金属晶间渗入的现象,这种扩散方式称为反应扩散。表 7 - 3 列出了几个钎焊接头晶间渗入的实例。

表7-3　晶间渗入实例

钎焊金属	钎料	系统	状态图	钎料在钎焊金属中的溶解度	晶间渗入情况
Zn	Sn	Zn-Sn	图7-9(a)	~0.1	中等
Bi	Sn	Bi-Sn	图7-9(a)	~0.1	中等
Ni	Ni-4B	Ni-B	图7-9(b)	0	强烈
Ni	Ni-3Be	Ni-Be	图7-9(b)	2.7	中等
Cu	Cu-8P	Cu-P	图7-9(b)	1.75	中等

从这几个实例可以看出,钎料和钎焊金属均具有图7-9(a)或图7-9(b)所示的状态图,它们都有一个低熔共晶体。因此,晶间渗入是这样产生的:在液态钎料同钎焊金属接触中,钎料组分向钎焊金属中扩散,由于晶界上空隙较多,扩散速度比较大,结果在晶界上形成了钎料组分同钎焊金属的共晶体,它的熔点低于钎焊温度,因此在晶界上形成一层液体层,这就是晶间渗入。

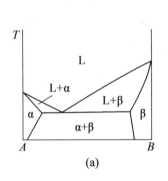
(a)

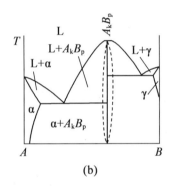
(b)

图7-9　产生晶间渗入的钎料同钎焊金属的状态图

晶界上共晶体的形成又与钎料组分在钎焊金属中的溶解度有关。因为钎料组分向钎焊金属晶间扩散时先形成固溶体,只在达到它在钎焊金属中的饱和溶解度后才形成共晶体。因此,钎料组分在钎焊金属中的溶解度越大,晶间渗入的可能性越小。表7-3的数据表明了这种关系。

在实际钎焊生产中,当用含硼的镍基钎料钎焊不锈钢和高温合金时,就可以发现硼向钎焊金属晶间渗入的现象,如图7-10所示。晶间渗入的产物大都比较脆,对接头性能有不良影响。尤其在钎焊薄件时,晶间渗入可能贯穿整个焊件厚度,使接头变脆。因此,应尽量避免接头中产生晶间渗入。

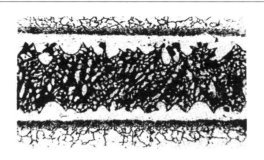

图 7 - 10　含硼镍基钎料钎焊不锈钢时的晶间渗入现象

7.3　钎　料

7.3.1　对钎料的基本要求

钎焊时,焊件是依靠熔化的钎料凝固后连接起来的。因此,钎焊接头的质量在很大程度上取决于钎料。为了满足工艺要求和获得高质量的钎焊接头,钎料应满足以下几项基本要求:

(1)钎料应具有合适的熔点,它的熔点至少应比钎焊金属的熔点低几十度。二者熔点过于接近,会使钎焊过程不易控制,甚至导致钎焊金属晶粒长大、过烧以及局部熔化。

(2)钎料应具有良好的润湿性,能充分填满钎缝间隙。

(3)钎料与钎焊金属的扩散作用,应保证它们之间形成牢固的结合。

(4)钎料应具有稳定和均匀的成分,尽量减少钎焊过程中的偏析现象和易挥发元素的损耗等。

(5)所得到的接头应能满足产品的技术要求:如力学性能(常温、高温或低温下的强度、塑性、冲击韧性等)和物理化学性能(导电、导热、抗氧化性、抗腐蚀性)方面的要求。

此外,也必须考虑钎料的经济性,应尽量少用或不用稀有金属和贵重金属。

7.3.2　钎料的分类

钎料一般按熔点的高低分为两大类。通常把熔点低于 450 ℃ 的钎料称为易熔钎料,俗称软钎料,熔点高于 450 ℃ 的钎料称为难熔钎料,俗称硬钎料。把 450 ℃ 作为分界线是人为的,所以易熔和难熔、软与硬都是相对的。

另外,又根据组成钎料的主要元素把软钎料和硬钎料划分为各种基的钎料。如软钎料又可分为铋基、铟基、锡基、铅基、镉基、锌基等类钎料,其熔点范围如图 7 - 11 所示。硬钎料又可分为铝基、银基、铜基、锰基、镍基等类钎料,其熔点范围如图 7 - 12 所示。

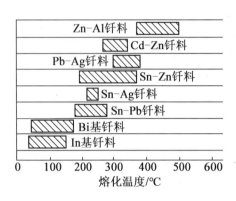

图 7 - 11　各种软钎料的熔点范围

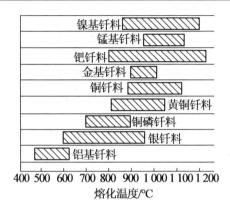

图 7 - 12　各种硬钎料的熔点范围

7.3.3　钎料的编号

1. 钎料的型号

钎料型号由两部分组成。

第一部分用大写的英文字母表示钎料的类型,首字母"S"表示软钎料,"B"表示硬钎料。

第二部分由主要合金组分的化学元素符号组成。其中第一个化学元素符号表示钎料的基体部分;其他化学元素符号按其质量分数(%)顺序排列,当几种元素具有相同的质量分数时,按其原子序数排列。软钎料每个化学元素符号后都要标出其公称质量分数;硬钎料仅第一个化学元素符号后标出其公称质量分数。公称质量小于1%的元素在型号中不必标出,但如某元素是钎料中的关键组分一定要标出时,软钎料型号中可仅标出其化学元素符号,硬钎料型号中将其化学元素符号用括号括起来。

每个钎料型号中最多只能标出 6 个化学元素符号。在第二部分之后添加大写英文字母表示钎料的应用状态,并以" - "与前面合金元素符号隔开。其中"E"表示是电子行业用软钎料;"V"表示真空级钎料;"R"表示既可用作钎料,又可用作气焊丝。

例如,软钎料:

$$S - Sn60Pb39Sb1$$

硬钎料:

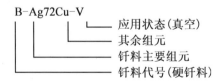

2. 钎料的牌号

目前,国内有两种编号方法。一种是冶金部的钎料编号方法:前面冠以"Hl"表示钎料;次用两个化学元素符号表明钎料的主要组元;最后用一个或数个数字,是标出除第一个主要元素外钎料主要合金组元的含量。例如 H1SnPb10 表示锡铅钎料,含铅量 10%;

H1AgCu26 – 4 为银基三元含金钎料,除含铜 26% 外,尚含有 4% 的其他的合金元素。其他依次类推。

另一种是机工部的焊接材料统一编号。"HL"表示钎料,第一位数字表示钎料种类,二、三位数字表示序号,其编号方法见表 7 – 4。

表 7 – 4　机工部钎料编号

编号	化学组成类型	编号	化学组成类型
HL1 × ×(料 1 × ×)	铜锌合金	HL5 × ×(料 5 × ×)	锌及镉合金
HL2 × ×(料 2 × ×)	铜磷合金	HL6 × ×(料 6 × ×)	锡铅合金
HL3 × ×(料 3 × ×)	银基合金	HL7 × ×(料 7 × ×)	镍基合金
HL4 × ×(料 4 × ×)	铝基合金		

此外,一些单位自行研制的钎料,往往具有独特的编号,此处不一一列举。

7.3.4　钎焊中常用钎料

1. 锡铅钎料

软钎料中应用最广泛的就是锡铅钎料。Sn – Pb 状态如图 7 – 13 所示。当锡铅合金含 Sn61.9% 时,形成熔点为 183 ℃的共晶。

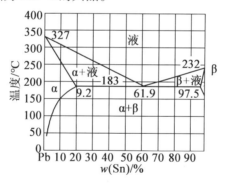

图 7 – 13　Sn – Pb 状态图

锡铅合金的物理性能和力学性能如图 7 – 14 所示。纯锡强度 23.5×10^6 N/m²,加铅后强度提高,在共晶成分附近抗拉强度达 51.97×10^6 N/m²,抗剪强度为 39.22×10^6 N/m²,硬度也达到最高值,电导率则随着含铅量的增大而降低。所以,可以根据不同要求,选择不同的钎料成分。

有些锡铅钎料加有少量的锑,用以减少钎料在液态时的氧化,提高接头的热稳定性。含锑量一般控制在 3% 以下,以免脆化。

国产锡铅钎料的化学成分及主要性能列于表 7 – 5 中。

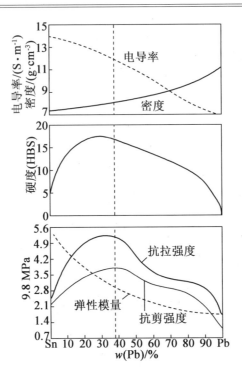

图 7 - 14　锡铅合金的物理性能和力学性能

表 7 - 5　国产锡铅钎料的成分和性能

型号	化学成分的 质量分数/%	熔点 /℃	抗拉强度 /MPa	断后伸长率 /%	电阻率 /(μΩ·m)	密度 /(g·cm⁻³)
S - Sn60Pb39Sb	Sn59 ~ 61Pb39Sb < 0.8	183 ~ 185	46	34	0.145	8.50
S - Sn18Pb80Sb	Sn17 ~ 18Pb80Sb2 ~ 2.5	183 ~ 277	27	67	0.220	10.23
S - Sn30Pb68Sb	Sn29 ~ 31Pb68Sb1.5 ~ 2	183 ~ 256	32	—	0.182	9.69
S - Sn40Pb58Sb	Sn39 ~ 41Pb58Sb1.5 ~ 2	183 ~ 222	37	63	0.170	9.31
S - Sn90Pb10	Sn89 ~ 91Pb10Sb < 0.15	183 ~ 222	42	25	0.120	7.57
S - Sn50Pb50	Sn49 ~ 51Pb50Sb < 0.8	183 ~ 210	42	32	0.156	8.83

　　锡铅钎料的工作温度一般不高于 100 ℃。另外,锡铅钎料在低温下有冷脆性。这是由于锡在低温发生同素异形变化,产生体积膨胀而脆性破坏。但铅在低温下无冷脆现象,所以当钎料组织中以铅固溶体为主时,锡固溶体量少且弥散分布,冷脆现象不严重。钎焊低温工作的工件,应当用这种含锡量低的钎料,如 H1SnPb80 - 2 钎料,但这种钎料的润湿性较差。

　　另外几种锡基钎料的牌号和性能列于表 7 - 6。在锡中加入银和锑是为了提高其高温性能,但又不显著提高钎料的熔点。

表 7－6　其他锡基钎料

牌号	成分/%				熔点 /℃	抗拉强度 /($\times 10^6 N \cdot m^{-2}$)	断后伸长率/%	电阻率 /($\Omega \cdot mm^2 \cdot m^{-1}$)
	Sn	Ag	Sb	Cu				
料 605	95~97	3~4	—	—	221~230	53.9	—	—
посу95－5	95	—	5	—	234~240	39.2	43	—
впр9（苏）	92	5	1	2	250	49	23	0.13
впр6（苏）	84.5	8	7.5	—	270	80.4	8.8	0.18

2. 铅基钎料

纯铅不能润湿 Cu、Fe、Al、Ni 等金属,常加入 Ag、Sn、Cd、Zn 钎焊铜。加入 Ag 可润湿铜,且使钎料熔点下降;加入 Sn 可提高润湿性。铅基钎料焊后的接头耐热性提高,可在 150 ℃以下工作。但在潮湿环境下耐湿性差。

铅基钎料的牌号和性能见表 7－7。它的耐热性比锡铅钎料好。H1AgPb97 含 3% 左右的银,为 Pb－Ag 共晶成分,这种钎料对铜的润湿性较差,为了提高其润湿性,加入 15% Sn,如 H1AgPb83.5－15－1.5。

表 7－7　铅基钎料

牌号	成分/%			熔点 /℃	抗拉强度 /($\times 10^6$ $N \cdot m^{-2}$)	断后伸长率/%	冲击韧性 /($\times 10^6 N \cdot m/m^2$)	电阻率 /($\Omega \cdot mm^2 \cdot m^{-1}$)
	Pb	Ag	Sn					
H1AgPb97	96~98	2.7~3.3	—	300~305	30.4	45	26.08	0.20
H1AgPb 83.5－15－1.5	82~85	0.7~2.3	14~16	260~270				

7.4　钎　剂

在钎焊过程中利用钎剂去膜是目前使用得最广泛的一种方法。

钎剂在钎焊过程中起着下述作用:清除钎焊金属和钎料表面的氧化物,为液体钎料在钎焊金属表面铺展创造必要的条件;以液态薄层覆盖钎焊金属和钎料表面,隔绝空气中的氧对它们的有害作用;其界面活性作用,改善液态钎料对钎焊金属表面的润湿。

要完成上述作用,必须根据所用钎焊金属和钎料的特性配制或选用具有下述性能的钎剂。

7.4.1　钎剂的组成

通常,复杂成分的钎剂由下列三类组分组成:

1. 钎剂基体组分

钎剂主要作用是使钎剂具有需要的熔点;作为钎剂其他组分及钎剂作用产物的溶剂;在铺展时形成致密的液膜,覆盖钎焊金属和钎料表面,防止空气的有害作用。现有钎剂的基体组分大多采用热稳定的金属盐或金属盐系统,如硼化物、碱金属和碱土金属的氯化物。

2. 去膜剂

去膜剂起溶解钎焊金属和钎料的表面氧化膜的作用。碱金属和碱土金属的氟化物具有溶解金属氧化物的能力,因此常用作钎剂的去膜剂。一些常用的氟化物的物理性能示于表7-8中。各种氟化物对不同的金属的溶解能力是不同的,因此应依照需清除的氧化膜的成分和性能及钎焊温度来选用。例如,用于不锈钢和耐热合金的硬钎剂常选用氟化钙或氟化钾,而铝用硬钎剂中则选用氟化钠或氟化锂。钎剂中氟化物的添加量通过试验确定,一般不能加得太多,否则使钎剂熔点提高、流动性下降而影响钎剂的性能。

表 7-8　各种氟化物的物理性能

名称	化学分子式	密度/(g·cm^{-3})	熔点/℃	沸点/℃
氟化钾	KF	2.48	857	1 505
氟化钠	NaF	2.79	995	1 700
氟化锂	LiF	2.30	842	1 676
氟化铝	AlF$_3$		1 290	1 291(升华)
氟化钙	CaF$_2$	3.18	1 403	2 500

3. 活性剂

由于钎剂中去膜剂的添加量受到限制,有时氧化膜的溶解相当缓慢,以致不能完全去除氧化膜。在这种情况下必须添加活性剂以加速氧化膜的清除并改善钎料的铺展。常用的活性剂物质有:重金属卤化物,如氯化锌等,它们能与一些钎焊金属作用,从而破坏氧化膜与钎焊金属的结合,并析出纯金属,促使钎料的铺展;氧化物,如硼酐,它们与氧化物形成低熔络合物,加速氧化膜的清除。

应该指出,虽然钎剂的各种组分总体地起着上述三方面的作用,保证了钎焊过程的进行,但对这些组分所做的具体分类则有很大的相对性。因为它们在钎剂中所起的作用往往不是单一的,只能按其主要作用加以划分。

7.4.2　软钎剂

软钎剂按其成分可分为无机软钎剂和有机软钎剂两类;按其残渣对钎焊接头的腐蚀作用可分为腐蚀性、弱腐蚀性和无腐蚀性的三类。无机软钎剂均系腐蚀性钎剂;有机软钎剂属于后两类。

1. 无机软钎剂

这类钎剂具有很高的化学活性,去除氧化物的能力很强,能显著地促进液态钎料对钎焊金属的润湿。它们的组分为无机盐和无机酸。

可用作钎剂的无机酸有盐酸、氢氟酸和磷酸等。通常以水溶液或酒精溶液形式使用,也可与凡士林调成膏状使用。它们借下列反应除金属氧化物:

$$MeO + 2HCl \rightarrow MeCl_2 + H_2O$$

$$MeO + 2HF \rightarrow MeF_2 + H_2O$$

$$3MeO + 2H_3PO_4 \rightarrow Me_3(PO_4)_2 + 3H_2O$$

盐酸与氢氟酸能强烈腐蚀钎焊金属,并在加热中析出有害气体,很少单独使用,只在某些钎剂中作为添加组分。磷酸有较强的去氧化物能力,较前两种方便和安全。钎焊铝青铜和不锈钢等合金时,用磷酸溶液作为钎剂是有效的。

在无机盐中氯化锌是组成这类钎剂的基本成分。它呈白色,熔点262 ℃,易溶于水和酒精,吸水性极强,敞放空气中即迅速与空气中的水分结合而形成水溶液。氯化锌溶液的钎剂作用在于形成络合酸

$$ZnCl_2 + H_2O \rightarrow H[ZnCl_2OH]$$

它能溶解金属氧化物,如氧化亚铁

$$FeO + 2H[ZnCl_2OH] \rightarrow H_2O + Fe[ZnCl_2OH]_2$$

这种钎剂的活性取决于溶液中氯化锌的质量分数。由图7-15可见,当其质量分数在30%以下时,质量分数的增高对钎剂的活性影响很大。质量分数超过30%后对于提高钎料的铺展不起作用。因此,在这类钎剂中氯化锌的质量分数一般不超过30%。

当缺少氯化锌时可以把锌放入盐酸中直接使用

$$Zn + 2HCl \rightarrow ZnCl_2 + H_2 \uparrow$$

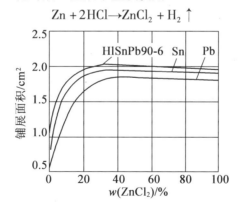

图7-15 钎料在低碳钢板上的铺展面积与钎剂中 $ZnCl_2$ 质量分数的关系

由于提高氯化锌溶液的质量分数只能在一定范围内增大其活性,为了进一步提高其钎剂性能,可添加活性剂氯化铵。氯化铵呈白色,易溶于水,在空气中加热至340 ℃发生升华。

不论是氯化锌还是氯化锌-氯化铵水溶液钎剂,用来钎焊铬钢、不锈钢或镍铬合金,

其去除氧化物的能力都是不够的,此时可使用氯化锌盐酸溶液或氯化锌 – 氯化铵 – 盐酸溶液。

对于固态的氯化锌基钎剂来说,添加氯化铵能显著降低钎剂的熔点(图 7 – 16)和黏度(图 7 – 17);同时氯化铵还能减小钎料的界面张力,促进钎料的铺展。

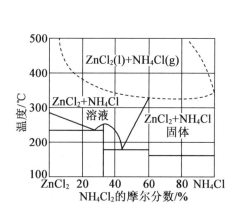

图 7 – 16　ZnCl$_2$ – NH$_4$Cl 状态图

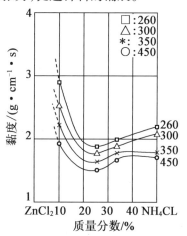

图 7 – 17　ZnCl$_2$ – NH$_4$Cl 系的黏度与成分的关系

氯化锌钎剂在钎焊时往往发生飞溅,引起腐蚀;另外,还可能析出有害气体。为了消除上述缺点及便于使用,可与凡士林制成膏状钎剂。

氯化锌钎剂加热超过 350 ℃后强烈冒烟,不便使用。为适应锌基和镉基钎料钎焊铜及铜合金的需要,可添加高熔点的氯化物,如氯化镉(熔点 568 ℃)、氯化钾(768 ℃)、氯化钠(800 ℃)等,以提高钎剂的熔点。国产剂 205 就是在 ZnCl$_2$ – NH$_4$Cl 钎剂基础上加入氯化镉和氯化钠而成的。

上述钎剂与金属氧化物作用生成的金属氯化物能同氯化铵或氯化锌形成易熔的化合物或共晶,因而容易被清除掉。

无机软钎剂由于去除氧化物的能力强,热稳定性好,能较好地保证钎焊质量,适应的钎焊温度范围和材料种类也较宽,一般的黑色金属和有色金属,包括不锈钢、耐热钢和镍合金等都可使用。但它的残渣有强烈腐蚀作用,钎焊后必须清除干净。

一些常用的无机软钎剂示于表 7 – 9 中。

表 7 – 9　常用无机软钎剂

钎剂名称	成分/%	钎焊温度/℃	适用范围
氯化锌溶液	ZnCl$_2$40,H$_2$O60	290 ~ 350	锡铅钎料钎焊钢、铜及铜合金
氯化锌 – 氯化铵溶液	ZnCl$_2$20,NH$_4$Cl15,H$_2$O65	180 ~ 320	
钎剂膏	ZnCl$_2$20,NH$_4$Cl15,凡士林 65	180 ~ 320	

表 7-9(续)

钎剂名称	成分/%	钎焊温度/℃	适用范围
氯化锌盐酸溶液	$ZnCl_2$25,HCl25,H_2O50	180~320	锡铅钎料钎焊铬钢、
磷酸溶液	$H_3PO_4$40~60,H_2O余量	—	不锈钢,镍铬合金
剂 205	$ZnCl_2$50,NH_4Cl15,$CdCl_2$30,NaF5	250~400	镉基、锌基钎料钎焊铝青铜、铝黄铜等

2. 有机软钎剂

这类钎剂主要使用了四类有机物:弱有机酸,如乳酸、硬脂酸、水杨酸、油酸等;有机胺盐,诸如盐酸苯胺、盐酸肼、盐酸二乙胺等;胺和酰胺类有机物,如尿素、乙二胺、乙酰胺、二乙胺、三乙醇胺等;天然树脂,主要是松香类的钎剂。

属于前三类的一些有机物的基本物理性能列于表 7-10 中。这些有机物的钎剂作用机理研究得还很少,因此难以确切解释。

表 7-10 一些有机物的基本物理性能

名称	化学分子式	形态	熔点/℃	沸点/℃	可用的溶剂
乳酸	$CH_3CHOH-COOH$	无色或淡黄色稠厚液体	16.8		水,酒精
硬脂酸	$C_{17}H_{35}COOH$	带光泽的白色柔软小片	70~71	383	酒精,乙醚
水杨酸	HOC_6H_4COOH	白色针状或者片状晶体	159		沸水,酒精
盐酸苯胺	$C_6H_5NH_2 \cdot HCl$	无色有光泽的晶体,在空气中变绿黑色	198	245	水,酒精
盐酸肼	$NH_2NH_2 \cdot HCl$	无色片状晶体	87~92	240(分解)	水,乙醚
盐酸二乙胺	$(C_2H_5)_2NH \cdot HCl$		217		
尿素	$CO(NH_2)_2$	无色晶体,呈中性	132.7		水,酒精
乙二胺	$H_2NCH_2CH_2NH_2$	无色黏稠液体,有氨味,呈碱性	8.5	117.6	水,酒精
乙酰胺	CH_3CONH_2	无色晶体,呈中性	82	223	水,酒精
二乙胺	$(CH_3CH_2)_2NH$	易挥发的无色液体,有氨味,呈碱性		55.5	水,酒精
三乙醇胺	$N(CH_2CH_2OH)_3$	无色黏稠液体,有吸水性,呈碱性	20~21	360	水,酒精

有人认为,有机酸的钎剂作用主要是依靠羧基的作用,以金属皂的形式除去钎焊金属和钎料的表面氧化膜。例如,以硬脂酸作钎剂、用锡铅钎料钎焊铜时,首先,硬脂酸与氧化铜反应

$$CuO + 2C_{17}H_{35}COOH \rightarrow Cu(C_{17}H_{35}COO)_2 + H_2O \uparrow$$

清除了氧化膜,生成的硬脂酸铜为绿色晶体,熔点 220℃。随后,硬脂酸铜发生热分解,吸收氢气,生成硬脂酸与金属铜,金属铜溶入钎料中,促进钎料的铺展

$$Cu(C_{17}H_{35}COO)_2 + H_2 + Sn-Pb \rightarrow 2C_{17}H_{35}COOH + Cu-Sn-Pb$$

有机胺盐均系由呈碱性的胺、肼等与酸生成的可溶性盐,在钎焊加热过程中它们又分解为酸性和碱性部分,析出酸性与碱性氧化物从而清除它们。冷却时具有腐蚀作用的

多余酸性部分又与其碱性部分结合,减轻了残渣的腐蚀作用。

上述两类有机软钎剂有较强的去氧化物能力,热稳定性尚好。其残渣有一定的腐蚀性,属于弱腐蚀性钎剂,因此,钎焊后还应清除钎剂的残渣。这些钎剂主要用于电气零件的钎焊。列举两种这类钎剂于表7-11。

表7-11　两种钎剂对比

钎剂成分/%	活性温度范围/℃	钎焊金属
乳酸15　水85	180~230	铜,黄铜,青铜
盐酸肼5　水95	150~330	

胺及酰胺类碱性或中性有机物的钎剂作用机理尚不清楚,它们的残渣腐蚀作用不大。

得到广泛采用的有机软钎剂是松香类钎剂。松香是一种天然树脂,一般呈浅黄色,有特殊气味,不溶于水,而溶于酒精、丙酮、甘油、苯等中。它在高于150℃的温度表现出具有溶解银、铜、锡的氧化物能力。

松香的钎剂作用在于它所含的松香酸$C_{19}H_{20}COOH$是弱氧化物溶剂;松香又是表面活性物质,能促进钎料的铺展。钎焊后松香的残渣牢固地黏附在接头上,没有腐蚀性,不吸潮,并有良好的电绝缘性,因此特别适用于钎焊无线电和弱电器中的导电元件。松香钎剂可以粉末形式使用,也可溶于酒精、苯、松节油等中使用。

松香钎剂去除氧化物的能力不强,只能用于钎焊银、铜等金属。同时,这种钎剂只能在300℃以下的温度使用,超过300℃时松香炭化而丧失其钎剂作用。

为了提高松香钎剂去除氧化膜的能力,可添加活性剂,这样配制成的钎剂称为活性松香钎剂。采用的活性剂属于无机盐的有氯化锌和氯化铵,但它们的添加量必须很少,否则将给钎剂带来腐蚀性;上面介绍的有机酸、有机胺盐钎剂组分也用作活性剂。添加的活性剂的种类和数量不同,钎剂的性能也就有所差别,应按具体要求选用,这类钎剂去除氧化物的能力及促进钎料铺展的作用都比松香钎剂好,可用来钎焊铜合金、钢及镍等。活性松香钎剂的残渣有轻微的腐蚀性,钎焊后应清除钎剂残渣。

应用较广的松香类钎剂列举于表7-12中。

表7-12　松香类钎剂列表

钎剂成分/%	钎焊温度/℃	适用范围
松香100 松香25、酒精75	150~300	铜、镉、锡、银
松香30、水杨酸2.8、三乙醇胺1.4、酒精余量	150~300	铜及铜合金
松香30、氯化锌3、氯化铵1、酒精66	290~360	铜、铜合金、镀锌铁及镍
松香24、三乙醇胺2、盐酸乙二醇4、酒精70	200~350	

7.4.3 硬钎剂

硬钎料的熔点在600 ℃以上,因而硬钎剂也必须相应地具有较高的熔点。现有硬钎剂主要是以硼砂、硼酸及它们的混合物作为基体,为了得到合适的熔点并增强去除氧化物的能力,添加各种碱金属或碱土金属的氟化物、氟硼酸盐组成的。

硼酸 H_3BO_3 为白色六角片状晶体,可溶于水和酒精,加热时分解,形成硼酐 B_2O_3

$$2H_3BO_3 \rightarrow B_2O_3 + 3H_2O \uparrow$$

硼酐熔点580 ℃,具有很强的酸性,能与铜、锌、镍和铁的氧化物形成较易熔的硼酸盐

$$MeO + B_2O_3 \rightarrow MeO \cdot B_2O_3$$

生成的硼酸盐在低于900 ℃温度下不大溶于硼酐而形成不相混的两层液体,因此,去除氧化物的效果不好。同时在900 ℃以下硼酐的黏性很大,故只有在高于900 ℃温度(相当于铜基钎料的钎焊温度)钎焊时才具有较大的活性。

硼砂 $Na_2B_4O_7 \cdot 10H_2O$ 是单斜类白色透明晶体,能溶于水,加热到200 ℃以上时,所含的结晶水全部蒸发,结晶水蒸发时硼砂发生猛烈的沸腾,降低保护作用,因此应脱水后使用。硼砂在741 ℃熔化,在液态下分解成硼酐和偏硼酸钠

$$Na_2B_4O_7 \rightarrow B_2O_3 + 2NaBO_2$$

硼砂去除氧化物的作用仍是基于硼酐与金属氧化物形成易熔的硼酸盐,但分解形成的偏硼酸钠能进一步与硼酸盐形成熔点更低的混合物,有效地清除它们。因此作为钎剂,硼砂的去氧化物能力比硼酸强。实际上,单独作为钎剂采用的只是硼砂。但硼砂的熔点比较高,且在800 ℃以下黏性较大,流动性不够好,只适于800 ℃以上的钎焊温度使用。

硼砂和硼酸的混合物是应用很广泛的钎剂。它们的状态如图7-18所示。由图7-18看,钎剂中的含硼酸量比例大时,可以降低钎剂的熔点。另外,加入硼酸能减小硼砂钎剂的表面张力(图7-19),促进硼砂钎剂的铺展。

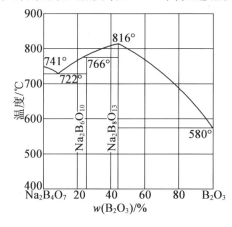

图7-18 硼砂-硼酸系平衡状态图

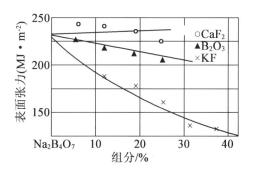

图7-19 950 ℃时钎剂组分对熔化硼砂的表面张力的影响

硼砂和硼酸作为钎剂具有下列缺点：

（1）硼砂和硼酸的活性温度很高，均在 800 ℃以上，只能配合铜基钎料使用。

（2）硼砂和硼酸的去氧化物能力不强，不能去除铬、硅、铝、钛等的氧化物。因此不能用于钎焊含这些元素多的合金钢、不锈钢和高温合金。

（3）硼砂和硼酸的残渣对金属的腐蚀作用虽然不大，但在接头表面可形成玻璃状硬壳，不溶于水，也难用机械方法清除干净。

在硼砂 – 硼酸系钎剂中加入氟化钙，提高了钎剂去氧化物的能力，使钎剂可用于钎焊不锈钢及高温合金。但氟化钙熔点很高，对降低钎剂活性温度不起作用。添加氟化钾不仅提高了钎剂的去氧化物的能力，且能降低钎剂的熔点及表面张力，使其活性温度降至 650 ~ 850 ℃。钎剂中加入氟硼酸钾，在 530 ℃熔化，随后分解

$$KBF_4 \rightarrow KF + BF_3$$

生成的氟化硼比氟化钾的去氧化物能力更强，同时使钎剂活性温度继续降低。

氟硼酸钾由于其熔点低，去氧化物的能力强，也可作为钎剂基体使用，对于熔点低于 750 ℃的银基钎料是一种性能很好的钎剂。

一些典型硬钎剂的成分示于表 7 – 13 中。

表 7 – 13　典型硬钎剂的成分

牌号	成分/%	钎焊温度/℃	适用范围
	硼砂 100 硼砂 25，硼酸 75	850 ~ 1 150	铜基钎料钎焊碳钢、铜及铜合金
201（苏）	硼酸 80，硼砂 14.5，氟化钙 5.5		铜基钎料钎焊不锈钢、合金钢、高温合金
剂 104	硼砂 50，硼酸 35，氟化钾 15	650 ~ 850	银基钎料炉中钎焊铜合金、钢、不锈钢
剂 102	氟化钾（脱水）42，氟硼酸钾 23，硼酐 35	600 ~ 850	银基钎料钎焊铜及铜合金、合金钢、不锈钢和高温合金
剂 101	硼酸 30，氟硼酸钾 70	550 ~ 850	
剂 103	氟硼酸钾 >95，碳酸钾 <5	550 ~ 750	
284（苏）	氟化钾（脱水）35，氟硼酸钾 42，硼酐 23	550 ~ 850	

应该注意的是，含氟量高的钎剂在熔化状态下与钎剂金属能强烈作用，腐蚀钎焊金属，并可能在钎缝中形成气孔。同时钎焊时产生大量的含氟蒸气，有害于人体的健康。特别是含大量氟硼酸钾的钎剂，温度高于 750 ℃时迅速分解，最好在低于 750 ℃、通风良好的条件下使用。另外，它们也不适用于炉中钎焊。

上述钎剂的残渣均有腐蚀性，钎焊后必须仔细清除它们。

7.4.4　铝用钎剂

铝及其合金熔点较低，化学活性很强。其表面氧化膜熔点极高，稳定性极大，并强固而

致密地附着在金属上。前面介绍的各类钎剂都不能满足钎焊铝及其合金的需要,必须采用专门的钎剂。铝用钎剂可分为铝用软钎剂和铝用硬钎剂两类,下面分别加以介绍。

铝用软钎剂按其去除氧化膜的方式不同又可分为有机钎剂和反应钎剂两类。

(1)铝用有机软钎剂。这类钎剂的主要组分为几种氟硼酸盐,而以有机物三乙醇胺作为它们的溶剂。典型的成分示于表 7 - 14 中。

这类钎剂的作用,主要依靠生成的有机氟硼化物(例如,三氟化硼 - 三乙醇胺)去除铝的氧化膜;同时,重金属氟硼化物析出沉淀金属,改善钎料在铝上的铺展。

表 7 - 14　铝用有机软钎剂

牌号	成分/%	特性
剂 204	三乙醇胺 82.5、氟硼酸铵 5、氟硼酸镉 10、氟硼酸锌 2.5	半透明液体;钎焊温度 180 ~275 ℃,
	三乙醇胺 83、氟硼酸 10、氟硼酸镉 7	残渣腐蚀性不明显

使用这类钎剂钎焊时,最好采用快速加热的方法,并应避免钎剂过热,因为它们的热稳定性较差,长时间加热会失去活性;同时,温度超过 275 ℃时钎剂将炭化失效。另外,钎剂在作用过程中析出大量气体,呈现沸腾状态,因此不能保证得到致密的钎缝。

此种钎剂无吸湿性,暴露于空气中会逐渐干涸。其残渣也不吸潮,且易用水洗去。

(2)铝用反应钎剂。反应钎剂的主要组分是锌、锡等重金属氯化物。为了提高活性,添加了少量锂、钠、钾的卤化物。一般都含有氯化铵或溴化铵,以改善润湿性及降低熔点。

在钎焊加热中,重金属氯盐渗过氧化铝膜的裂缝与铝反应

$$2Al + 3ZnCl_2(SnCl_2) \rightarrow 2AlCl_3 + 3Zn(Sn)$$

破坏了氧化铝膜与铝的结合。同时,生成的 $AlCl_3$ 沸点仅 194 ℃,在钎焊温度下变成蒸气跑掉。再加以其他卤化物的作用,氧化铝膜得以清除。为铝所置换的锌及锡以纯金属形成沉积在铝表面,促进了钎料的铺展。

反应钎剂一般以粉末状及溶在有机溶剂(乙醇、甲醇等)中使用。它具有极大的吸湿性,钎剂粉末置于空气中顷刻间化为水溶液。且钎剂吸水后形成氯氧化物而丧失活性。因此,应密封保存、谨防受潮,且不能以水溶液使用。

典型的铝用反应钎剂列举于表 7 - 15。

表 7 - 15　铝用反应钎剂

牌号	成分/%	钎焊温度/℃
	$ZnCl_2$90、NH_4Cl8、NaF2	300 ~ 400 ℃
剂 203	$ZnCl_2$55、$SnCl_2$28、NH_4Br15、NaF2	270 ~ 380 ℃
Φ220A(苏)	$ZnCl_2$90、NH_4Cl8、KF1.2、LiF0.6、NaF0.2	320 ~ 450 ℃

最后必须指出的是,所有铝用软钎剂钎焊时都产生大量白色有刺激性和腐蚀性的浓烟,因此使用时应注意通风。

(3)铝用硬钎剂。常用的有氯化物基和氟化物基两种类型。

铝用氯化物型硬钎剂的配制原则是:以碱金属或碱土金属的氯化物的二元或三元低熔混合物作为基体组分,再加入氟化物去膜剂。有时还添加某些重金属氯化物作为活性剂。

采用碱金属或碱土金属氯化物二元或三元混合物作为钎剂基体组分,首先是由于它们的熔点能满足钎焊铝的需要;其次,它们与铝没有明显的作用,且具有一些去除氧化铝膜的能力。可供选择的低熔氯化物混合物有两类;一类含氯化锂;另一类不含氯化锂。虽然就熔点来说二者均能满足要求,但从钎剂的其他性能看存在差别。含氯化锂钎剂的优点是:去除氧化膜的能力较强,铺展性较好,黏度较小,熔点也较低,有利于保证钎焊质量。因此,目前广泛使用的是含氯化锂的钎剂,它们基本上都是以 LiCl – KCl 二元系或 LiCl – KCl – NaCl 三元系为基体。

7.5　常见钎焊方法

钎焊方法的主要作用在于创造必要的温度条件,保证选择适当的钎焊金属,钎料和钎剂之间必要的物理化学过程得以正常的进行,从而获得优质的钎焊接头。钎焊方法种类甚多,特别是随着许多热源的发现和使用,相应地出现了不少新的钎焊方法。本节仅简单介绍生产中广泛应用的几种钎焊方法。图 7 – 20 展示了一般钎焊方法的分类。

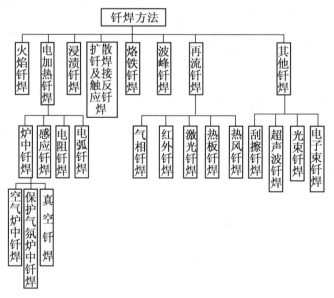

图 7 – 20　常见钎焊方法

7.5.1　烙铁钎焊

烙铁钎焊是依靠特殊的钎焊工具(烙铁)的头部积聚的热量熔化钎料,并将它进给到焊件的钎焊处,同时加热钎焊处的金属而完成钎焊接头的。由于烙铁积聚的热量有限,因此这种方法只适用于以软钎料钎焊不大的焊件,故广泛应用于无线电、仪表等工业部门。

这种钎焊方法使用的主要工具是烙铁。其工作部位烙铁头是一金属杆或金属块,它具有楔形的端头,便于钎焊时进给钎料及加热钎焊金属。通常,烙铁头均用紫铜制作。烙铁的加热有两种方式:一种是用外热源(如煤火、气体火焰等)加热;另一种是靠本身恒定作用的热源保持烙铁头的一定温度。目前应用广泛的电烙铁属于后者。

钎焊时,把加热了的烙铁先沾上钎剂,然后熔化并沾上钎料,要使烙铁头与焊件钎焊处接触,此时,液态钎料层是烙铁和焊件间良好的导热体,热量迅速地由烙铁头传给焊件,把钎焊处加热到钎焊温度。烙铁钎焊时,选用的烙铁大小(电功率)应与焊件的质量相适应,才能保证必要的加热速度和钎焊质量。手工钎焊用的烙铁质量通常限制在 1 kg以下。再大的烙铁,使用起来太累人,因此,限制了烙铁钎焊所能钎焊的焊件大小。

烙铁钎焊时可采用钎剂、刮擦和超声波的去膜方法。超声波烙铁的烙铁头应使用蒙乃尔合金或镍铬钢等制造。比起紫铜来,这些材料在液态钎料的空化作用下产生的破坏较小。

7.5.2　火焰钎焊

火焰钎焊应用很广。它通用性大,所需设备简单轻便,燃气来源广,不依赖电力供应,并能保证必要的质量。主要用于以铜基钎料、银基钎料来钎焊碳钢、低合金钢、不锈钢、铜及铜合金的薄壁和小型焊件,也用于钎焊铝及铝合金。

这种钎焊方法是用可燃气体或液体燃料的气化产物与氧或空气混合燃烧所形成的火焰来实现钎焊加热的。

最常用的是氧乙炔焰。氧乙炔焰的温度最高可达 3 000 ℃以上。钎焊时,钎焊金属只需加热到比钎料熔点略高的温度(很少超过 1 200 ℃)。因此常以火焰的外焰区来加热,因为该区火焰的温度较低而体积较大。应当使用中性焰或过乙炔焰,以防止钎焊金属和钎料氧化。一般可使用普通的气焊炬进行钎焊,但最好使用特种的多孔喷嘴,此时得到的火焰比较分散,温度比较适当,有利于保证均匀加热。氧乙炔焰主要用于钎焊铜和钢。

由于氧乙炔焰的高温对钎焊来说不总是必要的,有时甚至有害(如易造成钎焊温度过高甚至烧熔焊件等),因此可以采用压缩空气代替纯氧,用其他燃气代替乙炔。如压缩空气雾化汽油火焰,空气液化石油气火焰等。火焰温度比氧乙炔焰低,适于铝合金的硬钎焊。

火焰钎焊时,通常是用手进给棒状或丝状的钎料,通常使用钎剂去膜。膏状钎剂和钎剂溶液是最便于使用的,加热前即可把它们均匀地涂在钎焊表面上。对粉末状钎剂则可借烧热的钎料棒来黏附,然后一起送到加热了的钎焊表面。火焰钎焊时,为了保证加热均匀,首先应使火焰来回移动,把整条钎焊缝加热到接近钎焊温度,然后再从一端开始用火焰连续向前熔化钎料,填满钎缝间隙。

7.5.3　电阻钎焊

电阻钎焊的基本原理与电阻焊相同,是依靠电流通过焊件的钎焊处产生的电阻热加热焊件和熔化钎料而实现钎焊的。钎焊时在钎焊处也要施加压力。

电阻钎焊有两种方式:直接加热的方式和间接加热的方式(图7-21)。直接加热的电阻钎焊时,电极压紧两个焊件的钎焊处,电流通过钎焊面而形成回路,靠通电中钎焊面产生的电阻热加热到钎焊温度。其特点是仅焊件的钎焊处被加热,具有直接的局部的性质,因此加热速度很快;要求保证零件钎焊面互相紧密贴合,否则,将因接触不良造成局部过热。再则,这种方法不能使用固态钎剂,因其不导电,因此使用自钎剂钎料(如磷铜钎料)是最适宜的。当必须采用钎剂时,应以水溶液或酒精溶液形式使用。

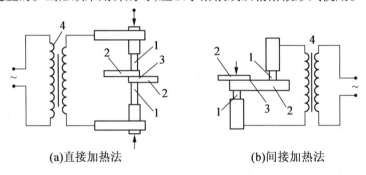

(a)直接加热法　　　　　　　　　　(b)间接加热法

1—电极;2—焊件;3—钎料;4—变压器

图7-21　电阻钎焊原理图

在间接加热的电阻钎焊方法中,电流或只通过一个零件,或根本不通过焊件。对于前者,钎料的熔化和另一零件的加热均依靠通电加热的零件向它们导热来实现;至于后者,电流是通过并加热一个较大的石墨板或耐热合金板,焊件置于此板上,全部依靠导热来实现钎焊。由于电流不需通过钎焊面,因此可以使用固态钎剂,对焊件钎焊面的配合要求也可以稍宽些。但为了保证装配准确度和加快导热过程,对焊件仍需压紧。这种方法的优点是便于钎焊热物理性能差别大的材料或厚度相差悬殊的焊件,不会出现加热中心偏离钎焊面的情况。这种方法加热速度慢,适用于小件的钎焊。

电阻钎焊最适于采用箔状钎料,它可以方便地直接放在钎焊面间。使用钎料丝时,应等钎焊面加热到钎焊温度后,将钎料丝末端置于钎缝间隙旁,直至钎料熔化、填满间隙并在四周呈现圆角为止。

电阻钎焊通常可在普通的电阻焊机上进行,也可使用专门的电阻钎焊设备。电极可用铜合金、石墨、耐热钢或高温合金制造。为了保证加热均匀,使用直接加热的方式时,电极的端面应制成与钎焊接头相应的形状和大小。

在微电子产品中,往印刷电路上装联元器件引线时,由于结构原因,也多采用两个电极在同一侧的所谓平行间隙钎焊法,如图 7 - 22 所示。

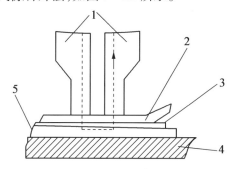

1—电极;2—引线;3—钎料;4—底座;5—金属箔

图 7 - 22　平行间隙钎焊法

电阻钎焊的优点是加热迅速,生产率高,劳动条件好。但加热温度不易控制,接头尺寸不能太大,形状不能很复杂,这是它的缺点。目前主要用于钎焊刀具、电机的定子线圈、导线端头以及各种电气元件上的触点等。

7.5.4　感应钎焊

感应钎焊时焊件处的加热是依靠它在交变磁场中产生的感应电流的电阻热来实现的。在线圈的交变磁场中导体内所产生的感应电流大小 I 为

$$I = \frac{E}{Z} = \frac{4.44 BSfW \times 10^{-12}}{Z}(\mathrm{A}) \tag{7-8}$$

式中　B——最大磁感应强度,T;

　　　S——焊件受磁场作用的断面积,cm^2;

　　　f——交流电的频率,周/s;

　　　W——线圈(感应圈)的匝数;

　　　Z——焊件的全部阻抗,Ω。

由式(7-8)可知,导体内的感应电流与交流电的频率成正比。随着所用的交流电频率的提高,感应电流增大,焊件的加热变快,基于这一点,感应加热大多使用高频交流电。但应注意到频率对交流电表面效应的影响。通常取 85% 的电流所分布的导体表面层厚度称为电流渗透深度,以表征表面效应的强弱,即

$$\delta = 5.03 \times 10^4 \sqrt{\frac{\rho}{\mu f}} \tag{7-9}$$

式中　δ——导体中电流的渗透深度,mm;

　　　ρ——导体的电阻系数,$\Omega \cdot \mathrm{m}$;

　　　μ——导体的磁导率,$\mathrm{T}/(\mathrm{A} \cdot \mathrm{m})$。

式(7-9)表明,电流渗透深度与电流的频率有关。频率越高,电流渗透深度越小,虽使表面层迅速加热,但加热的厚度却越薄,零件的内部只能靠表面向内部导热来加热。由此可见,选用过高的交流电频率并不是有利的。

电流渗透深度也与材料的电阻系数和磁导率有关。电阻系数越大,则电流渗透深度越深,表面效应越小。导体的磁导率越小,电流的渗透深度也越大。钢在温度低于768 ℃时,磁导率很大,表面效应显著;温度高于768 ℃后,磁导率急速减小,表面效应也因此减弱,有利于比较均匀地加热。非磁金属如铜、铝等,磁导率减小,也不随温度变化,表面效应都较小。表7-16列举了电流渗透深度与材料和电流频率的关系。

表7-16　电流渗透深度与材料和电流频率的关系

频率 /(周·s^{-1})	电流渗透深度/mm			
	钢(<768 ℃)	钢(>768 ℃)	铜	铝
50	2.4	92	9.5	11
2×10^3	0.5	14	1.5	1.8
10^4	0.2	6	0.67	0.8
10^5	0.07	2	0.21	0.25
10^6	0.02	0.6	0.07	0.08
10^8	0.002	0.06	0.007	0.008

在确定钎焊工艺参数时必须考虑钎焊金属的有关物理性能对电流渗透深度的影响。

感应钎焊所用设备主要由两部分组成,即交流电源和感应圈。另外,为了夹持和定位焊件,还需使用辅助夹具,图7-23是感应钎焊设备的原理图。

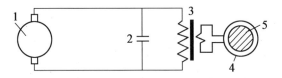

1—交流电源;2—电容;3—变压器;4—感应圈;5—焊件
图7-23　感应钎焊装置原理图

交流电源按其频率不同可分为高频、中频和工频三种。工频电源很少直接用于钎焊。中频电源(1~10 千周/s)可以是发电机,也可以是可控硅中频发生器。高频电源主要是电子管高频发生器。它有较高的频率(150~700 千周/s),加热迅速,特别适合于钎焊薄件,因此得到广泛的应用。选用交流电源时主要依据钎焊所需要的电流频率和功率,这些都需结合焊件的大小和材料来考虑。

感应圈是感应钎焊设备的重要元件,交流电源的能量是通过它传递给焊件而实现加热的。因此感应圈的结构是否合理,对于保证钎焊质量和提高生产率有重大的影响。图7-24所示为感应圈的典型结构。正确设计和选用感应圈的基本原则是:保证焊件加热速度、均匀性及高效率。通常感应圈均用紫铜管制作,工作时管内通水冷却管壁厚度应不小于电流渗透深度,一般取1~1.5 mm。为了提高加热效率,应尽量减少感应圈本身及与焊件之间的无用间隙。为此,感应圈应有与焊件相同的外形,与焊件之间的间隙最好不大于 2~3 mm。其匝间距离取为管径的 0.5~1 倍。在条件许可时应尽量采用外热式感应圈,这是由于电流的环向效应,外热式感应圈加热效率较高。

(a)单匝感应圈 (b)多匝螺管形感应圈 (c)扁平式感应圈 (d)外热式 (e)内热式

图 7-24 感应圈形式

感应钎焊时往往需要使用一些辅助夹具,以夹持和定位焊件,保证其装配准确度及与感应线圈的正确相对位置。它们对于提高生产率和保证钎焊质量有重要作用。特别是在自动和半自动感应钎焊设备中已经发展为一套复杂装置。在设计夹具时应注意的是,与感应线圈邻近的夹具零件尽力避免使用金属,以免感应加热。

感应钎焊操作可分为手工的、半自动的和自动的三种。

手工感应钎焊时,焊件的装卸、钎焊过程的调节都由手工操作。这种方法只适用于简单焊件的小量生产,生产效率低,对工人技术水平要求高。手工操作具有较大的灵活性,例如当钎焊设备技术规格不合适而又需钎焊厚件时,有时可借断续加热来解决。

半自动感应钎焊,焊件的装卸和通电加热均靠人操作,而钎焊过程结束的断电借助于时间继电器或光电控制器自动控制。

自动感应钎焊是利用传送带或转盘把焊件不断送入感应圈中,感应圈是盘式或隧道式的,不妨碍焊件的进出。工作时感应圈一直通电,焊件的加热靠调整传送机构的运动速度来保证。这种方法生产率高,主要用来钎焊大量生产的小件。

感应钎焊时焊件放在感应圈中,难以进给钎料。因此必须在装配时预先把钎料和钎剂放好。可使用箔状、丝状、粉末状和膏状的钎料。安置的钎料不应形成封闭环,以免因自身的感应电流加热而过早熔化。

感应钎焊可采用钎剂和气体介质去膜。液状或膏状的钎剂是最适用的。在借气体介质去膜时感应钎焊有两种方式:一种是感应圈放在钎焊容器外,借感应加热容器来加热容器中的焊件;另一方式是感应圈置于容器内,焊件在感应圈中直接加热,真空感应钎焊均采用这种方式。

感应钎焊广泛用于钎焊钢、铜及铜合金、高温合金等具有对称形状的焊件。铝合金硬钎焊由于温度不易控制,很少使用这种方法。

7.5.5 浸沾钎焊(在液体介质中钎焊)

浸沾钎焊是把焊件局部或整体地浸入熔化的盐混合物或钎料中来实现钎焊过程的。

这种钎焊方法,由于液体介质热容量大,导热好,能迅速而均匀地加热焊件,钎焊过程的持续时间一般不超过 2 min。因此,生产率高,焊件的变形、晶粒长大和脱碳等都不显著。钎焊过程中液体介质隔绝空气,保护焊件不受氧化。并且钎焊过程容易实现机械化,有时还能同时完成淬火、渗碳、氰化等热处理过程。因此在工业中广泛采用来钎焊各种合金。

浸沾钎焊依所用的液体介质不同分为两类:盐浴浸沾钎焊和熔化钎料中浸沾钎焊。

7.5.6 盐浴浸沾钎焊

盐浴浸沾钎焊时,焊件的加热和保护是靠盐浴来实现的。因此盐浴成分选得是否合适影响很大。对盐浴成分应有如下要求:要有合适的熔点;对焊件能起保护作用而无不良影响;成分和性能稳定,一般情况下不选用相应的钎剂作为盐浴。实际使用的多为氯盐的混合物。表 7-17 列举了一些用得较广的盐浴成分,适用于以铜基钎料和银基钎料钎焊钢、铜及其合金、合金钢及高温合金钢。在这些盐浴中浸沾钎焊时需使用钎剂去除氧化膜。

表 7-17　钎焊用的盐浴

成分/%				熔点 /℃	钎焊温度范围 /℃
NaCl	CaCl$_2$	BaCl$_2$	KCl		
30	—	65	5	510	570~900
22	48	30	—	435	485~900
22	—	48	30	550	605~900
—	50	50	—	595	655~900
22.5	77.5	—	—	635	665~1 300
—		100	—	962	1 000~1 300

只有铝及其合金浸沾钎焊时,使用钎剂作盐浴。

为了保证钎焊质量,必须定期检查盐浴的组成及杂质含量并加以调整。

盐浴浸沾钎焊的基本设备是盐浴槽。现在工业上用的盐浴槽大多是电热的。加热方式有两种:一种是外热式的,即由槽外部用电阻丝加热,加热速度慢,且槽子必须采用导热好的金属制造,不耐盐浴的腐蚀,因此应用不广;广泛使用的是内热式盐浴槽,即靠电流通过盐浴产生的电阻热来加热自身并进行钎焊。

典型的内热式盐浴槽的结构示于图 7-25。其内壁可使用能承受盐浴腐蚀的材料制成,一般盐浴用铝砖或不锈钢,铝钎焊盐浴用石墨或镍板。加热电流通过安置在盐浴中的电极导入。电极材料也视盐浴成分而定,一般盐浴可用碳钢、紫铜,对铝钎焊盐浴则采用石墨、不锈钢等。为了保证安全,通常为低电压大电流的交流电。

盐浴浸沾钎焊时,由于焊件浸入盐浴时盐液的黏滞作用,盐液的电磁循环,可能使零件或钎料发生错动,因此必须进行可靠的定位,使用带钎料层的双金属板是最方便的。

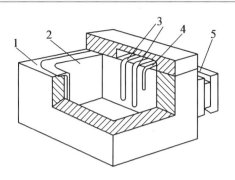

1—炉壁;2—槽;3—电极;4—热电偶;5—变压器

图 7-25 内热式盐浴槽

由于盐浴的保护作用,用铜或黄铜钎焊结构钢时可以不用钎剂。以银基钎料钎焊时仍需使用钎剂。加钎剂的方法,是把焊件浸入熔化的钎剂中或钎剂水溶液中,然后加热到 120～150 ℃除去水分。

为了减小焊件浸入时盐浴温度的下降,以缩短钎焊时间,最好采用两段加热的方式:即先用电炉预热到 200～300 ℃(铝件浸沾钎焊前常需 550 ℃的预热),再浸入盐浴钎焊。

钎缝为沿细长孔道分布的焊件不应使孔道水平地浸入盐浴,致使空气被堵塞在孔道中间而阻碍盐液流入,造成漏钎。必须以一定的倾斜角浸入。钎焊结束后,焊件也应以一定的倾角取出,以便盐液流出孔道,避免冷凝在里面。但倾角不能过大,以免尚未凝固的钎料流积在接头一端或流失。

钎焊前,一切要接触盐浴的器具均须预热除水,以免接触盐浴时引起盐液猛烈喷溅。

盐浴浸沾钎焊有如下的缺点:使用大量的盐类,成本较高,特别是铝钎焊盐浴要大量使用含氯化锂的钎剂;盐浴往往放出腐蚀性蒸气,使劳动条件较差,同时遇水有爆炸危险;电能消耗大;不适于钎焊有深孔、盲孔和封闭的焊件,此时盐液很难流入和排出。

7.5.7 炉中钎焊

炉中钎焊利用电阻炉来加热焊件。按钎焊过程中焊件所处的气氛不同,可分为四种:即空气炉中钎焊;还原性气氛炉中钎焊;惰性气氛中钎焊和真空炉中钎焊。分别介绍如下:

1. 空气炉中钎焊

空气炉中钎焊的原理很简单,即把加有钎料和钎剂的焊件放入一般的工业电炉中加热至钎焊温度。依靠钎剂去除钎焊处的表面氧化膜,熔化的钎料流入钎缝间隙,冷凝后形成接头。

这种方法加热均匀,焊件变形小,所用的设备简单,成本较低。虽然加热速度较慢,但由于一炉可同时钎焊多件,生产率仍然很高。它的严重缺点是:由于加热速度慢,又是对焊件整体加热,因此钎焊过程中焊件会遭到严重的氧化,钎料熔点高时更为显著。因此它的应用受到限制。目前较多地用于钎焊铝及铝合金。

为了缩短焊件在高温停留的时间,钎焊时可先把炉温升到稍高于钎焊温度,再放入焊件。

钎剂以水溶液或膏状使用最方便。一般是先涂在焊件上,再放入炉中加热。有强腐蚀性的钎剂,应等焊件加热到接近钎焊温度后再加。

保证钎焊质量的重要一环是严格控制炉温。钎焊铝合金时应控制炉温与规定的钎焊温度波动不超过 5 ℃,同时必须保证炉膛中的温度均匀。

2. 保护气氛炉中钎焊

保护气氛炉中钎焊时,加有钎料的焊件是在还原性气氛或惰性气氛包围下在电炉中加热来钎焊的。依使用的气氛不同,可分别称之为还原性气氛炉中钎焊和惰性气氛炉中钎焊。

保护气氛炉中钎焊设备由供气系统、钎焊炉和温度控制装置组成。供气系统包括气源、净气装置及管道、阀门等。

以氢作为还原性气体时,可使用由氢气发生站输送来的或瓶装的液体氨,通过专门的分解器进行分解。分解器依靠加热至 650 ℃左右的铁屑或磁铁矿,把氨加热分解为 N_2 和 H_2。作为中性气体使用的氩和氮一般以瓶装供应。

净气装置用以清除所用气体中的水分和氧等杂质,降低气体的露点和氧分压,提高它们去除氧化物的能力。装置包括除水和除氧两部分。一般的净化过程是把氢按顺序通过下列物质:硅胶—分子筛—105 催化剂—分子筛。硅胶和分子筛起脱水作用。105催化剂去触媒作用,促使氢与所含的氧化合成水。因此需要再次通过分子筛脱水。这样净化过的氢露点可降低到 – 60 ℃。氩不能用 105 催化剂去氧,此时需把氩通过温度850 ~ 920 ℃的海绵钛。

保护气氛钎焊炉通常设有钎焊室和冷却室。较先进的为三室结构,即除钎焊室、冷却室外还有预热室。炉内通保护气体,其压力较大气压高,借以防止外界空气的渗入。典型的钎焊炉原理如图 7 – 26 所示。其工作原理如下:装配好的焊件经过炉门 1 送入预热室 2,焊件在预热室内缓慢加热,防止了变形。然后送入钎焊室 3,在这里焊件加热到钎焊温度,完成钎焊过程;钎焊好的焊件进入围有水套的冷却室 4,在气体保护下冷却到100 ~ 150 ℃,最后经出口 5 取出。焊件的送入和取出可以是人工的,也可以是自动的。后一种情况是使用了底部安装有网状运输带或辊道运输带的钎焊炉。

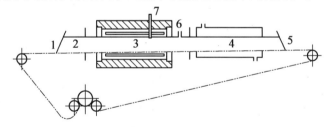

1—入口炉门;2—预热室;3—钎焊室;4—冷却室;5—出口;6—气体入口;7—热电偶

图 7 – 26　保护气氛钎焊炉原理图

上述炉子只适于钎焊碳钢,因为炉门的经常开启,炉内砖衬吸收气体,使得钎焊室中很难保持纯净的气氛。钎焊合金钢、不锈钢件需在密封的钎焊容器内进行。这时可使用一般的电炉来加热。图 7 – 27 所示的是一个用来钎焊小件的砂封容器。此外,容器还可采用熔焊封死或螺栓夹紧气密垫圈等方法来密封。

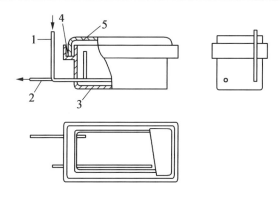

1—保护气体进气口;2—保护气体出气口;3—容器;4—砂封槽;5—顶盖

图 7 - 27　钎焊容器结构图

还原性气氛炉中钎焊时,为了防止氢中混有空气而引起爆炸,炉子或容器在加热前应先通 $10 \sim 15$ min H_2,以充分排除内部的空气,直到它们的气体出口处的火焰正常燃烧后再通电加热。惰性气氛炉中钎焊时,炉子或容器加热前也要先用纯氩吹尽其中的空气。对于容器最好是按抽真空、充氩,再抽真空、再充氩的程序重复两三次,可使容器中的残余空气含量降至很低。然后进行钎焊,能获得最优良的质量。

在钎焊过程中应连续地向钎焊室和容器内通入保护气体,使钎焊过程在流动的纯保护气氛中进行。这是保证钎焊区保护气体纯度的需要,也是使炉内气氛可保持一定的剩余压力、防止空气渗入所必需的。过剩的保护气体经出口管排出。对于氢气,还应点火使之在出口处烧掉,以消除它在炉旁积聚的危险。

钎焊结束断电后,应等炉中或容器中的温度降至 200 ℃ 以下再停止供气。这不仅是为了防止发生爆炸,而且是出于保护加热元件和焊件不被氧化的需要。

3.真空炉中钎焊

真空炉中钎焊是一种比较新的钎焊方法,已经成功地用来钎焊含有铬、钛、铝等元素的合金钢、高温合金、钛合金、铝合金及难熔金属,而不需使用钎剂。所得到的钎焊接头光亮致密,具有好的力学性能和抗腐蚀性能。

真空炉中钎焊设备主要由两部分组成:钎焊炉和真空系统。

钎焊炉可分热壁型和冷壁型两类。

热壁型真空炉实际上是一真空钎焊容器。焊件放在容器内,容器放入空气中冷却。这种设备制作较易,钎焊后空冷,缩短了生产周期,防止了钎焊金属晶粒长大;绝热材料在容器外,减少了加热时的放气。但容器在高温、真空条件下受到巨大压力而易变形。因此大型热壁炉常做成双容器,即加热炉的外壳也设计成低真空容器(图 7 - 28)。

冷壁型真空炉把加热炉与钎焊室合为一体。炉壁做成水冷套,内置热反射屏,它由 4 ~ 5 层表面光洁的薄金属板组成,依据炉子的使用温度不同的材料可选用钼片或不锈钢片。它的作用是防止热量向外辐射,保护炉壳并提高加热效率。在反射屏内侧均匀分布着加热元件,根据加热温度高低它们可以是钼丝或铁铬铝丝。炉子通过炉盖密封起来(图7 - 29)。

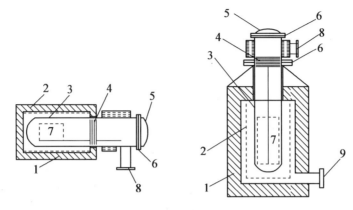

1—炉壳;2—加热器;3—真空容器;4—反射屏;5—炉门;6—密封环;7—工件;8—接扩散泵;9—接机械真空泵

图7-28 热壁型真空炉简图

工作中炉壳由于水冷和热反射屏的保护,温度不高,因此能很好地承受外部的空气压力。适于制造高温及大型的炉子。这种形式的真空炉使用比较方便安全,加热效率也较高。缺点是结构较复杂,制造费用高。钎焊后焊件只能随炉冷却,而在低温阶段炉温下降缓慢,使生产率很低。近年来国内外已发展了双室及多室连续钎焊炉,在不破坏加热室真空的情况下,焊件的装入、钎焊、冷却及取出可连续操作,提高了生产率。

真空系统通常包括机械真空泵、油扩散泵、真空管道、真空阀门等(图7-30)。当只要求10^{-3}毛(1毛=133 Pa)以下真空度时,只用机械泵即可;要求更高的真空度时需同时使用扩散泵,此时能达到的真空度为10^{-6}毛。

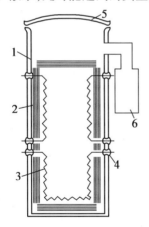

1—炉壳;2—反射屏;3—加热元件;
4—绝缘子;5—炉盖;6—真空泵

图7-29 冷壁型真空炉简图

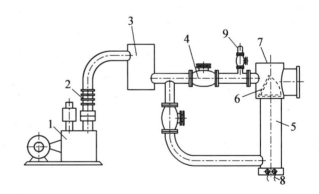

1—机械真空泵;2—波纹管补偿器;3—过滤器;4—真空阀;
5—油扩散泵;6—真空转向阀阀门;7—真空转向阀;
8—油扩散泵加热器;9—通气阀

图7-30 真空系统简图

系统内的气体压力可用真空计测量。低于10^{-3}毛的真空度可用冷阴极电离真空计和热电偶真空计测定。更高的真空度则需要热阴极电离真空计、压缩真空计或放射性真空计。

真空系统工作过程如下:开始加热前先对炉腔或容器抽真空。此时必须通过真空转向阀断开扩散泵,只经过机械泵对它们抽真空。待它们的真空度达到 10^{-2} 毛后转动转向阀门,使机械泵通过扩散泵与炉腔或容器相接,即扩散泵与机械泵同时工作,将真空炉抽空至所要求的真空度,然后开始升温加热。在整个加热过程中应使真空系统持续工作,以维持炉内要求的真空度,抵消下列因素对炉内真空度的影响:真空系统和钎焊炉的各接口处的空气渗漏;炉壁、夹具和焊件等吸附的空气和水分的释放;金属与氧化物在高温能维持的真空度一般比起它在常温能达到的真空度要低半个到一个数量级。钎焊后焊件应继续保持在真空或保护气氛中冷却以防氧化,因此仍需继续抽气或向炉中通入还原性气体或惰性气体。

真空炉中钎焊的主要优点是钎焊质量高,可以钎焊那些用其他方法难以钎焊的材料。但由于在真空中金属易蒸发,因此真空炉中钎焊不能使用含锌、镉、锂、锰、镁和磷等元素较多的钎料,也不适于钎焊含大量这些元素的合金。此外,真空炉中钎焊设备比较复杂,对工人技术要求较高。

7.6 钎焊工艺设计

7.6.1 钎缝间隙值的确定

钎缝间隙是两待焊零件的钎焊面之间的距离。钎缝间隙值对钎焊接头的性能有极大的影响。间隙对接头的影响是其对以下诸过程影响的综合结果:(1)钎料的毛细填缝过程;(2)钎料从间隙中排出钎剂残渣及气体的过程;(3)母材与填缝钎料的相互扩散过程;(4)母材对钎缝合金层受力时塑性流动的机械约束作用。因此,正确地确定钎缝间隙值是获得优质接头的重要前提。

钎焊时的去膜过程对间隙值的选用有很大影响。由图 7-31 可见,钎剂去膜时,在间隙中留下凝聚状的残渣,液态钎料的填缝过程将伴随着排渣过程的进行。间隙偏小,钎料填缝困难,气体、残渣难以排出,造成未钎透、气孔及夹渣等缺陷,致使接头强度下降。

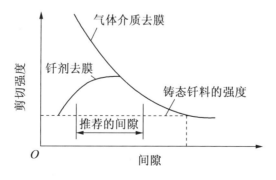

图 7-31 接头强度与钎缝间隙的关系

间隙偏大,毛细作用减弱,使钎料不能填满间隙;母材对填缝钎料中心区合金化作用消失;钎缝结晶生成柱状组织和枝晶偏析;受力时母材对钎缝合金层的支承作用减弱,接头强度下降。只有在适当间隙的条件下,才能保证钎焊接头的质量。在有钎剂钎焊时,存在一个推荐的间隙区间;气体介质去膜不形成残渣,钎料填缝时要排出的只是气体,特别是在真空条件下,气体也是极其稀薄的,不会给钎料填缝带来困难,采用小间隙,有助于提高接头强度。

不同的钎料和母材的配合,其获得的最佳间隙范围各不相同,这与钎料和母材各自的物理化学性质以及在钎焊时的相互作用特性有密切关系。一般来说,钎料对母材的润湿性越好,这一间隙值就越小;钎料与母材相互作用强烈,间隙必须增大,因为填缝时母材的溶入会使钎料熔点提高,流动性下降,为了保证填满钎缝,要求较大的间隙,如用铝基钎料、锌基钎料钎焊铝;相反,钎料与母材相互作用很弱,采用较小的间隙有利于加强钎料的毛细填缝,如银基或铜基钎料钎焊钢。另外,钎料的黏度和流动性对间隙值的选择也是一个重要因素。流动性好,能填满较小的间隙。因此,对于由单一熔点的纯金属钎料、共晶成分的钎料以及有自钎剂作用的钎料,应取较小的间隙值。成分中含有高蒸气压组元的钎料,在填缝过程中由于这类组元发生挥发,钎料的熔点会发生变化,又有金属蒸气逸出,应选用较大的间隙值。少数钎料中某些组元,要靠向母材中扩散来消除以改善钎缝的性能的这类钎料,要严格保持小间隙。

有钎剂钎焊时,最佳钎缝间隙值是由多方面的因素综合决定的,根据生产实践中积累的经验提出了钎缝间隙的推荐值(表7-18)。

表7-18　钎缝间隙推荐值

母材	钎料系统	间隙/mm	母材	钎料系统	间隙/mm
铝及铝合金	Al基	0.15~0.25	钢	Cu	0.01~0.05
	Zn基	0.1~0.25		黄铜	0.02~0.1
铜及其合金	黄铜	0.04~0.20	不锈钢	Ag基	0.025~0.15
	Cu-P	0.04~0.20		H1CuNi30-2-0.2	0.03~0.20
	Cu-Ag-P	0.02~0.15		Mn基	0.04~0.15
	Pb-Sn、Sn-Sb-Ag	0.05~0.3		Ni基	0.04~0.1
	Sn-Pb、Sn-Sb	0.1		Cu	0.01~0.1
	Ag-Cu-Zn-Cd	0.08~0.2	钛及钛合金	Cu、Cu-P、Cu-Zn	0.03~0.05
镍合金	Ni-Cr	0.05~0.1		Ag、Ag-Mn	0.03

必须指出,由于金属的受热膨胀,钎焊温度下实际的钎焊间隙值与装配时的大小不一定相同。表7-18中列出的推荐数据是要求在钎焊时钎焊温度下保持的间隙值。因此,在设计钎焊接头时必须预计钎焊加热中可能发生的这种变化,在确定装配间隙时应予以补偿。

钎焊时影响钎缝间隙值变化的主要因素是母材的热膨胀系数、材料尺寸、接头形式以及加热方法等。鉴于这种复杂情况,设计时须结合具体材料、接头构造、钎焊方法和工艺,参照表7-18中推荐的数据,通过试验来确定接头的装配间隙。

7.6.2 钎缝设计在应力集中或刚度较小的部位

钎焊接头由于接头形式的特点及材料的不均一性,使产生应力集中的概率要比熔焊大得多,其危害性也严重得多,因此设计时应给以充分的注意。一个优良的钎焊件设计应不使接头边缘处产生任何过大的应力集中,而把应力转移到母材上去。为此,不应把接头布置在焊件上有形状或截面发生急剧变化的部位,以避免应力集中;也不宜安排在刚度过大的地方,防止接头中形成很大的内应力。异种材料组成的接头,如果两种材料的热膨胀系数相差悬殊,则在接头中将引起大的内应力,甚至导致开裂破坏。必要时,在设计中应考虑采用适当的补偿片,借助它们在冷却过程中产生塑性变形来消除应力。

图7-32列举了在承受载荷时的接头结构的不同设计:图7-32(a)所示的接头结构,在载荷作用下,薄件发生的变形使钎缝边缘产生很大的应力,因而可能导致接头的破坏;图7-32(b)所示的接头结构,局部加厚了薄件的接头部分,承载时薄件的变形因此发生在接头以外,避免了钎缝边缘出现的应力集中。

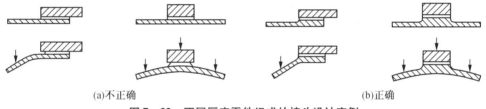

(a)不正确   (b)正确

图7-32 不同厚度零件组成的接头设计实例

在接头设计中,不应把填缝钎料在钎缝外围形成圆弧形钎角用来作为一种消除应力集中的方法。因为在钎焊过程中无法控制它的尺寸和外形,而且过大的钎角由于积聚着较多的钎料,难免生成铸造组织,甚至出现溶蚀和缩孔,此时它们可能不但不能缓和应力集中,反而加剧应力集中。因此,在设计承受大应力的接头时,不应用它来替代零件的圆角。合理的设计应在零件的接头处安排圆角,使应力通过母材上的圆角而不依靠接头钎角形成适当的分布。

7.6.3 承压密封件钎焊接头

对于要求承压密封的钎焊接头,设计时应注意:只要可能的话,都应采用搭接形式的接头,因为这种接头形式具有较大的钎焊面,发生漏泄的可能性比较小。图7-33示出了几种承压密封容器的典型钎焊接头构造。要更慎重地确定钎缝间隙值,最好采用推荐范围的下限值。为了防止钎缝中产生不致密性缺陷,必要时可以考虑采用不等间隙。

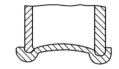

图7-33 承压密封容器的典型钎焊接头

7.6.4 开设工艺孔

所谓工艺孔是指并非出自结构或接头工作的需要,而只是满足工艺上的要求所安排的通孔。在下列情况下应开工艺孔(图7-34):

(1)当钎料以箔状放入间隙中使用时,如果钎焊面积较大,而其长宽比不大时,为了便于排除间隙中的气体,可在一个零件上对应于钎缝的中央部位开工艺孔。

(2)对于封闭型接头和密封容器,钎焊时接头和容器中的空气因受热膨胀而向外逸出,阻碍液态钎料填缝,使钎缝中产生气孔、未钎透,甚至不能钎合(图7-34(a)、图7-34(d))。因此,设计时必须安排开工艺孔(图7-34(b)、图7-34(c)、图7-34(e)),给膨胀外逸的气体以出路,才能保证接头的质量。

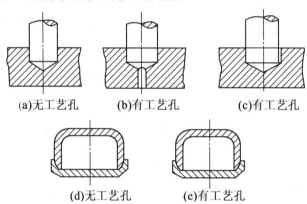

(a)无工艺孔　　　(b)有工艺孔　　　(c)有工艺孔

(d)无工艺孔　　　(e)有工艺孔

图7-34 钎焊封闭型接头时开工艺孔的方法

7.6.5 钎料的放置

钎料在焊件上的放置有两种方式,一种是明置方式,即钎料安放在钎缝间隙的外缘。另一种是暗置方式,是把钎料置于间隙内特制的钎料槽中。

不论以哪种方式放置钎料,均应遵循下述原则:(1)尽可能利用钎料的重力作用和钎缝间隙的毛细作用来促进钎料填缝;(2)保证钎料填缝时间隙内的钎剂和气体有排出的通路;(3)钎料要安放在不易润湿或加热中温度较低的零件上;(4)安放要牢靠,不致在钎焊过程中因意外干扰而错动位置;(5)应使钎料的填缝路线最短;(6)防止对母材产生明显的溶蚀或钎料局部堆积,对薄件尤应注意。

钎料的明置与暗置方式相比,在保证钎料填缝方面,明置方式存在明显的弱点,如钎料易流失,易错位以及填缝路线较长,因此,不利于保证稳定的钎焊质量。但是,其简便易行,而暗置方式则需要对零件预先加工出钎料槽。因此,对于薄件、简单且钎焊面积不大的接头多采用明置方式。至于钎焊面较大或结构复杂的接头,则宜采用暗置方式。暗置时的钎料槽应开在较厚的零件上。

图7-35列举了一些正确放置环状钎料的实例。

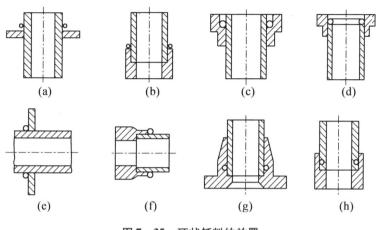

图7-35 环状钎料的放置

7.7 钎焊实例应用

7.7.1 硬质合金车刀火焰钎焊

一般常用的金属切削车刀是合金工具钢或高速钢制成,这种刀具在切削硬韧的金属材料时,往往满足不了切削要求。硬质合金刀具具有很高的硬度和耐磨性能,它不但可切削多种金属材料,而且可大大提高切削速度。硬质合金车刀由刀杆与刀片两部分组成,刀杆为中碳钢或低合金钢,刀片为碳化物与钴的粉末冶金块,两者常用钎焊的方法连接在一起。

1. 钎焊前准备

刀杆和硬质合金刀片在钎焊前必须严格清理:硬质合金刀片表面应在粗的金刚石砂轮上磨削,磨去表面的氧化物;放置刀片的刀杆凹槽及其附近区域表面用砂纸或用其他机械工具清理,除去表面的氧化层及其他污物。机械清理后的刀杆与刀片用去油的溶剂去除表面的油污。经这样的处理后,可使钎料在钎焊时能良好地润湿。

选用片状 B-Cu60ZnMn 钎料,预先按凹槽尺寸剪下,在钎焊前预置于凹槽内。火焰钎焊硬质合金车刀时应使用钎剂,钎剂常由粉状的硼酸、硼砂及少量氟化物配制而成[常用 w(硼酸)80%、w(硼砂)14.5%、w(氟化钙)5.5%的 YJ-6 型钎剂]。将粉状钎剂用蒸馏水调成稀糊状,钎焊前用毛刷将钎剂刷涂至刀杆的凹槽、钎料片及刀片的待焊表面。之后,将钎料片及刀片放至凹槽内,并用虎钳将刀杆非钎焊端夹住。

2. 钎焊

火焰钎焊采用的气焊炬应选用较大的喷嘴,可用单喷嘴或多喷嘴,多喷嘴的焊炬可加速钎焊过程,并可均匀加热。

燃气可选用乙炔或液化石油气,加入氧气则使火焰温度提高。

钎焊火焰应调成还原性,用内焰或外焰加热工件。开始加热时,应先加热刀杆凹槽的底部和侧面,并让火焰移动,使刀杆的钎焊区域均匀加热至红色。加热刀杆时,应注意防止刀杆加热温度过高,并注意尽量避免火焰直接加热刀片。

在火焰加热时,为了防止钎剂中由于水分的沸腾而引起的刀片的移动,可用一金属杆(也可用耐热的非金属杆)轻微顶压刀片(图7-36)。随着温度的升高,钎料在钎剂熔化后随之开始熔化。视钎料完全熔化后,可借金属杆轻微移动刀片,可有效地排除钎缝部分缺陷,使钎料完全润湿刀杆和刀片,最后,将刀片移动到所需位置,并用金属杆轻压固定刀片,直至钎料完全冷却凝固之后,焊炬火焰慢慢撤离钎焊区。

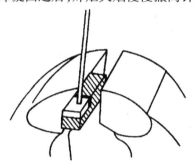

图7-36 用金属杆顶压刀片进行钎焊

如果钎料在钎焊前不便预置,也可在钎焊过程中手工馈送。此法是先将刀片放置于刀杆凹槽中进行火焰加热至接近钎焊温度,并将沾有糊状或粉状钎剂的钎料丝端馈送至刀杆凹槽与刀片间的缺口处,待钎剂钎料熔化后完全填入间隙。之后也应用金属杆使刀片移动,最后定位于所需位置。

3. 钎焊后处理

硬质合金车刀钎焊后,为了防止硬质合金刀片的开裂,应在空气中缓慢冷却。最好埋于热砂、石棉粉中,或置于具有一百多度的炉中冷却。

车刀冷却后,钎剂残渣及其他表面污物可在热水中用钢丝刷刷去。然后,按要求磨削成所需车刀待用。

7.7.2 大型发电机转子线圈接头电阻钎焊

36 MW发电机的转子线圈铜带在安装下线时,经扁绕后,将其端部按11°剖开,分别依次层层钎焊而形成完整线圈。图7-37为多层叠合钎焊接头。

某厂鉴于这种线圈匝数多、截面尺寸大,叠合精度、搭接强度和导电性技术要求高等特点,专门设计和制造了炭精块电阻钎焊装置。用此装置成功地进行了转子线圈的电阻钎焊。

1．电阻钎焊装置

电阻钎焊装置类同普通的电阻点焊机，它包括电源电气系统、气路系统、水路系统、控制系统等。电源电气系统采用改变一次绕组匝数来获得不同二次电压的 25 kV·A 交流变压器，可依次调压为 4.2 V、4.8 V、5.6 V 及 6.75 V 的二次电压，相应获得 1 240 A、1 400 A、1 600 A、2 000 A 的钎焊电流。为了减小二次电缆的功率消耗，电缆线截面不能过小，长度尽量短些。本装置采用 TRJ 型直径为 13 mm 的软纹线（截面积为 140 mm² 电缆）。经钎焊实践考验，电缆长度在 4 m 以内，二次电压为 6.7 V 时，45 s 以内可完成接头钎焊。

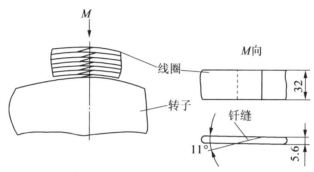

图 7 – 37　多层叠合钎焊结构

电极采用高纯石墨，它具有高电阻率（10^{-14} Ω·mm²/m）、高耐热性（熔点 3 700 ℃）、化学性稳定及具有一定的抗压强度。为使钎焊接头获得大面积热传导，电极截面尺寸要稍大于接头尺寸（各边大 3~5 mm），厚度一般小于 25 mm，过厚虽抗压能力提高，但热耗增加。电极与钎焊接头弧形接触面要吻合，以使接头受热均匀，热效率提高。

2．钎焊过程

为减少钎缝的夹渣等缺陷，本工艺采用不用钎剂的自钎剂钎料，即含磷的片状铜银磷钎料（B – Cu80AgP）。

钎焊过程中，电流、电压、温度、时间等各参数间的动态关系对保证钎焊质量是至关重要的。图 7 – 38 为钎焊过程的动态曲线。

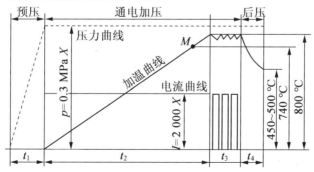

t_1—预压时间；t_2—通电时间；t_3—断续通电时间；t_4—后压时间

图 7 – 38　钎焊过程的动态曲线

　　预压阶段:此为钎焊准备阶段,定位好的接头,通过气缸活塞下移进行预压,使电极与接头接触,掌握好电极与接头的弧面密合度,以防止电极局部接触处电流密度过大烧损接头金属或接头受热不均使接头质量变坏。所以必要时需修磨电极弧面。

　　通电阶段:通电过程中,接头处温度逐渐升高,接头软化,在压力作用下(恒压)电极与接头的接触密合度提高,当温升到 M 点的钎料熔化温度时,要继续通电,使钎料完全熔化,当温度高于 M 点的 50～70 ℃时,采用断续通电,使液态钎料流布整个钎缝间隙。此阶段为钎焊阶段,时间仅为 3～6 s,是保证钎缝质量的重要阶段。

　　后压阶段:此阶段已断电,但必须维持接头压力,以使液态钎料在凝固过程中的接头密合得牢固。一般接头温度下降到 450 ℃以下即可卸压。

复习思考题

　　1. 何谓润湿、铺展? 钎焊时,为何润湿角要小于 20°?

　　2. 为什么当润湿角 $\theta < 90°$时,液态钎料才能进行毛细填缝?

　　3. 钎焊金属向液态钎料溶解对钎焊接头有何影响?

　　4. 钎缝组织分几个区? 各区是如何形成的?

　　5. 钎缝界面区可能出现的各种组织,对接头性能有何影响?

　　6. 为了满足工艺要求和获得高质量的钎焊接头,钎料应满足哪些基本要求?

　　7. 钎料分哪几类? 各用于何处? 它们的型号与牌号是如何标注的?

　　8. 银基钎料有多少种? 使用时应如何选择?

　　9. 什么是自钎剂钎料? 对其有何要求?

　　10. 锰基钎料、镍基钎料用于何种材料的钎焊? 其钎焊温度为什么不能太高?

　　11. 用钎剂钎焊时,对钎剂有何要求?

　　12. 用无机盐 $ZnCl_2$ 作软钎剂时的钎焊作用是什么? 加入 NH_4Cl 的目的是什么?

　　13. 铝用反应钎剂是如何去除金属表面的氧化膜的? 使用时应注意哪些问题?

　　14. 施用硼砂或硼砂、硼酸混合体作钎剂时的钎焊去膜的机理是什么?

　　15. 铜基钎料、银基钎料钎焊时应如何选择钎剂类型?

　　16. 铝用硬钎剂主要分几类? 它们的使用性能有何不同?

　　17. 机械去膜、超声波去膜钎焊各用在什么场合?

第8章 热喷涂

8.1 热喷涂及其特点

热喷涂工艺是一种材料表面加工技术,它是将熔融状态的喷涂材料,通过高速气流使其雾化并喷射在工件表面上,形成喷涂层的一种金属表面加工方法。工件表面的喷涂层具有耐磨、耐蚀、耐热、抗氧化等优良性能。

8.1.1 热喷涂的特点

(1)适用范围广。金属及其合金、陶瓷、塑料、复合材料等均可作为涂层,可以单独使用,也可以采用复合粉末使用;被喷涂的工件可以是金属或非金属。

(2)喷涂层厚度可根据需要在较大范围内调整。

(3)喷涂工艺灵活,不受喷涂面积大小、作业环境等限制。

(4)生产率高。一般喷涂生产率为小于 10 kg/h,某些工艺可达 50 kg/h。

(5)母材受热程度低。喷涂工艺对母材的热影响比较小,且可以控制,故对母材的性能影响较少。

(6)有良好的经济价值。

8.1.2 喷涂层的结合形式

热喷涂层与工件的结合主要是以机械结合、金属键结合、"微焊接"结合等方式实现的。

1. 机械结合

工件表面从微观上看是凹凸不平的,高速的熔融状态的喷涂材料粒子在喷涂到工件表面上以后,与工件表面发生撞击而发生变形,互相镶嵌,添满或部分添满表面凹的部分。这些粒子迅速冷却、凝固后,喷涂材料被机械"夹持"在工件表面,形成机械结合。这是一种最主要的结合方式。

喷涂材料与周围空气接触被氧化或氮化,则涂层中含有的氧化物及氮化物与喷涂粒子共同形成堆叠方式,同时,产生穿透的或表面的孔隙。

2. 金属键结合

当高温高速的金属喷涂粒子与洁净的金属工件表面紧密接触,其距离达到晶格常数的范围以内时,便产生金属键结合方式。随着工件喷涂部位温度的提高,扩散效果好,容易产生金属键的结合。

3."微焊接"结合

喷涂放热型复合材料时,温度高的熔滴打到工件表面一些尖角部分,会造成工件表面尖角局部的熔化在喷涂层与工件表面之间界面上的微观局部范围内形成"微焊接"结合方式。其影响因素主要是熔滴的温度。

8.1.3　热喷涂工艺的分类及特性

根据热喷涂热源及喷涂材料的种类和形式,热喷涂工艺可以分为:火焰线材喷涂(包括火焰棒材喷涂)、火焰粉末喷涂、火焰爆炸喷涂、电弧喷涂、等离子弧喷涂、脉冲放电线材爆炸喷涂(简称线爆喷涂)等。此外,还有超音速火焰喷涂、低压等离子弧喷涂及火焰喷熔等。

喷熔工艺就是将喷涂层重新加热至熔融状态,在工件不熔化的情况下,使喷涂层内部发生相互溶解与扩散,从而获得无孔隙、结合良好的熔覆层。

8.2　热喷涂方法及设备

8.2.1　气体火焰喷涂

火焰喷涂法是以氧－燃料气体火焰作为热源,将喷涂材料加热到熔化或半熔化状态,并以高速喷射到经过预处理的工件表面上,从而形成具有一定性能涂层的工艺。

气体火焰喷涂可以喷涂各种线材、棒材和粉末材料。燃料气体可以是乙炔、氢气、液化石油气和丙烷等。

图8－1、图8－2分别表示气体火焰线材喷涂和粉末喷涂的原理。

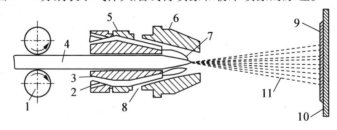

1—可调节送丝;2—燃料气体;3—氧气;4—线材或棒材;5—气体喷嘴;6—空气罩;7—燃烧的气体;
8—空气通道;9—喷涂层;10—制备好的工件;11—喷涂射流

图8－1　气体火焰线材喷涂原理图

火焰线材喷涂时,金属丝通过送丝机构送到氧－乙炔火焰中,使其加热到熔融状态,通过空气压缩机向火焰中吹入压缩空气,使处于熔融状态的喷涂材料形成高速雾化气流,喷射在工件表面,形成喷涂层。

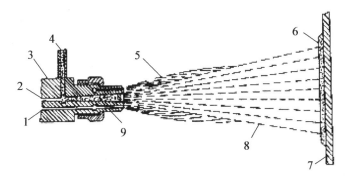

1—氧 - 乙炔混合气;2—氧气;3—喷枪;4—粉末;5—火焰;6—喷涂层;7—工件;8—喷涂射流;9—喷嘴

图 8 - 2　气体火焰粉末喷涂原理图

气体粉末喷涂也是用氧 - 乙炔火焰作为热源,粉末从喷枪上料斗通过粉口漏到氧乙炔的混合气体中,在喷嘴出口处受到火焰加热至熔融状态或高塑性状态后,喷射并沉积到经过预处理的工件表面,从而形成结合良好的涂层。

图 8 - 3 是中、小型气体火焰粉末喷枪。

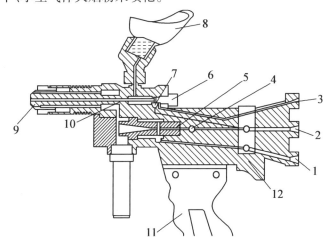

1—乙炔进口;2—氧气进口;3—备用进口;4—氧气控制阀;5—乙炔控制阀;6—粉末流量控制阀;
7—送粉气体控制阀;8—粉罐;9—喷嘴;10—送粉气喷射孔;11—手柄;12—快速安全阀

图 8 - 3　中、小型气体火焰粉末喷枪

8.2.2　电弧喷涂

电弧喷涂是以电弧为热源,将金属丝熔化并用气流雾化,使熔融粒子高速喷到工件表面,形成涂层的一种工艺。电弧喷涂原理如图 8 - 4 所示。喷涂时,两根丝状金属喷涂材料用送丝装置通过送丝枪均匀、连续地分别送进电弧喷涂枪中的导电嘴内,导电嘴分别接电源的正、负极,并保证两根丝之间在未接触之前的可靠绝缘。当两金属丝材端部由于送进而互相接触时,在端部之间短路并产生电弧,使丝材端部瞬间熔化,压缩空气把熔融金属雾化成微熔滴,以很高的速度喷射到工件表面,形成电弧喷涂层。

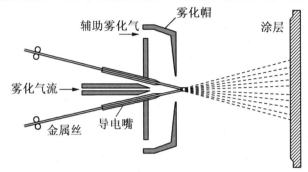

图 8 - 4　电弧喷涂原理

与火焰喷涂相比,电弧喷涂的结合强度高,是火焰喷涂的 25 倍;生产效率高 2~6 倍;消耗能源费用是火焰喷涂的 1/10;且安全性高。

8.2.3　等离子弧喷涂

等离子弧喷涂是利用等离子焰流(非转移型等离子弧)为热源,将粉末喷涂材料加热和加速,喷射到工件表面,形成喷涂层的一种热喷涂方法。等离子弧喷涂原理如图 8 - 5 所示。接通电源在钨极端部与喷嘴之间产生高频电火花,并将等离子电弧引燃。连续送入的工作气体穿过电弧以后,成为由喷嘴喷出的高温等离子焰流,喷涂粉末是浮于送粉气流内被送入等离子焰流,迅速达到熔融状态,并以高速喷射到工件表面上形成喷涂层。在喷涂过程中,工件不与电源相接,因此工件表面不会形成熔池,并可保持较低的温度(200 ℃以下),不会发生变形或改变原来的淬火组织。

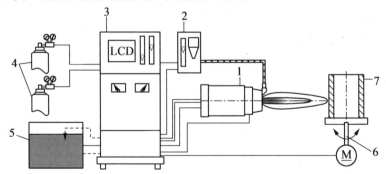

1—等离子喷枪;2—送粉器;3—直流电源及控制柜;4—气瓶;5—水冷机组;6—工件夹持及驱动系统;7—工件

图 8 - 5　等离子弧喷涂原理

8.3　热喷涂工艺

8.3.1　工件表面制备

工件待喷涂表面的制备,通常是指表面的净化、预加工、粗化等内容。

(1)表面净化。其目的是彻底清除附着在表面的油污和氧化物等,显露出新鲜的金属表面。常用的方法有三种。

①用氢氧化钠、磷酸三钠等热碱液冲洗,然后用清水冲净(也可以用金属洗净剂进行清洗)。此法效果较好。

②用汽油、丙酮、三氯乙烷、三氯乙烯等有机溶剂进行清洗,效果较好。

③对于铸铁工件,由于其表面多孔又长期浸于油中,在喷涂时受到加热后,油脂会渗出表面,影响喷涂的正常进行。为此,在进行上述除油处理后,还应将工件加热到300 ℃,保温 3~5 h,使油脂渗出表面并擦净。

(2)表面预加工。主要目的是预留一定的喷涂层厚度。对于旧品修复件,主要是除去工件表面的各种损伤(如疲劳层和腐蚀层等)和表面硬化层,修正不均匀的磨损表面和预留喷涂层厚度。预加工量主要根据设计的喷涂层厚度来决定,新品的预加工量一般取 0.10~0.25 mm;维修旧件时建议加工至最大磨损量以下 0.1~0.2 mm。

(3)表面粗化。工件表面经过粗化处理后,可以增大工件表面的活性和增大喷涂层的接触面积。喷砂是最常用的表面粗化处理方法。一般情况下,喷砂后工件的粗糙度应达到 $Rz3.2~12.5$ mm。对于薄壁工件,表面粗糙度可为 $Rz1.60$ mm。在塑料表面喷涂低熔点材料时,工件表面粗糙度最小为 $Rz63$ mm。

此外,机械加工粗化也是常用的表面粗化方法。例如,车螺纹、磨削及滚花等。

(4)喷涂结合底层。喷涂结合底层可以提高工作层与工件之间的结合强度。特别是当工件较薄,喷砂能使工件变形的情况下,特别适用这种方法。结合层的厚度应在 0.05~0.1 mm 以下,如果太厚会降低工作层的结合强度。

8.3.2　工件的预热

预热可清除工件表面的吸附水分,并使工件膨胀,因而可降低喷涂层冷却时产生的拉应力。预热工件时,为防止工件局部过热,加热应缓慢、均匀。通常预热可在电炉中进行,工件预热的温度为80~120 ℃。如果是氧乙炔火焰喷涂,可以采用中性焰或碳化焰预热。

8.3.3　喷涂工作层

工作层的厚度一般较大,应采取逐次加厚的方法进行喷涂。每次喷涂的厚度一般不应超过 0.15 mm。工作层总厚度一般不超过 1.0~1.5 mm,否则会降低喷涂层的结合强度。

各种喷涂方法推荐的喷涂距离、工艺参数分别列于表 8 - 1 至表 8 - 4。

表 8 - 1　各种喷涂方法推荐的喷涂距离

热喷涂方法	喷涂距离/mm
火焰线材喷涂	100 ~ 150
火焰粉末喷涂	150 ~ 200
电弧喷涂	100 ~ 200
等离子弧喷涂（金属）	70 ~ 130
等离子弧喷涂（陶瓷）	50 ~ 100

表 8 - 2　火焰线材喷涂工艺参数

压缩空气压力/MPa		0.55 ~ 0.60
工件旋转线速度/(m · min^{-1})		5 ~ 12
工件每转喷枪移动量/mm		3 ~ 10
工件与喷枪距离/mm	喷钢	100 ~ 150
	喷钼	70 ~ 80
	喷铝	100 ~ 200
	喷其他材料	100 ~ 150
喷枪中心线与工件中心线关系		略仰

表 8 - 3　电弧喷涂工艺规范参数

材料名称	线材直径/mm	电弧电压/V	工作电流/A	压缩空气/MPa
铝	3	34	150	> 0.55
锌	3	28	120	> 0.5
铝青铜	3	35	200	> 0.5
碳钢	3	35	200	> 0.5

表 8 - 4　几种合金粉末的等离子弧喷涂电参数

粉末牌号	在 70 V 时的工作电流/A	喷涂功率/kW
LNi04	260 ~ 300	18 ~ 21
LFe04	280 ~ 320	19.5 ~ 22.5
LFe07	310 ~ 340	21.5 ~ 24
NT2	260 ~ 310	18 ~ 22
Ni/Al	400 ~ 500	28 ~ 31.5

喷涂操作时,喷涂射流的轴线与被喷涂工件表面的夹角不应小于45°。

在喷涂过程中,工件的温度应当低于150 ℃。如果高于此温度,应当暂停工作,降温后再继续喷涂,或用冷却气流对喷涂区附近的不喷涂部位进行冷却降温处理。

对于不同的热喷涂方法必须按照相应的喷涂工艺对工件进行喷涂(查找有关手册)。

8.3.4　喷后处理

(1)封孔处理。喷涂层本身具有孔隙,而且内部的孔隙时会相互连通,甚至延伸到喷涂层表面。因此,对于要求密封或耐腐蚀的喷涂层,在喷涂之后还需要进行封孔处理。

封孔处理之前,要仔细清理涂层表面,最好是喷涂完毕马上进行封孔处理。

封孔剂常用材料包括有机合成树脂、合成橡胶、石蜡、某些油漆及油脂等。酚醛树脂是广泛使用的封孔剂。对于在较低温度下工作的喷涂层,常用石蜡作为封孔剂。此外,许多工业用的密封胶也可以作为喷涂层的封孔剂。

(2)喷涂层机械加工。因为喷涂层的硬度一般较高,内部主要为机械结合,且有一定的孔隙,不当的加工方法不仅降低精度和工作效率,而且可能引起喷涂层损坏或整体脱落。对某些零件的配合面由于其加工精度要求很高,为防止切屑进入喷涂层的孔隙,通常在加工前进行封孔处理。

图8-6为热喷涂实景。

(a)电弧喷涂　　　　　　　　　(b)等离子弧喷涂

图8-6　热喷涂实景

复习思考题

1. 什么是热喷涂,喷涂的目的是什么?
2. 喷涂层的结合形式有哪几种?
3. 常见的热喷涂方法有哪几种? 各有什么特点?
4. 热喷涂前工件为什么需要净化?
5. 喷涂后需进行封孔处理的目的是什么?
6. 试分析热喷涂与堆焊的本质有何不同? 各用在何种场合?

第9章　先进焊接技术概述

9.1　先进钨极氩弧焊技术

钨极氩弧焊（Tungsten Inert Gas Arc Welding,TIG）可以焊接例如镍合金、铝合金、钛合金等几乎所有合金或金属,该技术已被广泛地应用于工业的各个领域。但 TIG 焊也有如焊接速度慢、焊接熔深浅、熔敷效率低等缺点,导致 TIG 焊只适用于薄壁制件,影响了生产效率,故应用受到了限制。近年来,一些新型 TIG 焊接技术逐步诞生,弥补了 TIG 焊电弧能量分散、焊接熔深浅等缺点,例如活性钨极氩弧焊（Activating Flux TIG Welding,A - TIG）、热丝 TIG 焊（Hot - Wire TIG Welding）、TOP - TIG 焊等多种先进钨极氩弧焊方法。

9.1.1　A - TIG 焊

1. A - TIG 焊原理

所谓活性钨极氩弧焊（A - TIG）即指"活性化 TIG 焊"。活性化焊接是把某种物质成分的活性剂涂敷在焊件母材焊接区,正常规范下完成焊接的新型焊接方法,使用活性剂可以使焊缝熔深比常规 TIG 焊增加 1 ~ 2 倍,单面焊双面成形,大大提高焊接效率,降低焊接成本。图 9 - 1 为常规 TIG 焊与 A - TIG 焊焊接效果对比。

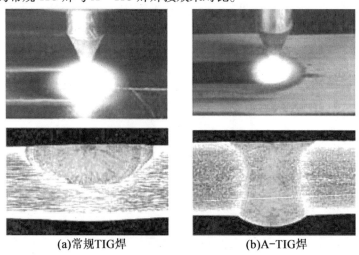

(a)常规TIG焊　　　　　　　　(b)A-TIG焊

图 9 - 1　常规 TIG 焊与 A - TIG 焊示意图

与普通 TIG 焊相比,活性化焊接突出的优点是在同等规范下能够获得较大的熔深,对于 6 mm 的不锈钢板,普通 TIG 焊单道焊一次焊接的熔深最多可达到 3 mm,而 A - TIG 焊能够一次焊透,对焊接效率的提高非常明显。

2. A - TIG 焊的优点

(1)在 A - TIG 焊接工艺中可以不开设坡口,焊接时无须填加焊丝即可满足焊接要求。

(2)与传统手工电弧焊、钨极氩弧焊等方法比较,A - TIG 焊具有焊缝熔深大、生产效率高、质量可靠等优点。

(3)与先进的电子束焊接、激光焊接相比,A - TIG 焊因活性剂原料来源丰富、价格经济,不用专门购买昂贵的专用焊接设备等优点,具有良好的应用前景和经济效益。

(4)减少焊接变形。与传统的开坡口多层多道 TIG 焊相比,A - TIG 焊采用不开坡口直接对接焊接,焊道收缩量很小,因而焊后变形减少。对于薄板而言,A - TIG 焊由于减少了热输入,也相应地减小了焊接变形。

(5)消除了各炉次钢板由于微量元素差异而造成的焊缝熔深差异。例如,传统 TIG 焊焊接低硫(质量分数 < 0.002%)不锈钢时,熔深通常较浅,而采用 A - TIG 焊,则可以获得熔深大的焊缝。

A - TIG 焊得到的焊缝,其正反面熔化宽度比例更趋合理,熔宽均匀稳定,由于焊件散热条件或者夹具(内涨环)压紧程度不一致所导致的背面出现蛇形焊道及不均匀熔透(或非对称焊缝)的程度减低,对保证焊缝使用性能有利。

3. A - TIG 焊的应用

A - TIG 焊接技术作为一种新型先进材料连接技术应用领域日益扩大,已经成功应用在电力、汽车、船舶、航天、化工等重要工业领域中。目前 A - TIG 焊已经可以比较成熟地用于焊接碳钢、不锈钢、钛合金和镍基合金等金属材料,尤其是焊接需要单面焊双面成型的大厚板/管道试件,可以形成具有良好的反面成型的焊缝,这一独特的优点是其他常规焊接方法所不能比拟的。

4. A - TIG 焊的操作方法

(1)TIG 焊单元组成。

A - TIG 焊单元包括常规 TIG 焊设备、活性剂和辅助装置。其中活性剂的涂覆方式包括手工刷涂法、机械喷涂法、压力气雾罐喷涂、活性剂药芯焊丝或药皮焊条。目前大部分商业化活性剂均以粉末形式提供。施焊之前,首先用溶剂(目前常用的溶剂种类有丙酮和异丙醇)将活性剂粉末调成糊状,然后将其均匀地涂在焊缝上。涂敷时,可以用刷子刷,也可以喷涂。丙酮挥发性很强,能在几分钟内挥发干净,只剩下活性剂粉末附着在焊件表面,PW1 也提供了气雾罐式喷涂方式。哈尔滨工业大学研制出了机械式气雾喷涂装置,并考察了喷涂参数对喷涂质量的影响,在相同的液体浓度下,喷涂厚度随着速度的加快而减小,随着压力的增加而增加。在相同的速度和压力下,喷涂厚度随粉末含量的增高而增大。根据喷涂厚度的要求,选用 10% 粉末质量分数的溶液,当喷涂压力为 0.15 ~ 0.3 MPa,喷涂速度为 0.8 ~ 1.5 m/min 时可以获得满足要求的喷涂厚度,图 9 - 2 为活性剂的涂覆方式。

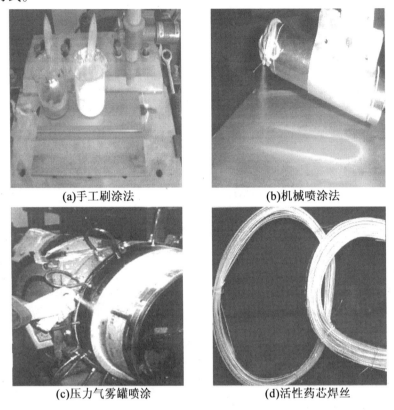

<table>
<tr><td>(a)手工刷涂法</td><td>(b)机械喷涂法</td></tr>
<tr><td>(c)压力气雾罐喷涂</td><td>(d)活性药芯焊丝</td></tr>
</table>

图 9 – 2　活性剂的涂覆方式

（2）A – TIG 焊手工刷涂法操作。

①焊前准备。

焊前清理：清理主要分三个步骤，首先用砂轮机对母材表面待焊区进行打磨，直至露出金属光泽，随后蘸取酒精进行反复擦拭，再用干净的无棉布将酒精与污渍一同拭去，将清理干净的试板在指定位置准备下一步操作。

活性剂调配及涂覆：不同活性剂其粉末颗粒大小存在差异，颗粒较大会影响其焊接效果。因此，首先要对活性剂进行研磨，然后进行筛滤，筛网大小采用 200 目。随后将不同的活性剂保存在干燥的试剂瓶中并贴上标签封存。由于粉末状的活性剂有可能会发生吸潮从而在焊接过程中引起气孔等缺陷，因此，在使用活性剂前，若发现有活性剂因吸潮呈颗粒状，可将其置于烧杯中，放入烘箱内处于 100 ℃温度下烘干 0.5 h，可反复操作，直至颗粒消失，水分尽除。

取适量的活性剂放入烧杯中，加入适量无水酒精进行搅拌使之成为浆糊状，随后用扁平毛刷将活性剂均匀涂覆在焊道上，活性剂涂覆厚度以覆盖金属表面光泽即可。在活性剂涂覆的试板上做好标记加以区分，待酒精挥发后即可进行焊接试验。

②焊接过程。将已经涂覆好活性剂的试板，用 TIG 焊焊接设备完成焊接操作即可。

9.1.2　热丝 TIG 焊

传统的 TIG 焊由于其电极载流能力有限,电弧功率受到限制,焊缝熔深浅,焊接速度低。尤其对中等厚度的焊接结构(10 mm 左右)需要开坡口和多层焊,焊接效率低的缺点更为突出。因此,很多年来许多研究都集中在如何提高 TIG 焊的焊接效率上。热丝 TIG焊就是为了提高 TIG 焊的焊接效率发展起来的新工艺之一。

1. 热丝 TIG 焊原理

热丝 TIG 焊是利用附加电源预先加热填充焊丝,从而提高焊丝的熔化速度,增加熔敷金属量,达到生产高效率的一种 TIG 焊方法。其原理如图 9 - 3 所示,在普通 TIG 焊的基础上,以与钨极成 40°～60°从电弧的后方向熔池输送一根焊丝,但在焊丝进入熔池之前约 100 mm 处由附加电源通过导电块对其通电,使其产生电阻热,因此能提高热输入量,增加焊丝熔化速度,从而提高焊接速度。

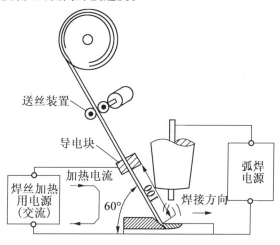

送丝装置

导电块

加热电流

焊丝加热
用电源
(交流)

60°

弧焊
电源

焊接方向

图 9 - 3　热丝 TIG 焊原理

与普通 TIG 焊相比,由于热丝 TIG 焊大大提高了热量输入,因此适合于焊接中等厚度的焊接结构,同时又保持了 TIG 焊具有高质量焊缝的特点。热丝 TIG 焊明显地提高了熔敷率,使焊丝熔化速度增加 20～50 g/min。在相同的电流情况下焊接速度可提高一倍以上,达到 100～300 mm/min。与 MIG 焊相比,其熔敷率相差不大,但是热丝 TIG 焊的送丝速度独立于焊接电流之外,因此能够更好地控制焊缝成形。对于开坡口的焊缝,其侧壁的熔合性比 MIG 焊好得多。

2. 热丝 TIG 焊优点

(1)保留了电弧稳定、焊缝性能优良、无飞溅等 TIG 焊的所有优点。

(2)提高了熔敷率和焊接效率。热丝 TIG 焊时焊丝在被送入熔池前加热到 300～500 ℃,从电弧获取的能量少,从而使熔敷效率比冷丝焊提高 3～5 倍,焊接效率大大提高,与 MIG 焊相仿。焊丝熔化速度增加达 20～50 g/min。在相同的电流情况下焊接速度可提高一倍以上,达到 100～300 mm/min。

（3）减少焊接变形。热丝焊是熔化预热后的填充金属，总的热输入减少，有利于限制焊接变形。

（4）降低焊接缺陷。焊缝成形美观、均匀，无气孔、未焊透等缺陷。焊接高性能材料常因焊丝表面沾染氢气而产生气孔，热丝焊时焊丝温度高，其表面水分及污物被去除，使氢气孔大大减少。

（5）熔池过热度低，合金元素烧损少。传统的热丝 TIG 焊枪及导丝装置一般安装于自动焊机器人或专机上。

3. 热丝 TIG 焊存在的问题

热丝 TIG 焊时，由于电弧受流过焊丝的电流所产生磁场的影响，电弧产生磁偏吹，即电弧沿焊缝做纵向偏摆。为此，应采用交流电源加热填充焊丝以减少磁偏吹。在这种情况下，当加热电流不超过焊接电流的 60% 时，电弧摆动的幅度可以被限制在 30°左右。为了使焊丝加热电流不超过焊接电流的 60%，通常焊丝最大直径限为 1.2 mm。如果焊丝过粗，由于电阻小需增加加热电流，这对防止磁偏吹是不利的。

4. 热丝 TIG 焊应用

热丝 TIG 焊已成功地用于焊接碳钢、低合金钢、不锈钢、镍和钛等。但对于高导电性材料如铝和铜，由于电阻率小，需要很大的加热电流，造成过大的磁偏吹，影响焊接质量，则不适宜采用这种方法。

表 9 - 1 是使用冷丝和热丝两种不同方法焊接窄间隙试件时焊接参数的比较，可以看出，热丝 TIG 焊焊接速度整整提高一倍。此外热丝法还可以减少焊缝中的裂纹。可以预料，热丝焊方法在海底管线、油气输送管线、压力容器及堆焊等领域中的应用将会进一步扩大，是一种很有发展前途的焊接方法。

表 9 - 1　冷丝 TIG 焊与热丝 TIG 窄间隙焊焊接参数比较

		焊层	1	2	3	4	5	6
冷丝		焊接电流/A	300	350	350	350	300	330
		焊接速度/(mm·min⁻¹)	100	100	100	100	100	100
		送丝速度/(m·min⁻¹)	1.5	2	2	2	2	2.7
热丝		焊层	1	2	3	4	5	
		焊接电流/A	300	350	350	310	310	
		焊接速度/(mm·min⁻¹)	200	200	200	200	200	
		送丝速度/(m·min⁻¹)	3	4	4	4	4	

9.1.3　TOP - TIG 焊

1. TOP - TIG 焊的原理

TOP - TIG 焊接工艺是由法国 Air Liquid 公司开发的专利技术，其设备由传统 TIG 焊枪改进而成,其核心特点是送丝嘴与焊枪为一体化集成设计,是 TIG 焊焊接领域的一项重要的创新,其原理如图 9 – 4 所示。开发此工艺的主要目标是:提高机器人焊接速度;研制出适合焊接机器人的紧凑焊枪;不抑制机器人焊接性能发挥;自动更换电极,方便操作。焊丝以 20°通过气体喷嘴送入到钨极端部的下方。TOP – TIG 焊的焊枪实物如图 9 –5 所示。

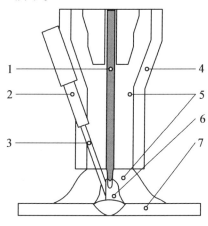

1—钨极;2—送丝嘴;3—焊丝;4—喷嘴;
5—保护气;6—电弧;7—焊件

图 9 – 4   TOP – TIG 焊的焊枪设计

图 9 – 5   TOP – TIG 焊的焊枪实物

2. TOP – TIG 焊的优点

(1)灵活性好。这种特殊的送丝形式使得在机器人焊接时无须考虑焊丝的送进方向,灵活性与 MIG 焊枪相同。

(2)焊缝质量好。由于该方法仍然是 TIG 焊,保留了 TIG 焊的品质高、质量好的特点,没有 MIG 焊固有的飞溅和噪声。

(3)焊接速度快。焊接 3 mm 厚以下的板材时,TOP – TIG 的焊接速度等于甚至优于 MIG 焊。

(4)操作简单。对钨极到焊件的距离不再敏感,送丝嘴固定在焊枪上,无须调整焊丝的角度和位置。

由于 TOP – TIG 焊技术兼具了 TIG 焊高质量及 MIG 焊高速度的优点,因此在汽车、金属装饰、食品等行业得到了应用,用于焊接镀锌钢板、不锈钢、钛合金和镍基合金等薄板材料。

目前 TOP – TIG 焊技术仅限于直流 TIG 焊接,由于对钨极端部形状要求较严格,交流 TIG 焊中钨极烧损会改变钨极端部形状,因而在铝合金的应用上受到限制。

9.1.4   尾孔 TIG 焊

尾孔 TIG 焊(Keyhole TIG Welding, K – TIG)技术是 2000 年左右出现的一种大电流 TIG 焊接新技术,由澳大利亚 CSIRO 开发,其焊接过程中会形成尾孔(也称"匙孔"),生产效率较传统 TIG 焊大大提高。

K - TIG 是在传统 TIG 焊的基础上,通过大电流形成的较大电弧压力与熔池液态金属的表面张力实现相对的平衡,形成小孔而实现的深熔焊的焊接方法。焊接过程稳定、波纹细腻、成型美观、焊缝的微观组织和力学性能优于 TIG 焊,是真正的高速、高效、低成本的焊接方法,是对传统 TIG 焊的革新。K - TIG 焊的研究和开发既能充分利用 TIG 焊的优点,又能有效地大幅度提高焊接熔深的新型 TIG 焊的优点,新型 TIG 焊接方法和技术是世界范围内焊接技术人员追求和研究的目标之一。

K - TIG 开发了一种新的 TIG 焊接技术,能在 4 min 内完成一个传统技术需要 6 h 的焊接,并可符合核能、航空航天和国防工业的苛刻要求。

1. 尾孔 TIG 焊的原理

K - TIG 焊的作用形式与传统 TIG 焊接完全一样,唯一差别就是焊接过程中会形成稳定存在的尾孔。之所以会形成尾孔,关键在于 K - TIG 焊电弧能量较传统 TIG 焊大大提高。K - TIG 焊一般选用的钨极直径都在 6 mm 以上(常用直径为6.3 ~ 6.5 mm,端头角度为 60°),焊接电流达 600 ~ 650 A,电弧电压为 16 ~ 20 V。在如此高的焊接参数作用下,电弧电磁收缩力大大提高,宏观表现为电弧挺直度、电弧力和穿透能力都显著增强。焊接时,电弧深深地扎入到熔池中,将熔融的金属排挤到熔池四周侧壁,形成尾孔。如果电弧压力、小孔侧壁金属蒸发形成的蒸气反作用力以及液态金属表面张力与液态金属内部压力达到动态平衡,则小孔就会稳定存在。随着电弧的前进,熔池金属在电弧后方弥合并冷却凝固成焊缝,整个过程非常类似于等离子弧"小孔"焊接方法。

K - TIG 焊与小孔等离子焊接过程中形成小孔的原理有本质区别,等离子焊接需要压缩电弧,焊接能量密度很高,而 K - TIG 焊接法形成的小孔是"自然"形成的,电弧不经过压缩,主要是靠大电流形成的电弧力与表面张力平衡形成小孔而焊接。

2. K - TIG 焊的特点

K - TIG 焊接设备耗费的资金比小孔等离子焊、激光焊和电子束焊少,其焊接操作相对容易。葡萄牙焊接质量协会曾通过实验证明 K - TIG 焊接速度是等离子焊接速度的2/3。

K - TIG 焊与常规 TIG 焊比较有以下几条突出优点:

(1)焊缝质量高。

(2)焊接熔深大,焊接速度快,生产率高。

(3)仅需要直边坡口。

(4)成本低,填丝量大大减少。

(5)易实现焊接自动化。

K - TIG 焊的生产效率较传统 TIG 焊大大提高。例如,在焊接速度为250 ~ 300 mm/min时,可以一次焊透 12 mm 厚的奥氏体不锈钢或钛合金板,接头形式为平板对接不填丝焊。这样厚度的不锈钢或钛合金板,如果采用传统 TIG 焊,则必然要开坡口并采用多层、多道填丝焊接的方式,使准备时间和成本显著增加。如果利用 K - TIG 焊方法焊接 3 mm 厚的不锈钢板,其焊接速度高达 1 m/min。由于 K - TIG 焊的热输入较大,一般采用平焊位置施焊,无须开坡口,焊接时一般不添加焊丝。表 9 - 2 为焊接 12 mm 的不锈钢板用常规

TIG 焊和 K – TIG 焊采用不同焊接规范参数得到的焊缝参数对比。

表 9 – 2　常规 TIG 焊和 K – TIG 焊对比图

焊接方法	常规 TIG	K – TIG
焊缝形貌示意图	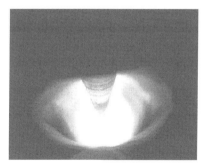	
坡口	60°的 V 形坡口	不需开坡口
焊道	7	1
填丝量	1 000 g/m	50 g/m
电流	320 A	640 A
焊接速度	200 mm/min	300 mm/min
氩气通气时间	35 min/m	3 min 20 s/m

3. K – TIG 焊的应用

K – TIG 焊适合用来焊接铁素体不锈钢、奥氏体不锈钢、双相不锈钢、钛合金、锆合金等,但不适合焊接铜合金、铝合金等高热导率的金属。这是因为理想的尾孔形状应该是上宽下窄的漏斗型,如图 9 – 6 所示,但是如果母材热导率过高,往往造成焊缝根部(尾孔下部)过宽,使得熔池不能稳定存在。所以,K – TIG 焊接技术适合应用于焊接低密度或较低热导率的金属。

图 9 – 6　K – TIG 焊电弧形态

K – TIG 应用在焊接板材、管材、压力容器、轧管机、造船、地下管道等。K – TIG 焊接特别适合于:石油和天然气,造船,矿产加工,电力,国防,航空航天,核能,大量的基础设施,生产车间,过滤及水处理,管及制管,热交换,压力容器,吸入容器中,低温容器,塔和反应器中制造行业。这些产业在焊接速度、焊接质量和可追溯性方面是至关重要的。电力和天然气的节约提供了一个机会,显著减少工业焊接和加工操作的足迹。如图 9 - 7 为 K - TIG 焊的焊接应用。

(a)焊接板材　　　　　　　　　　　　(b)焊接管材

图 9 - 7　K - TIG 焊的焊接应用

9.2　CMT 焊接技术

9.2.1　CMT 焊的原理

焊接开始,焊枪伺服电机驱动,焊丝与板材电弧引燃,焊丝熔化熔滴滴进熔池,当数字化的控制监测到一个短路信号,就会反馈给送丝机,送丝机做出回应,迅速回抽焊丝,从而使得焊丝与熔滴分离。焊丝恢复到进给状态电弧再次引燃,循环往复到焊接结束,频率由送丝速度决定。

CMT 冷金属过渡焊接技术是一种无焊渣飞溅的新型焊接工艺技术。CMT 技术颠覆了传统,将焊丝的运动与焊接过程结合起来,严格控制熔滴过渡中的输入电流,大幅度降低了焊接热输入。CMT 焊接技术为 MIG/MAG 焊的应用开拓了新的领域,MIG/MAG 熔滴过渡的形式也被赋予了全新的定义。

9.2.2　CMT 技术的实现

1.送丝系统

CMT 技术首次将焊接的送丝运动同熔滴过渡过程相结合。整个焊接系统由数字化系统和总线进行控制,焊丝的运动与焊接过程形成闭环,焊丝的送丝/回抽动作影响焊接过程,也就是熔滴的过渡过程是由送丝运动变化来控制的。整个焊接系统(包括焊丝的运动)的运行均为闭环控制,如图 9 - 8 所示。而普通的 MIG/MAG 焊,送丝系统是独立的,并没有实现闭环控制。

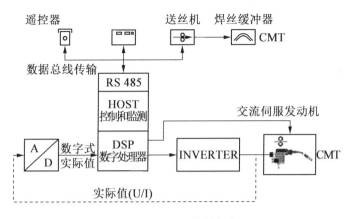

图 9 - 8　CMT 控制电路

2. 熔滴过渡时电压和电流

　　CMT 焊接系统采用数字化控制,对熔滴过渡进程进行监控。在熔滴形成、长大时,电源输入必要的电流;而在熔滴脱落,过渡至熔池的过程中,电流输入减小,几乎为零,大幅度地降低了热输入量;之后焊丝短路,输入电流,熔滴再度形成。如此反复,形成连续焊接过程。由此可见,整个熔滴过渡过程是一个“热—冷—热”的交替过程。相对于传统的短路过渡,焊接热输入可减少 50% 以上。同时不存在短路桥的爆炸,焊接飞溅也不会产生。图 9 - 9 是 CMT 焊接短路过渡过程中电流和电压的变化。

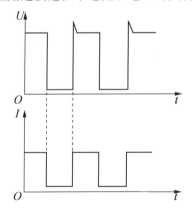

图 9 - 9　CMT 短路过渡电压电流变化

3. 焊丝的回抽运动帮助熔滴脱落

　　传统的短路过渡是通过持续输入的电流造成短路桥爆炸,使焊丝端头的熔滴脱落,进入熔池。CMT 短路过渡后期几乎没有焊接电流,也就没有热输入,熔滴温度会迅速降低,想要促使熔滴脱落,就需要借助焊丝的动作来实现。CMT 是通过焊丝的机械式回抽“甩掉”熔滴,如图 9 - 10 所示。CMT 的送丝系统不仅仅具有送丝的作用,还具备将焊丝回抽的功能。通过数字化控制系统监控焊丝回抽的时间点、回抽速度、幅度等,既能保证顺利的帮助熔滴脱落,又能为下一个电弧的形成做好准备。焊丝脱落的过程比较平和,避免了飞溅的产生。

(a)焊丝向前,电弧加热焊丝　(b)熔滴长大　(c)焊丝回抽,熔滴脱落　(d)焊丝向前,电弧加热焊丝

图 9 - 10 　CMT 短路过渡过程

9.2.3 　CMT 焊接的技术特点

(1)CMT 焊弧长控制精确;电弧更稳定。普通 MIG/MAG 焊弧长是通过电压反馈方式控制的容易受到焊接速度变化和工件表面平整度的影响,而 CMT 方法则不然。CMT 的电弧长度控制是机械式的,它采用闭环控制并监测焊丝回抽长度,即电弧长度。在干伸长或焊接速度改变的情况下电弧长度也能保持一致。其结果就保证了 CMT 电弧的稳定性,即使在焊接速度极快的前提下,也不会出现断弧的情况,电弧长度不受工件表面和焊接速度的影响。

(2)均匀一致的焊缝成形,焊缝熔深一致,焊缝质量重复精度高。普通 MIG/MAG 焊在焊接过程中,焊丝干伸长改变时,焊接电流会增加或减少。而 CMT 焊焊丝干伸长改变时,仅仅改变送丝速度,不会导致焊接电流的变化,从而实现一致的熔深,加上弧长高度的稳定性,就能达到非常均匀一致的焊缝外观成形。

(3)真正做到无飞溅。在短路状态下焊丝的回抽运动帮助焊丝与熔滴分离。通过对短路的控制,保证短路电流很小,从而使得熔滴过渡无飞溅,焊后清理工作量小。通过 CMT 技术可以轻松地实现无飞溅焊接,钎焊接缝,碳钢与铝的焊接,0.3 mm 超薄板的焊接以及背面无气体保护的对接构件的焊接。

(4)具有良好的搭桥能力。装配间隙要求降低。1 mm 薄板的搭接接头间隙允许达到 1.5 mm。

(5)具有更快的焊接速度。CMT 过渡是电弧不停地燃烧、熄灭,每秒 70 多次的高频率,而电弧每重新引燃一次就修正一次电弧,保持电弧的稳定性,在干伸长或焊接速度改变的情况下,电弧长度也能保持一致。这样就保证了 CMT 电弧的稳定性,即使在焊接速度极快的前提下,也不会出现断弧的情况。1 mm 厚的铝板对接可达到 250 cm/min,CMT 钎焊电镀锌板可达到 150 cm/min。

(6)低烟尘,有害气体少。由于 CMT 技术输入热量少,因此,在焊接过程中既能减少锰铬氧化物的产生,也减少了臭氧、氮氧化物等有毒气体的产生。

9.2.4　CMT 焊接适用的材料

铝、钢、不锈钢薄板或者超薄板的焊接(0.3~3 mm)，无须担心塌陷和烧穿。可以用于电镀锌板、热镀锌板的无飞溅 CMT 钎焊。用于镀锌钢板和铝板的异种金属的焊接，接头合格率达到100%。

9.3　窄间隙焊接

9.3.1　窄间隙焊接的原理

窄间隙焊接(Narrow Gap Welding, NGW)的概念是美国巴特尔研究所于1963年在《铁时代》杂志上首先提出的。顾名思义，窄间隙焊接就是焊接坡口要比常规焊接坡口窄。但坡口间隙多大才算是窄间隙焊接，这受具体结构形式、焊接方式方法，甚至从业人员的观念所限制，长时间以来并没有一个统一的标准。例如，以往将坡口较深、间隙侧壁角度相对较小的厚板埋弧焊和电渣焊也列为窄间隙焊接的范畴，造成了概念混乱和误解。

针对这个问题，20世纪80年代，日本压力容器研究委员会施工分会第八专门委员会审议了窄间隙焊接的定义，并做出了如下规定：窄间隙焊接是将板厚30 mm以上的钢板，按小板厚的间隙相对放置开坡口，再进行机械化或自动化弧焊的方法(板厚小于200 mm时，间隙小于20 mm；板厚超过200 mm时，间隙小于30 mm)。

随着技术的进步，从最近十余年工程项目施工实际情况来看，目前对于常规厚板(30~60 mm)的窄间隙焊接，坡口尺寸一般都在15 mm以下，甚至出现了坡口间隙仅为5~6 mm的超窄间隙焊接。

需要指出的是，窄间隙焊接并不是一种常规意义上的焊接方法，而是一种特殊的焊道熔敷技术。窄间隙焊接广泛应用于各种大型重要结构，如造船、锅炉、核电、桥梁等厚大件的生产。目前，发达国家窄间隙焊接的应用比较多，特别是日本，无论是窄间隙焊接的研究还是应用，都远远地走在了世界前列。日本于1966年就开始了窄间隙焊接的研究，之后其技术一直领先于其他各国，研究成果占全世界的60%以上。

国内目前应用最多的窄间隙技术是粗丝大电流窄间隙埋弧焊，近几年在电站与核电领域陆续引进了窄间隙热丝 TIG 焊。而窄间隙气体保护焊(NG – GMAW)在国内的应用，则是2005年之后开始的。

9.3.2　窄间隙焊接的分类

窄间隙焊接技术自从1963年12月由美国巴特尔研究所开发以后，经过半个多世纪的研究和发展，人们对其焊接方法和焊接材料进行了大量的开发工作，目前在许多国家的工业生产中发挥着巨大作用。

　　按照不同的标准,窄间隙焊接有很多分类方法,如按热输入高低、焊丝根数、焊接位置、焊丝的运动轨迹等。但这些分类方法只能反映其中某一方面,最科学的分类方法是按其所采取的工艺来进行分类,如图9－11所示。

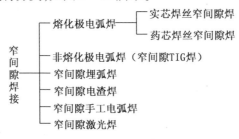

图9－11　窄间隙焊接工艺的分类

　　窄间隙焊接方法分为:熔化极电弧焊(实芯焊丝窄间隙焊和药芯焊丝窄间隙焊)、非熔化极电弧焊(窄间隙 TIG 焊)、窄间隙埋弧焊(NG－SAW)、窄间隙气体保护焊(NG－GMAW)等。

　　1. 窄间隙埋弧焊

　　窄间隙埋弧焊出现于20世纪80年代,很快被应用于工业生产,它的主要应用领域是低合金钢厚壁容器及其他重型焊接结构。窄间隙埋弧焊的焊接接头具有较高的抗延迟冷裂能力,其强度性能和冲击韧性优于传统宽坡口埋弧焊接头,与传统埋弧焊相比,总效率可提高50%～80%;可节约焊丝38%～50%,焊剂56%～64.7%。窄间隙埋弧焊已有各种单丝、双丝和多丝的成套设备出现,主要用于水平或接近水平位置的焊接,并且对焊剂要求具有焊接时所需的载流量和脱渣效果,从而使焊缝具有合适的力学性能。一般采用多层焊,由于坡口间隙窄,层间清渣困难,对焊剂的脱渣性能要求很高,尚需发展合适的焊剂。

　　2. 窄间隙电渣焊

　　窄间隙电渣焊除可焊接各种钢材和铸铁外,还用于焊接铝及铝合金、镁合金、钛及钛合金以及铜。它被广泛用于锅炉制造、重型机械和石油化工等行业,近年来在桥梁建造中,窄间隙电渣焊被用于焊接25～75 mm的平板结构。其焊剂、焊丝和电能的消耗量均比埋弧焊低,并且工件厚度越大效果越明显,焊接接头产生淬火裂纹的倾向小,与传统电渣焊相比,焊缝和热影响区的金属性能更高,可免除或简化焊后的热处理过程。与一般电渣焊一样,其设备比较庞大,同时对所用渣剂的脱渣性要求较高。

　　3. 窄间隙手工电弧焊

　　由于窄间隙焊接主要面向机械化及自动化生产,手工电弧焊在窄间隙焊接中的应用不多,而且焊接质量不好控制。但实际生产中,窄间隙手工电弧焊具有与其他焊接方法所不能替代的优势(如使用方便、灵活、设备简单等),因此在某些领域中,如在大坝建筑中用于钢筋的窄间隙焊接,解决了由于钢筋连接技术造成的钢筋偏心受力问题,成本仅为焊条的1/11;对直径18～40 mm的Ⅰ、Ⅱ、Ⅲ级钢筋均适用。

4. 窄间隙激光焊

激光焊焊接的板厚超过 6 mm 时列入厚板焊接,而激光焊的坡口宽度很小,此时可以认为是窄间隙激光焊接。厚板的激光焊普遍采用高功率 CO_2 激光器,目前可焊厚度达 50 mm,深度比高达12∶1。激光焊接的焊缝在焊态下硬度很高,主要含马氏体组织,应进行焊后热处理。由于激光焊要求大功率的激光器,设备要求高,因此在生产领域中的应用是有限的。

5. 窄间隙 TIG 焊

超高强度钢的使用促进了 TIG 焊在窄间隙焊接中的应用,一般认为 TIG 焊是焊接质量最可靠的焊接工艺之一。由于氩气的保护作用,TIG 焊可用于焊接易氧化的有色金属及其合金、不锈钢、高温合金、钛及钛合金以及难熔的活性金属(如钼、铌、锆)等,其接头具有良好的韧性,焊缝金属中的含氧量很低。由于钨极的载流能力低,因而熔敷速度不高,应用领域比较狭窄,一般被用于打底焊以及重要的结构中。实际生产中可用热丝的方法以提高其熔敷速度,郑州电力修造厂引进的由法国 Polysoude 公司制造的窄间隙 TIG 焊全位置自动焊机是目前新一代的全位置窄间隙焊机,它是采用热丝的方法,预先测定工艺参数,由计算机储存程序后进行实际生产。但由于没有焊缝自动跟踪装置,在生产中还需要人工监视。

6. 窄间隙熔化极气体保护焊

窄间隙熔化极气体保护焊是1975年后研制成功的,这一工艺是在采用特殊的焊丝弯曲机构以使焊丝保持弯曲,从而解决坡口侧壁的熔透问题之后得以实现。采用焊丝作为电极可采用大的电流密度,填充金属的熔敷速度快,同时适用于各种位置的焊接,焊后不需要清渣,且是明弧焊接便于监视和控制,非常适合焊接过程的机械化、自动化。保护气体通常使用 Ar 或 CO_2(实际中采用的是 CO_2 + Ar 混合气,工程应用中很少单独使用纯 CO_2 作为保护气体),Ar 保护熔化极焊几乎可以焊接所有的金属,焊接质量良好;窄间隙 CO_2 气体保护焊兼顾了 CO_2 气体保护和窄间隙焊二者的长处,但必须解决飞溅率大的问题,为促进其应用,人们一直在寻找减少 CO_2 气体保护焊飞溅率的方法。药芯焊丝的使用极大地改善了 CO_2 气体保护焊飞溅大的状况。药芯焊丝电弧焊(FCAW)在纯 CO_2 保护下,焊接电弧稳定,熔滴过渡稳定,熔敷速度很高,焊缝成形良好,焊道表面中凹、光滑,用于窄间隙焊,熔宽大,侧壁熔合良好,单道焊无摆动即可实现窄间隙焊接。它所需的设备也比较简单,目前已研制出新配方的金属型药芯焊丝,多数能保证形成易碎裂的渣(即清渣容易),可望用于窄间隙焊接。最新出现的表面张力过渡技术极大地降低了气体保护焊的飞溅率,使纯 CO_2 气体保护焊在窄间隙焊中的应用成为可能。

9.3.3　窄间隙焊接优点及不足

1. 优点

(1)坡口断面积小,可减少填充材料,降低能耗,节省成本。窄间隙坡口角度很小,与传统大角度 U、V 形坡口相比,坡口断面积减少50%以上,图 9 - 12 所示为等厚度 V 形坡口和窄间隙坡口示意图。

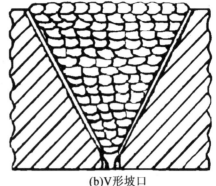

(a)窄间隙坡口   (b)V形坡口

图 9 – 12　等厚度 V 形坡口和窄间隙坡口示意图

（2）减少焊接时间,生产效率明显提高。

（3）一般应用中、小热输入焊接。热输入量小,可使热影响区小,组织细小,接头韧性改善,降低预热温度,综合力学性能优良。

（4）减少变形。

2. 缺点

窄间隙焊接的不足主要体现在以下方面:

（1）对坡口的加工和装配精度要求很高,一定程度上导致了成本增加。

（2）在狭窄坡口内的气、丝、水、电的导入困难,焊枪复杂,加工精度要求高,难度大,通用性不强。

（3）焊丝对中要求高,若对中不好,侧壁打弧,焊丝回烧,则几乎不能进行焊接。

（4）窄间隙焊缝往往由几十层焊道形成,一旦某一层有缺陷,返修很困难。

（5）要求具有较高的焊接技能。

9.3.4　窄间隙焊的应用

窄间隙焊的应用比例在不同国家也不尽相同。如气体保护熔化极电弧焊方法在工业发达国家(日本、美国、德国等)的应用比例很高(技术文献比例高达 70% 左右),主要原因是该方法容易采用中低线能量(20 kJ/cm 左右),可采用更小的根部间隙,易于采用多层多道焊接且无须清渣等。其次是埋弧焊方法,该方法对焊丝在坡口中的作用位置不像气体保护方法那样敏感,适用工艺规范较宽,工艺可靠性优异,焊接作业环境更趋"绿色化",但其焊接线能量大,接头的塑、韧性差,因而在重要结构上应用该技术必须进行焊后热处理。国内应用窄间隙埋弧焊的比例最大,主要原因是其高可靠性焊接设备的商品化程度较高,而气体保护焊方法则极低。

窄间隙焊接技术从应用行业来分,主要应用在锅炉压力容器(核工业容器)、重型机械、造船和海洋结构、压力管道等,其占有份额如下:

迄今应用最多的是锅炉、压力容器(含深潜器、核反应容器等)领域,其次是大型机械(含大型压力机、鼓风机、电动机的中空轴、机身和壳体等),在电力行业的厚壁管道、海洋结构、铁路建筑钢结构等领域有一定的应用。

窄间隙适合厚板焊接,在工业生产中应用很广,主要有以下五个方面:

1. 压力容器、锅炉

窄间隙焊接技术在压力容器和锅炉行业应用最广,约占半数。其 70% 为熔化极气体保护焊,其余 30% 为埋弧焊。

从经济角度考虑,窄间隙焊接方法适用的最小板厚以 50 mm 为上限;最大板厚多数在 150 mm 左右,现在日本的个别工厂已用于 250 mm 以上的板厚。可见,该方法在焊接厚板上具有很大的潜力。多用于压力容器的主要接头,如筒体纵缝和环缝,封头的对接接头,接管与入孔圈的嵌入焊接接头。在锅炉上,可用于焊接大直径支管接头。对要求严格的原子能反应堆锅炉压力容器,其主要接头几乎全部采用窄间隙焊接方法。

2. 重型机械

在重型机械部门,几乎都采用 400~500 MPa 级碳钢,使用的板厚为 100~200 mm,也有更厚的,如压力机机身达 325 mm 厚。而这种厚度的钢板普遍采用的焊接方法就是埋弧焊和熔化极气体保护焊。当采用窄间隙焊接时,选用不同类型方法时,必须认真地比较它们的经济效益、生产成本和工艺复杂性。其内容包括:坡口断面积,坡口加工,坡口组装,夹具的装卸、引弧、熄弧板的装卸、焊机准备等。

3. 海洋结构和造船

近几年,世界各国在近海的石油、天然气开采中,广泛地使用大型海洋结构。大型海洋结构制造中(采油平台),使用超过 100 mm 的厚钢板越来越多,而且焊接质量要求很高。因此,高质量、高效率的窄间隙焊接,将成为这一领域很有前途的施工方法。

在军舰、潜艇等建造中,厚板使用越来越多,而且对焊接接头质量要求也很高,广泛采用的是窄间隙焊接技术。

4. 压力管道

随着压力水管的大型化,大量采用大直径、大厚度高强度钢管。过去采用焊条手工焊接,焊接压力水管倾斜部分或垂直部分的环焊缝(全位置焊或平焊),现在已采用自动焊接方法。主要采用 U 形坡口的气体保护窄间隙焊接。

5. 核电

根据国际原子能机构 2005 年 10 月发表的数据,核能年发电量占世界发电总量的 17%。国内到 2020 年核电年发电量将达到 $2.6~2.8 \times 10^{11}$ kW·h 的目标。

核电站主回路和压水堆核电站核岛一回路主设备均属于厚壁(120~250 mm)大型设备,其焊接接头质量要求高,广泛采用的是窄间隙埋弧焊(NG-SAW)、窄间隙熔化极气体保护焊(NG-GMAW)和窄间隙钨极氢弧焊(NG-GTAW)。核岛其他设备如给水管等,涉及大厚板焊接时也广泛采用的是窄间隙焊接。

复习思考题

1. A – TIG 焊优点有哪些?

2. A – TIG 焊如何进行活性剂的手工涂刷?

3. 热丝 TIG 焊的优点有哪些?

4. TOP – TIG 焊原理是什么?

5. TOP – TIG 焊的优点有哪些?

6. 尾孔 TIG 焊(K – TIG)的原理及特点是什么?

7. CMT 焊接技术的工作原理是什么?

8. CMT 焊接技术有哪些特点,适用于哪些材料?

9. 窄间隙焊接有哪些优点及不足?

参 考 文 献

[1] 中国机械工程学会焊接学会. 焊接手册:第1卷［M］. 3 版. 北京：机械工业出版社，2008.

[2] 中国机械工程学会焊接学会. 焊接手册:第2卷［M］. 3 版. 北京：机械工业出版社，2008.

[3] 中国机械工程学会焊接学会. 焊接手册:第3卷［M］. 3 版. 北京：机械工业出版社，2008.

[4] 陈祝年. 焊接工程师手册［M］. 北京：机械工业出版社，2002.

[5] 陈祝年. 焊接设计简明手册［M］. 北京：机械工业出版社，1997.

[6] 薛迪甘. 焊接概论［M］. 3 版. 北京：机械工业出版社，1997.

[7] 王宗杰. 熔焊方法及设备［M］. 2 版. 北京：机械工业出版社，2016.

[8] 雷世明. 焊接方法与设备［M］. 北京：机械工业出版社，2006.

[9] 殷树言. 气体保护焊工艺［M］. 哈尔滨：哈尔滨工业大学出版社，2004.

[10] 殷树言. 气体保护焊技术问答［M］. 北京：机械工业出版社，2004.

[11] 李亚江，刘鹏，刘强. 气体保护焊工艺及应用［M］. 北京：化学工业出版社，2005.

[12] 黄石生. 弧焊电源及其数字化控制［M］. 北京：机械工业出版社，2006.

[13] 杨春利，林三宝. 电弧焊基础［M］. 哈尔滨：哈尔滨工业大学出版社，2003.

[14] 林三宝，范成磊，杨春利. 高效焊接方法［M］. 北京：机械工业出版社，2012.

[15] 陈武柱. 激光焊接与切割质量控制［M］. 北京：机械工业出版社，2010.

[16] 李德元，赵文珍，董晓强，等. 等离子弧技术在材料加工中的应用［M］. 北京：机械工业出版社，2005.

[17] 邱霞菲. 焊接方法与设备使用［M］. 北京：机械工业出版社，2012.

[18] 赵熹华. 压焊方法与设备［M］. 2 版. 北京：机械工业出版社，2005.

[19] 田锡唐. 焊接结构［M］. 北京：机械工业出版社，1982.

[20] 方洪渊. 焊接结构学［M］. 2 版. 北京：机械工业出版社，2017.

[21] 邓洪军. 焊接结构生产［M］. 北京：机械工业出版社，2004.

[22] 李莉. 焊接结构生产［M］. 北京：机械工业出版社，2008.

[23] 方洪渊. 简明钎焊工手册［M］. 北京：机械工业出版社，2001.

[24] 朱艳. 钎焊［M］. 哈尔滨：哈尔滨工业大学出版社，2018.

[25] 杜则裕. 焊接冶金学：基本原理［M］. 北京：机械工业出版社，2018.

[26] 李亚江, 栗卓新, 陈芙蓉, 等. 焊接冶金学: 材料焊接性 [M]. 北京: 机械工业出版社, 2017.

[27] 刘会杰. 焊接冶金与焊接性 [M]. 北京: 机械工业出版社, 2017.

[28] 赵熹华. 焊接检验 [M]. 北京: 机械工业出版社, 1993.

[29] 张忠礼. 钢结构热喷涂防腐蚀技术 [M]. 北京: 化学工业出版社, 2004.

[30] 吴子健. 热喷涂技术与应用 [M]. 北京: 机械工业出版社, 2006.